AF390693

PROSPECTUS.
LEÇONS DE FLORE.

COURS

COMPLET DE BOTANIQUE

EXPLICATION DE TOUS LES SYSTÈMES, INTRODUCTION A L'ÉTUDE

DES PLANTES

PAR J. L. M. POIRET

CONTINUATEUR DU DICTIONAIRE DE BOTANIQUE DE L'ENCYCLOPÉDIE
MÉTHODIQUE.

SUIVI

D'UNE ICONOGRAPHIE VÉGÉTALE

en cinquante-six planches coloriées offrant près de mille objets

PAR P. J. F. TURPIN.

OUVRAGE ENTIÈREMENT NEUF.

C. L. F. PANCKOUCKE ÉDITEUR
Rue des Poitevins, nº. 14.

Tracer aux amateurs de la botanique la route qui
peut les conduire avec le plus de facilité et d'agrémens
à la connaissance de cette science, les transporter au
milieu du grand spectacle de la nature, les amener ensuite à la considération des plantes prises isolément,
leur apprendre à les placer ou à les reconnaître d'après
leurs caractères naturels, et les méthodes établies pour

leur classification, tel est le but de cet ouvrage, entre-pris particulièrement pour faciliter aux gens du monde l'étude de cette science aimable. En exposant ses principes, nous en écarterons tout ce qui tient uniquement à des idées systématiques, ainsi que cette nomenclature arbitraire, qui hérisse de difficultés, et convertit en une science de mots l'étude si attrayante de la nature.

On a déjà donné beaucoup d'ouvrages élémentaires sur la botanique : il en est qui méritent d'être distingués; mais publiés dans d'autres vues que le nôtre, aucun n'a rempli complétement le but que nous nous proposons. Les uns n'ont vu que la science en elle-même, rejetant avec trop de scrupule beaucoup de ces idées accessoires qui en font le charme. L'esprit est bientôt rebuté, fatigué de définitions et d'expositions de systèmes, quand, d'un autre côté, l'imagination n'est pas récréée par ces tableaux si séduisans, et en même temps si vrais, des grands phénomènes de la végétation, et de ses rapports avec les autres êtres naturels : d'autres, l'œil armé du microscope, pénétrant dans le dédale obscur des fonctions secrettes et mystérieuses de la végétation, observant chaque organe presque au moment de sa naissance, y ont, en quelque sorte, découvert les élémens d'une science toute nouvelle; des faits du plus grand intérêt se sont offerts à leurs regards, et ont amené des réformes et des vues particulières sur les principes, encore si peu avancés, de la physiologie végétale; mais il faut, pour se livrer à ce genre d'étude, beaucoup de connaissances préliminaires, et une grande habitude de l'observation. Nous avons cru que les élémens que nous présentons aujourd'hui pourraient y conduire, en adoucissant, par les agrémens de la science, la sévérité de ses principes.

Les figures ajoutées à cet ouvrage, et d'une exécution parfaite, ont toutes été prises dans la nature : ce sont autant de dessins originaux choisis par M. Turpin, et rapprochés avec l'intention de former par leur ensemble un tableau iconographique et raisonné des différentes parties des plantes.

Aux planches destinées pour l'intelligence des méthodes de Tournefort et de Linné, il sera joint des figures pour l'éclaircissement des principales familles de la méthode naturelle de M. de Jussieu ; elles seront choisies de préférence parmi les plantes indigènes de l'Europe : la plupart n'ont pas encore été publiées.

Le texte sera rédigé par M. Poiret, connu dans les sciences par ses nombreux travaux en botanique : il a exploré lui-même les contrées étrangères, et son voyage en Barbarie nous a fait connaître les productions naturelles de ce pays; il a continué le Dictionaire de botanique de l'Encyclopédie méthodique, ouvrage le plus complet qui existe sur cette science; successeur de M. de Lamark dans ce travail important, il a publié seul les neuf derniers volumes.

CONDITIONS DE LA SOUSCRIPTION.

Cet ouvrage sera publié en QUATORZE livraisons, avec cinquante-six planches coloriées et retouchées au pinceau. Nous prenons l'engagement formel de ne pas aller au delà.

Tous les dessins sont faits; la plupart sont gravés. Pour connaître les détails de ces cinquante-six dessins, veuillez consulter l'explication de figures par M. Turpin, placée ci-après sous le titre d'ICONOGRAPHIE VÉGÉTALE.

Malgré tous les frais de cet ouvrage, dont une seule planche contient quelquefois vingt objets, nous accorderons aux souscripteurs chaque livraison au prix de DEUX francs, et DEUX francs DIX centimes franc de port pour toute la France.

On peut en adresser le prix par un bon sur la poste ou sur un ami à Paris.

(4)

On doit s'inscrire chez les libraires, ou à Paris, chez l'Éditeur C. L. F. Panckoucke, rue des Poitevins, n°. 14.

Les cinquante-six planches offriront près de mille objets.

Il paraîtra chaque mois un cahier. La dépense pour les souscripteurs sera donc seulement de deux francs par mois.

La souscription sera fermée prochainement, et alors chaque livraison sera du prix de trois francs.

Chaque cahier sera composé d'une ou deux feuilles de texte sur très-beau papier, et de quatre planches in-8° imprimées sur vélin en couleur et retouchées au pinceau.

Il a été tiré vingt-cinq in-quarto sur papier vélin superfin satiné, qui sont du prix de douze francs le cahier, et dix exemplaires in-folio, premières épreuves, filets dorés, du prix de vingt francs le cahier.

La première livraison est déposée chez tous les libraires à Paris et en province.

C. L. F. PANCKOUCKE,
rue des Poitevins, n°. 14.

LEÇONS DE FLORE.

ICONOGRAPHIE VÉGÉTALE

En cinquante-six planches coloriées d'après les peintures originales de M. P. J. F. TURPIN, *auteur des dessins de la Flore médicale, du Dictionaire des sciences naturelles, etc., etc.*

L'iconographie végétale, c'est-à-dire la *description par image* des végétaux, est le complément presque indispensable de tout traité de botanique.

Exclusivement chargé par l'éditeur de composer et d'exécuter la partie iconographique de ces élémens, je me suis attaché à la rendre tout à la fois élémentaire et philosophique ; et, pour faciliter l'intelligence de cette sorte d'écriture hiéroglyphique, j'ai dû y ajouter un texte explicatif, qui ne pouvait guère être rédigé que par moi-même, parce qu'il se rapporte quelquefois à des idées qui me sont propres, et qui pourront présenter des aperçus nouveaux.

Cette iconographie devant contenir, dans un cadre très-étroit, tout ce que le règne végétal offre de plus remarquable et de plus utile à connaître, il m'a fallu faire, pour obtenir ce résultat, un grand nombre de travaux préparatoires, dont j'ai puisé la plupart des matériaux dans mes collections de plantes et de dessins, fruits de mes longs voyages dans les deux Amériques.

Un botaniste célèbre, qui m'honore de son amitié, M. Richard, m'avait conseillé de me borner aux plantes des environs de Paris, et même à celles du bois de Boulogne : ce conseil utile, sous un certain rapport, ne pouvait aucunement convenir au plan que j'avais formé. J'ai voulu, au contraire, autant que cela se peut dans un ouvrage élémentaire, donner des idées générales sur la structure, les formes et l'aspect de tous les végétaux du globe, afin de faire connaître l'ensemble des êtres qu'on se propose d'étudier.

J'ai divisé mon travail en deux parties : la première comprend tout ce qui est relatif au cercle complet de la vie végétale ; la seconde a pour objet les classifications, ou les moyens plus ou moins artificiels que nous employons pour nous aider dans l'étude de la première.

Trente-six tableaux, dans lesquels j'ai parcouru tous les points du cercle dont je viens de parler, offrent successivement les organes élémentaires, les divers aspects que produisent, par leur agrégation, ces mêmes organes dans les végétaux ; les racines, ou la partie descendante des plantes, les troncs, stipes, chaumes et hampes. Je passe de là aux parties nommées pores, poils, glandes, suçoirs, aiguillons, épines, vrilles et bourgeons. Je m'occupe ensuite des différens modes que suivent les feuilles dans leurs points de départ sur les tiges, ainsi que des stipules : puis viennent les feuilles considérées dans l'état d'isolement, et avec leurs nombreuses modifications ; après elles se présentent d'autres organes auxquels on a donné le nom d'enveloppes accessoires des fleurs ; les diverses inflorescences ou agrégations des fleurs. Celles-ci, prises séparément, sont la matière de quatre tableaux, dont le premier a pour objet les fleurs unisexuelles et les neutres ; le deuxième, les fleurs des monocotylédones ; le troisième et le quatrième, les fleurs des dicotylédones. Quatre autres tableaux, qui suivent les précédens, offrent presque toujours les comparaisons, par rapprochement, des formes les plus intéressantes sous lesquelles se présentent les divers organes constitutifs de la fleur, tels que les calices, les corolles, les étamines, les pistils et les disques.

Après la floraison, dont le brillant appareil annonçait l'œuvre mystérieuse de la fécondation, paraissent les fruits, organes conservateurs , et en même temps dernier produit de la végétation. Huit tableaux donnent le détail de tout ce qu'il y a de plus utile à connaître sur ces organes infiniment variés, et dont la connaissance est devenue si importante pour approfondir l'étude de la botanique.

Là, se termine la vie végétale ; toutes ses fonctions sont remplies. Le fruit, arrivé à son plus grand état de perfection, tend à se décomposer ; mais il renferme dans son sein les germes précieux d'une nouvelle génération : la graine ou l'œuf végétal, fixé, par son ombilic ou placentaire, dans l'intérieur du fruit, s'en détache bientôt et se dissémine.

L'embryon, qui n'est autre chose que la plante en abrégé, reste captif, durant son enfance, sous les tuniques de la graine qui le protègent ; mais, appelé à une nouvelle existence, il ne tarde pas, aidé par le concours de l'humidité, de la chaleur et de la lumière, agens principaux de la vie et de la mort, à paraître sous de nouvelles formes.

Quatre tableaux complettent naturellement la première partie de cet ouvrage ; ils se composent de tout ce qui est relatif à la graine : tels sont les cordons ombilicaux qui, dans le cas où ils embrassent en partie ou en totalité la graine, et lui forment, en quelque sorte, une tunique extérieure, ont reçu le nom d'arilles : tels sont encore les ailes, les aigrettes, et enfin les divers modes de germination.

Jusqu'ici j'ai pu suivre la nature dans sa marche, sans avoir besoin d'appeler à mon secours ces moyens d'étude, qui appartiennent bien plus à l'art qu'à la science, et qui, malgré leur indispensable nécessité, n'en sont pas moins conventionnels, et jusqu'à un certain point arbitraires. Pénétrons-nous bien de cette idée, que les classifications offertes par toutes les méthodes, quelles qu'elles soient, ne sont que des instrumens qui nous servent à mesurer et à diviser *artificiellement* l'immense tableau de la nature. Ne perdons jamais de vue que rien n'est isolé, que les parties qui nous paraissent telles, sont les dépendances d'un grand ensemble, auquel elles sont subordonnées, et qu'on peut les comparer aux sommets divergens des rameaux d'un grand arbre.

Il est donc vrai qu'en histoire naturelle les distinctions d'espèces, de genres, de familles, de classes, ne reposent pas sur des fondemens plus solides que la distinction des zônes et des climats tracés par les géographes sur la surface du globe, ou, si l'ont veut encore, celle des quatre âges dans la vie de l'homme.

Vingt tableaux formeront la dernière partie de cette iconographie; ils feront connaître les trois méthodes le plus généralement employées, celles de Tournefort, de Linné et de Jussieu.

J'ai abrégé, autant qu'il m'a été possible, le texte explicatif de mes tableaux; l'excellent ouvrage qui les précède, et dont ils ne sont que le complément, m'a dispensé de sortir des bornes étroites que je me suis prescrites.

P. J. F. Turpin.

N. B. M. Turpin donnera plusieurs observations particulières qu'il a faites dans ses voyages : les petites lettres *a*, *b*, *c*, servent à expliquer particulièrement ces observations qui lui sont propres.

On ne doit pas relier les planches avant qu'elles n'aient été toutes publiées.

LEÇONS DE FLORE.

LECONS DE FLORE.

COURS

COMPLET DE BOTANIQUE

EXPLICATION DE TOUS LES SYSTÈMES, INTRODUCTION A L'ÉTUDE

DES PLANTES

PAR J. L. M. POIRET

CONTINUATEUR DU DICTIONAIRE DE BOTANIQUE DE L'ENCYCLOPÉDIE

MÉTHODIQUE.

SUIVI

D'UNE ICONOGRAPHIE VÉGÉTALE

en cinquante six planches coloriées offrant près de mille objets

PAR P. J. F. TURPIN.

OUVRAGE ENTIÈREMENT NEUF.

TOME PREMIER.

PARIS

C. L. F. PANCKOUCKE ÉDITEUR

Rue des Poitevins, n°. 14.

M. D. CCC. XIX.

INTRODUCTION.

—

*Définition de la botanique. Plan de cet ouvrage. Utilité
et agrément de cette science.*

La *botanique* est cette partie de l'histoire naturelle qui
traite de la connaissance des plantes : elle nous apprend à les
distinguer les unes des autres par les caractères qui leur
sont propres ; à rapprocher celles d'entre elles qui ont le plus
de rapports communs ; à trouver la place de chaque plante
dans les méthodes établies pour leur classification ; à découvrir les différens noms qu'elles ont reçus, et déterminer
celui qu'elles doivent conserver.

Cette science comprend dans ses recherches tous les phénomènes relatifs à la végétation ; la connaissance de toutes les
parties des plantes, celle de leurs organes tant internes
qu'externes ; leur naissance, leur développement, leur mode
de reproduction, leurs fonctions vitales : elle les suit dans
les diverses époques de leur existence, dans leur état de
santé et de maladie, de vigueur et de dépérissement.

La botanique se rattache : 1°. à l'*agriculture*, qu'elle enri-
chit par la découverte de nouvelles espèces, qu'elle éclaire
par l'exposé de la température et du sol propres à chaque
plante ; 2°. à l'*économie*, par une suite d'observations et d'expériences sur les produits naturels ou artificiels que fournissent les végétaux ; 3°. à la *médecine*, par l'action des
plantes sur l'économie animale, prises intérieurement, ou
appliquées à l'extérieur.

La botanique appelle à son secours : 1°. la *physique*, pour
l'explication des phénomènes que présentent l'organisation des
végétaux et leurs fonctions vitales ; 2°. la *chimie*, pour l'ana-

lyse des principes que renferment les différentes espèces de
plantes, leur composition, leur décomposition ; 3°. la *miné-
ralogie*, pour déterminer la nature des divers terrains où
naissent les différentes espèces de plantes, la qualité des
terres qui leur conviennent.

De tout temps, la botanique a été considérée comme une
étude agréable et curieuse, surtout lorsqu'on ne s'en occupe
que sous le rapport des beaux phénomènes de la végétation,
et qu'on en écarte tout ce qui n'est point elle, je veux dire
ces qualités occultes imaginées par la superstition, l'empi-
risme et la plus grossière ignorance. Cette étude a, plus que
toute autre, des attraits particuliers pour les ames aimantes
et sensibles. Il semble que la douceur des mœurs soit en harmonie avec la recherche paisible des plantes : c'est sans doute
par suite de ces rapports, que les fleurs ont toujours été employées comme l'emblème des sentimens les plus délicats,
qu'elles ont couronné les vertus douces et sociales , et
qu'elles sont encore l'ornement des fêtes établies pour la cé-
lébration des époques les plus heureuses de notre existence.

La botanique est donc, de toutes les sciences, la plus
propre à orner l'imagination d'idées toujours riantes, que
ne peuvent attrister aucune de celles qu'amène à sa suite
l'étude des animaux, étude inséparable de celle de l'anatomie, cette science cruelle lorsqu'elle s'exerce sur les corps
vivans, et au milieu des convulsions d'un être sensible.

L'étude de la botanique a encore l'avantage de se modifier
selon l'âge et le sexe, de se prêter à tous les goûts , de se restreindre, ou de s'étendre selon les facultés ou les momens
qu'on peut y consacrer. Dès notre enfance, nous avons
aimé les fleurs ; nous avons appris de bonne heure à les rechercher, à les reconnaître : elles ont fait le charme de nos
promenades champêtres, et se sont, en quelque sorte, iden-

tifiées avec nos premières sensations, avec les plus douces
jouissances du jeune âge, avec ces jouissances qu'on n'oublie
jamais, pas plus que les objets qui les ont procurées. Lorsque
ces fleurs se rencontrent sous nos pas, nous les saluons par la
pensée, comme nos premières amies, et notre cœur nous dit
qu'elles ne nous sont pas devenues indifférentes. Dans un
âge plus avancé, nous cherchons à les rapprocher de nous :
leur culture nous procure de nouveaux plaisirs ; quelques
vases de fleurs suffisent souvent pour nous distraire agréablement, lorsque nos occupations nous assujétissent à une vie
sédentaire. Pouvons-nous contempler, sans un tendre intérêt, ces jeunes personnes réunies dans un salon de travail,
s'exerçant à entremêler dans leurs ouvrages à l'aiguille, ou
à faire revivre sur le papier, les contours élégans, les brillantes couleurs de ces fleurs qui vont leur échapper ? Combien cette aimable jeunesse ajouterait aux charmes de ses occupations, si elle pouvait y joindre l'étude de ces mêmes
fleurs dont elle cherche à retracer les belles formes, étude
dont il est si facile d'inspirer le goût lorsqu'on sait la présenter avec tous les attraits qui l'accompagnent ! Une seule
plante, bien analysée, bien connue dans toutes ses parties,
pourra donner une idée de cette science.

En passant à l'examen d'une seconde plante, il ne suffira
pas seulement de la connaître, il faudra la comparer avec la
première, noter ce que ces deux plantes ont de commun, en
saisir les différences : le désir d'en étudier une troisième,
une quatrième, se fera bientôt sentir ; même travail, mêmes
jouissances. Ce goût de recherches, stimulé par la curiosité,
conduira, par une route jonchée de fleurs, à la connaissance
des élémens d'une science, qui se sera peu à peu introduite
dans l'esprit sans avoir effrayé l'imagination.

La botanique, quoique assez généralement cultivée aujourd'hui, le serait davantage, si elle était plus connue, surtout chez un sexe si bien fait pour elle, mais qu'on épouvante trop souvent par la sécheresse de la nomenclature, et par cette foule de termes nouveaux qu'elle amène à sa suite, et dont on n'est pas assez économe. Quelle précieuse acquisition que celle qui nous ménage, pour tous les instans de notre vie, des plaisirs faciles, indépendans du caprice des hommes et des événemens du sort !

L'âge mûr arrive; mais avec lui ne s'évanouissent pas, comme de simples jeux puérils, ces amusemens de notre première jeunesse ; ils prennent insensiblement une marche plus conforme à nos idées. Le spectacle de la nature, que nous n'avons considérée qu'isolément dans quelques-unes de ses productions, s'offre alors avec un caractère de grandeur qui élève l'ame, lui donne une vie nouvelle, et répand, sur tous les objets qui nous environnent, un intérêt que nous n'y aurions jamais soupçonné. Il est même, dans quelques imaginations plus ardentes, porté à un tel point d'exaltation, que l'étude de la nature, convertie en une noble passion, devient l'unique objet de leurs contemplations. C'est alors que la science nous ouvre les portes de son sanctuaire, qu'elle nous apprend à généraliser nos idées, à considérer, dans l'ensemble des êtres de la végétation, leurs rapports entre eux, leur harmonie avec les autres êtres de la création ; elle nous fait connaître ces ressorts secrets, qui leur donnent le mouvement et la vie, ces organes intérieurs qui en développent toutes les parties, ces liqueurs vivifiantes qui les abreuvent, enfin tout ce qui appartient aux grandes fonctions de la végétation.

Ainsi, comme je l'ai dit plus haut, la botanique est, en quelque sorte, la science de tous les âges : elle n'est qu'un jeu dans l'enfance, une distraction agréable dans l'âge qui lui succède, une source de souvenirs délicieux pour le reste de la vie. Ajoutons que, nous obligeant sans cesse à comparer les objets entre eux, à les considérer sous tous leurs rapports, à les rapprocher, à les grouper, elle nous donne un esprit d'observation, qui se reporte sur tous les autres objets, perfectionne notre jugement, développe nos facultés intellectuelles en multipliant nos idées.

Est-il, en effet, de moyens plus puissans pour agrandir notre être, que l'acquisition de nouvelles connaissances? Est-il de jouissances plus réelles, plus indépendantes? Les qualités physiques, telles brillantes qu'elles puissent être, ont un terme; elles s'altèrent avec l'âge : il n'est en notre pouvoir ni de les augmenter, ni même de les conserver. Il n'en est pas de même de nos facultés intellectuelles; elles sont susceptibles d'augmentation, de développement, presque jusqu'au dernier moment de notre existence. Tous les jours, de nouvelles idées peuvent se joindre à celles de la veille, et, dans l'homme qui a exercé sa pensée, le temps, qui affaiblit les forces physiques, ajoute aux facultés morales.

Placés au milieu des œuvres de la création, pouvons-nous fermer les yeux sur tant de merveilles, ou nous borner à une simple admiration, quand tout nous invite à les étudier? S'il en est que nous ne puissions atteindre qu'avec difficulté, les plantes resteront toujours à notre disposition; elles sont à nos pieds, elles sont entre nos mains; elles nous attirent par la variété de leurs formes, par les nuances de leurs couleurs, par la douce émanation de leurs parfums, et surtout par ce sentiment de plaisir qu'excite en nous leur contemplation.

La botanique n'est pas seulement une étude de spéculation et d'agrément, elle conduit encore, surtout depuis qu'elle a étendu son domaine sur toutes les parties du globe, à des découvertes précieuses pour la société, mais qu'on ne peut obtenir que par de longues et pénibles recherches, et surtout par des voyages dans des contrées jusqu'alors peu observées. C'est ainsi que, depuis un très-petit nombre d'années, nos bosquets se sont embellis d'arbrisseaux élégans et variés, qu'une foule d'arbres exotiques ont trouvé place dans nos forêts, que des chênes, des pins, des érables, des bouleaux, et beaucoup d'autres nés sur un sol étranger, rivalisent aujourd'hui avec ceux de notre climat. L'homme, qui a vécu pendant la première partie du siècle dernier, pourrait à peine se reconnaître aujourd'hui au milieu de nos parterres décorés de tout le luxe des plus belles fleurs. De quel éclat il y verrait briller les *ipomea* à fleurs écarlates, les *hortensia*, les *metrosideros*, ces *geranium*, ces bruyères nombreuses, et toutes ces belles plantes grasses originaires du Cap de Bonne-Espérance? Que de parfums, que de riches et précieuses couleurs ont été fournies aux arts! que de végétaux abondans en substance alimentaire, dans nos potagers et nos vergers! que de résines nouvellement découvertes, employées avantageusement en médecine, ou pour la décoration de nos demeures! Combien d'autres plantes ont augmenté nos ressources en tout genre! Ces bienfaits, nous les devons à des voyageurs actifs, intrépides, dont les travaux et les services n'ont été que trop souvent méconnus.

L'étude des plantes, qui n'est qu'un amusement pour les gens du monde, est de nécessité pour le médecin qui les emploie dans le traitement des maladies, pour le pharmacien chargé de leur préparation, pour l'herboriste qui les recueille, pour l'agriculteur que cette étude doit éclairer sur le choix des plantes à cultiver selon la nature et l'exposition des différentes sortes de terre; pour le teinturier qui trou-

vera souvent, dans l'analogie des espèces, le moyen d'étendre
les ressources de son art : on peut en dire autant du parfu-
meur, du distillateur, et de beaucoup d'autres professions
fondées sur l'emploi des plantes. A la vérité, la connaissance
générale des plantes n'est pas nécessaire dans ces différens
états ; il suffit que ceux qui les exercent connaissent assez les
principes de la science, pour n'être pas dans le cas de confondre une plante avec une autre ; que chacun d'eux s'attache
ensuite à la connaissance des espèces relatives à la partie
qu'il cultive : mais il sera toujours autant agréable que facile
de connaître du moins les plantes du pays que l'on habite.
Cette recherche, qu'on pourrait croire très-difficile, n'exige
d'autres peines que de diriger vers ce but des promenades,
qui auront dès-lors un intérêt particulier, et nous apprendront que l'homme n'est jamais seul dans la nature, quand
il sait en étudier les productions.

Avant d'entrer dans les détails qui appartiennent aux
plantes individuellement, j'ai cru devoir fixer les regards sur
ce vaste tableau, que présente à la surface du globe l'ensemble de la végétation, considérer ces grandes familles distribuées dans les différentes contrées de la terre, relativement au climat, à la température, à l'élevation du terrain, à
la nature du sol ; rechercher ensuite comment s'établit insensiblement la végétation dans des terres jusque-là stériles ou
de nouvelle formation ; puis, reconnaissant dans les plantes
un grand nombre de rapports avec les autres êtres de la nature, essayer de saisir ces rapports, et faire sentir, d'une
manière plus évidente, le rang et les fonctions que remplissent les végétaux parmi les êtres de la création ; comment ils
contribuent à l'harmonie de cet univers, dont toutes les parties sont dans une concordance si admirable.

Ces vues générales, qui nous peignent la nature dans toute

la majesté de ses œuvres, en forment la véritable science, lorsque ensuite elles se joignent à des détails qui n'auraient, sans elles, qu'un faible intérêt : alors nous verrons la vie se propager avec rapidité sur toutes les parties de notre globe, se montrer d'abord dans les végétaux, se perfectionner dans les animaux, et recevoir dans l'homme toute sa plénitude. Ces considérations nous apprendront à ne dédaigner aucune des productions naturelles, telles petites qu'elles puissent être, et nous reconnaîtrons avec étonnement que les êtres qui paraissent les moins dignes de notre attention, sont peut-être ceux qui en méritent le plus dans l'ordre de la végétation.

Descendant alors de ces hautes considérations, nous sentirons combien il devient intéressant de connaître plus particulièrement la constitution de ces êtres qui occupent, dans l'ordre des choses, un rang si distingué ; nous nous occuperons donc à les étudier dans leurs organes, leurs fonctions, dans tous les phénomènes qui appartiennent à la vie végétative.

Tout ce qui concerne les plantes individuellement étant connu, et l'esprit exercé à en séparer toutes les parties, c'est alors que, pour les étudier isolément, pour apprendre à les distinguer, pour reconnaître le rang que chacune d'elles doit occuper dans la longue série des espèces, il faut avoir recours aux méthodes établies pour cet objet, partie importante sans doute, presque la seule dont on se soit occupé pendant longtemps, qui n'est point la science, mais qui en règle, qui en dirige la marche, et vient au secours de l'esprit humain, trop faible pour embrasser l'ensemble des êtres dans tous leurs détails, sans se former des points de repos, des divisions qui ne sont pas toujours celles de la nature, mais que nécessite la trop grande multiplicité des êtres naturels : tel est le plan que je me propose de suivre dans la distribution de cet ouvrage.

LIVRE PREMIER.

VUES GÉNÉRALES.

CHAPITRE PREMIER.

TABLEAU DE LA VÉGÉTATION A LA SURFACE DU GLOBE.

Le Créateur des mondes ne s'est pas borné à décorer le nôtre de tout le luxe d'une brillante végétation; il a voulu la varier à chaque localité, en diversifier les formes à l'infini dans la disposition de leur ensemble, dans leur petitesse ou leur grandeur, dans la correspondance ou le contraste de toutes leurs parties. Elégance dans leur port, richesse dans leurs couleurs, délicatesse dans leurs parfums, tels sont les dehors séduisans sous lesquels se montrent aux yeux de l'homme, ces fleurs variées et nombreuses, filles aimables du printemps. Quelle est donc cette toute-puissance qui couvre de végétaux la roche stérile, peuple les déserts, porte la végétation jusque dans le fond des fleuves, jusque dans les abîmes de l'Océan? Quel sublime pinceau a dessiné à grands traits ces riches décorations de la demeure de l'homme? Qui pourrait ne pas y reconnaître la main invisible du Créateur? il ne fait que l'ouvrir; des nuages de fleurs s'en échappent, et se répandent sur le sein de la nature.

Tous les hommes sont admis à la jouissance de ce spectacle; mais il n'appartient qu'à l'homme éclairé par l'observation, d'en jouir dans toute sa plénitude, d'en saisir la belle ordonnance. Au milieu de cette apparente confusion, il reconnaîtra que les plantes n'ont pas été jetées au hasard à la surface du globe; que chacune d'elles est à sa place, qu'elle ne peut être ailleurs; que la beauté des sites, la variété des paysages disparaîtraient s'ils n'étaient revêtus des ornemens qui leur sont propres; que les plantes des rivages seraient déplacées sur les hauteurs, tandis que celles des montagnes, descendant du sommet glacé de leur vaste amphithéâtre, ne produiraient plus le même effet dans nos plaines uniformes; qu'elles y perdraient leurs grâces naturelles, ainsi que la douceur de leurs parfums, ou la vivacité

de leurs couleurs : telles se présentent la plupart de celles
que nous sommes parvenus à pouvoir cultiver. Les fleurs,
quelque brillantes qu'elles soient dans nos parterres, nous
ont-elles jamais inspiré le même intérêt, que lorsque nous
les rencontrons dans leur lieu natal? L'ordre symétrique,
cet air de parure que nous leur donnons, vaut-il l'aimable
désordre qui règne dans leur distribution au milieu des campagnes, éparses dans les bois, ou répandues dans les prairies?

A la vérité, la végétation n'est pas également brillante
partout : relative aux lieux qu'elle doit embellir, elle prend
le caractère de convenance qui se lie le mieux avec l'aspect
des localités. Gaie et riante sur le bord des ruisseaux, élégante et gracieuse dans les vallées, riche, majestueuse dans
les grandes plaines, elle n'est plus la même lorsqu'elle se
montre sur la roche brûlante, ou qu'elle lutte sur les Alpes
avec la neige et les glaces. Ainsi, dans cette admirable ré-
partition des végétaux à la surface du globe, aucun lieu n'a
été oublié ; chacune de ses parties, si l'on en excepte le sable
du désert, est revêtue de la parure qui lui convient. Vingt,
trente lieues de plaine et plus, dans la même contrée, à la
même exposition, produiront partout à peu près les mêmes
végétaux ; mais si cette plaine est entrecoupée par des
forêts, sillonnée par des vallons, hérissée de rochers et de
montagnes, arrosée par des ruisseaux ; si le sol est variable,
s'il est humide ou sec, tourbeux ou crétacé, la masse des
plantes variera également à chaque changement de situation
et de température.

Si les localités d'un même pays nous offrent des plantes
très-différentes, elles le sont encore bien davantage à mesure que nous nous avançons du Midi au Nord, du Levant
au Couchant, et surtout lorsque nous passons d'un continent
dans un autre, soit que nous parcourions la brûlante Afrique, les vastes contrées de l'Asie, ou les îles nombreuses
de l'Amérique. Dans la plupart de ces contrées, la végétation est si abondante, si variée dans ses formes, si éloignée
de celles que nous connaissons, que souvent nous aurions
peine à croire les voyageurs, si leurs récits ne nous étaient
confirmés par la possession des objets dont ils nous parlent ;
mais nous ne les connaissons qu'isolés, tronqués, altérés.
C'est dans leur lieu natal qu'il faut les observer, pour se former une idée de la richesse et de la belle ordonnance que la
nature a établies dans toutes ses productions. Écoutons la-

dessus un de nos plus célèbres voyageurs, M. de Humboldt, dans ses *Tableaux de la nature*.

« C'est, dit-il, sous les rayons ardens du soleil de la zone torride, que se déploient les formes les plus majestueuses des végétaux. Au lieu de ces lichens et de ces mousses épaisses qui, dans les frimas du Nord, revêtent l'écorce des arbres, sous les tropiques, au contraire, la vanille odorante, les *cymbidium* animent le tronc de l'acajou (*anacardium*) et du figuier gigantesque; la fraîche verdure des feuilles du pothos contraste avec les fleurs des orchidées, si variées en couleurs; les *bauhinia*, les grenadilles grimpantes, et les *banisteria* aux fleurs d'un jaune doré, enlacent le tronc des arbres des forêts; des fleurs délicates naissent des racines du cacaotier (*theobroma*), ainsi que de l'écorce épaisse et rude du calebassier (*crescentia*) et du *gustavia*. Au milieu de cette abondance de fleurs et de fruits, au milieu de cette végétation si riche, et de cette confusion de plantes grimpantes, le naturaliste a souvent de la peine à reconnaître à quelle tige appartiennent les feuilles et les fleurs. Un seul arbre, orné de *paullinia*, de *bignonia*, de *dendrobium*, forme un groupe de végétaux, qui, séparés les uns des autres, couvriraient un espace considérable.

« Dans la zone torride, les plantes sont plus abondantes en sucs, d'une verdure plus fraîche, et parées de feuilles plus grandes et plus brillantes que dans les climats du Nord. Les végétaux, qui vivent en société, et qui rendent si monotones les campagnes de l'Europe, manquent presque entièrement dans les régions équatoriales. Des arbres, deux fois aussi élevés que nos chênes, s'y parent de fleurs aussi grandes et aussi belles que nos lis. Sur les bords ombragés de la rivière de la Madeleine, dans l'Amérique méridionale, on voit une aristoloche grimpante (*aristolochia cordiflora*, Kunth), dont les fleurs ont quatre pieds de circonférence.

« La hauteur prodigieuse à laquelle s'élèvent, sous les tropiques, non-seulement des montagnes isolées, mais même des contrées entières, et la température froide de cette élévation, procurent, aux habitans de la zone torride, un coup d'œil extraordinaire. Outre les groupes de palmiers et de bananiers, ils ont aussi autour d'eux des formes de végétaux, qui semblent n'appartenir qu'aux régions du Nord. Des cyprès, des sapins et des chênes, des épines-vinettes et des aulnes, qui se rapprochent beaucoup des nôtres, couvrent les cantons montueux du sud du Mexique, ainsi que la chaîne des Andes sous l'équateur. Dans ces régions, la nature permet à l'homme de voir, sans quitter le sol natal, toutes les formes de végétaux répandus sur la surface de la terre, et la voûte du ciel, qui se déploie d'un pôle à l'autre, ne lui cache aucun des mondes resplendissans. Ces jouissances naturelles, et une infinité d'autres, manquent aux peuples du Nord. Plusieurs constellations, et plusieurs formes de végétaux, surtout les plus belles, celles des palmiers et des bananiers, les graminées et les fougères arborescentes, ainsi que les *mimosa*, dont le feuillage est si finement découpé, leur restent inconnus pour toujours. Les individus languissans, que renferment nos serres chaudes, ne peuvent offrir qu'une faible image de la majesté de la végétation dans la zone torride.

« Celui qui sait d'un regard embrasser la nature, et faire abstraction des phénomènes locaux, voit comme, depuis le pôle jusqu'à l'équateur, à mesure que la chaleur vivifiante augmente, la force organique et la vie augmentent aussi graduellement : mais, dans le cours de cet accroissement, des beautés particulières sont réservées à chaque zone; aux climats du tropique, la diversité des formes et la grandeur des végétaux ; aux climats du Nord, l'aspect des prairies, et le réveil périodique de la nature aux premiers souffles de l'air printannier. Outre les avantages qui lui sont propres, chaque zone a aussi son caractère. Si l'on reconnaît, dans chaque individu organisé, une physionomie déterminée, de même on peut distinguer une certaine physionomie naturelle, qui convient exclusivement à chaque zone. Des espèces semblables de plantes, telles que les pins et les chênes, couronnent également les montagnes de la Suède, et celles de la partie la plus méridionale du Mexique; cependant, malgré cette correspondance de formes, et cette similitude des contours partiels, l'ensemble de leurs groupes présente un caractère entièrement différent.

« La grandeur et le développement des organes dans les plantes dépendent du climat qui les favorise. Dans l'impuissance de peindre complétement les plantes de l'Amérique, nous hasarderons de tracer les caractères des groupes les plus saillans, en commençant par les palmiers : ils ont, entre tous les végétaux, la forme la plus élevée et la plus noble; c'est à elle que les peuples ont adjugé le prix de la beauté. Leurs tiges hautes, élancées, cannelées, quelquefois garnies de piquans, sont terminées par un feuillage luisant, tantôt ailé, tantôt disposé en éventail. Leur tronc lisse atteint souvent une hauteur de cent quatre-vingts pieds. La grandeur et la beauté des palmiers diminuent à mesure qu'ils s'éloignent de l'équateur pour se rapprocher des zones tempérées. Un caractère frappant, et qui en varie l'aspect très-agréablement, c'est la direction des feuilles. Les folioles très-serrées du dattier et du cocotier produisent de beaux reflets de lumière à la face supérieure des feuilles, d'un vert plus frais dans le cocotier, plus mat et comme cendré dans le dattier. Quelle différence d'aspects entre les feuilles pendantes du *palma de covija* de l'Orénoque, même entre celles du dattier, du cocotier, et entre les branches du *jagua* et du *pirijao*, qui pointent vers le ciel! La nature a prodigué toutes les beautés de formes au palmier *jagua*, qui couronne les rochers granitiques des cataractes d'*Aturès* et de *Maypures*. Leurs tiges élancées et lisses atteignent une hauteur de cent soixante à cent soixante-dix pieds; de sorte que, suivant l'expression de Bernardin de Saint-Pierre, elles s'élèvent en portique au-dessus des forêts. Cette cîme aérienne contraste d'une manière surprenante avec le feuillage épais des *ceiba*, avec les forêts de lauriers et de mélastomes qui l'entourent. Dans les palmiers à feuilles palmées, le feuillage touffu est souvent posé sur une couche de feuilles desséchées, ce qui donne à ces végétaux un caractère mélancolique.

« Dans toutes les parties du monde, la forme des palmiers se réunit à celle des bananiers. Leur tige, plus basse, mais plus succulente, est presque herbacée, et couronnée de feuilles d'une contexture mince et lâche, avec des nervures délicates et luisantes comme de la soie. Les bosquets des bananiers sont la parure des cantons humides. C'est dans leurs fruits que repose la subsistance de tous les habitans des tropiques : ils ont accompagné l'homme dès l'enfance de la civilisation. Si les champs vastes et monotones, que couvrent les céréales répandues par la culture dans les contrées septentrionales de la terre, embellissent peu l'aspect de la nature, l'habitant des tropiques, au contraire, en s'établissant, multiplie, par les plantations de bananiers, une des formes de végétaux les plus nobles et les plus magnifiques.

« Les feuilles finement ailées des *mimosa*, des *acacia*, des *gleditsia*, des tamarins, etc., ont une forme que les végétaux affectent particulièrement entre les tropiques. Cependant on en trouve ailleurs que dans la zone torride : ils ne manquent pas aux États-Unis d'Amérique, où la végétation est plus variée, plus vigoureuse qu'en Europe, quoiqu'à une latitude semblable. Le bleu foncé du ciel de la zone torride, qu'on aperçoit à travers leur feuillage délicatement ailé, est d'un effet extrêmement pittoresque.

« Les cactiers ou les cierges (*cactus*) se montrent presque exclusivement en Amérique. Leur forme est tantôt sphérique, tantôt articulée ; tantôt elle s'élève comme des tuyaux d'orgues, en longues colonnes cannelées. Ce groupe forme, par son extérieur, le contraste le plus frappant avec celui des liliacées et des bananiers ; il fait partie des plantes que Bernardin de Saint-Pierre a si heureusement nommées les sources *végétales du désert*. Dans les plaines dénuées d'eau de l'Amérique du sud, les animaux, tourmentés par la soif, cherchent le *melocactus*, végétal sphérique à moitié caché dans le sable, enveloppé de piquans redoutables, et dont l'intérieur abonde en sucs rafraîchissans. Les tiges du cactier en colonne parviennent jusqu'à trente pieds de hauteur, et forment des espèces de candelabres : leur physionomie a une forme frappante avec celle de quelques euphorbes d'Afrique.

« Tandis que les cactiers forment des *oasis* dispersées dans le désert privé de végétation, que les orchidées, sous la zone torride, animent les fentes des rochers les plus sauvages, et les troncs des arbres noircis par l'excès de la chaleur, la forme des vanilles se fait remarquer par des feuilles d'un vert clair, remplies de suc, et par des fleurs de couleurs panachées, d'une structure singulière : ces fleurs ressemblent à un insecte ailé, ou à cet oiseau si petit qu'attire le parfum des nectaires. La vie d'un peintre ne suffirait pas pour peindre toutes ces orchidées magnifiques qui ornent les vallées profondément sillonnées des andes du Pérou.

« Les casuarinées, qu'on ne trouve que dans les Indes et les îles du grand Océan, sont dénués de feuilles, comme la plupart des cactiers : ce sont des arbres dont les branches sont articulées comme celles des prêles. Cependant on trouve dans d'autres parties du monde des traces de ce type, plus singulier qu'il n'est beau. Les pins, les thuya, les cyprès appartiennent à une forme septentrionale, qui est peu commune dans la zone torride. Leur verdure continuelle et toujours fraîche égaie les paysages attristés par l'hiver, et annonce en même temps aux peuples voisins des pôles, que, lors même que la neige et les frimas couvrent la terre, la vie intérieure des plantes, semblable au feu de Prométhée, ne s'éteint jamais sur notre planète.

« Les mousses et les lichens, dans nos climats septentrionaux, les aroïdes, sous les tropiques, sont parasites aussi bien que les orchidées, et revêtent les troncs des arbres vieillissans : ils ont des tiges charnues et herbacées, des feuilles sagittées, digitées ou allongées, mais toujours avec des veines très-grosses. Les fleurs sont renfermées dans des spathes. Ces végétaux appartiennent plutôt au nouveau continent qu'à l'ancien. Le *caladium*, le *pothos* n'habitent que la zone torride.

« A cette forme des aroïdes, se joint celle des lianes, d'une vigueur remarquable dans les contrées les plus chaudes de l'Amérique méridionale; tels sont les *paullinia*, les *banisteria*, les *bignonia*, etc. Notre houblon sarmenteux et nos vignes peuvent nous donner une idée de l'élégance des formes de ce groupe. Sur les bords de l'Orénoque, les branches sans feuilles des *bauhinia* ont souvent quarante pieds de long : quelquefois elles tombent perpendiculairement de la cîme élevée des acajous; quelquefois elles sont tendues en diagonales d'un arbre à l'autre, comme les cordages d'un navire. La forme roide des aloès bleuâtres contraste avec la forme souple des lianes sarmenteuses, d'un vert frais et léger. Leurs tiges, quand ils en ont, sont la plupart sans divisions, à nœuds rapprochés, torses sur elles-mêmes, comme des serpens, et couronnées à leur sommet de feuilles succulentes, charnues, terminées par une longue pointe, et disposées en rayons serrés. Les aloès à tige haute ne forment pas des groupes comme les végétaux qui aiment à vivre en société; ils croissent isolés dans des plaines arides, et donnent par-là, aux régions du tropique, un caractère particulier de mélancolie. Une roideur et une immobilité triste caractérisent la forme des aloès; une légèreté riante et une souplesse mobile distinguent les graminées, et, en particulier, la physionomie de celles qui sont arborescentes. Les bosquets des bambous forment, dans les deux Indes, des allées ombragées. La tige lisse, souvent recourbée et flottante des graminées des tropiques, surpasse en hauteur celle de nos aulnes et de nos chênes.

« La forme des fougères ne s'ennoblit pas moins que celle des graminées dans les contrées chaudes de la terre. Les fougères arborescentes, souvent hautes de trente-cinq pieds, ressemblent à des palmiers; mais leur tronc est moins élancé, plus raccourci, et très-raboteux. Leur feuillage plus délicat, d'une contexture plus lâche, est transparent, légèrement dentelé sur les bords. Ces fougères gigantesques sont presque exclusivement indigènes de la zone torride; mais elles préfèrent, à l'extrême chaleur, un climat moins ardent. L'abaissement de la température étant une conséquence de l'élévation du sol, on peut considérer, comme le séjour principal de ces fougères, les montagnes élevées de deux à trois mille pieds audessus du niveau de la mer. Les fougères à hautes tiges accompagnent, dans l'Amérique méridionale, cet arbre bienfaisant dont l'écorce guérit la fièvre. La présence de ces deux végétaux indique l'heureuse région où règne continuellement la douceur du printemps. »

Après avoir observé avec M. de Humboldt la riche végétation des plus belles contrées de l'Amérique, si nous nous transportons sur les côtes sauvages et désertes de la Nouvelle-Hollande, avec MM. de la Billardière, Brown et Peyron, nous trouverons, dans le peu que l'on connaît de ce vaste continent, des végétaux tout à fait différens, quoiqu'au même degré de latitude. Ceux qu'on y a recueillis, se rapprochent davantage des plantes de l'ancien continent; celles destinées à la nourriture de l'homme, y sont aussi rares qu'elles sont communes en Amérique; aussi ces contrées paraissent presque inhabitées, et les hommes qui y vivent, ont à peine un commencement de civilisation, tant est puissante l'influence des végétaux utiles pour la multiplication et le perfectionnement du genre humain. En renvoyant le lecteur aux ouvrages publiés, sur les plantes de la Nouvelle-Hollande, par MM. de la Billardière et Brown, je me bornerai à rapporter ici ce que M. Peyron nous a présenté de plus intéressant sur la végétation de la terre Van-Diémen.

« C'est un spectacle bien singulier, dit ce savant naturaliste, que celui de ces forêts profondes, filles antiques de
la nature et du temps, où le bruit de la hache ne retentit
jamais, où la végétation, plus riche tous les jours de ses
propres produits, peut s'exercer sans contrainte, se développer partout sans obstacle; et, lorsqu'aux extrémités du
globe, de telles forêts se présentent exclusivement formées
d'arbres inconnus à l'Europe, de végétaux singuliers dans
leur organisation, dans leurs produits variés, l'intérêt devient plus vif et plus pressant : là, règnent habituellement
une ombre mystérieuse, une grande fraîcheur, une humidité pénétrante; là, croulent de vétusté ces arbres puissans
d'où naquirent tant de rejetons vigoureux : leurs vieux
troncs, décomposés maintenant par l'action réunie du temps
et de l'humidité, sont couverts de mousses et de lichens parasites. Leur intérieur recèle de froids reptiles, de nombreuses légions d'insectes; ils obstruent toutes les avenues
des forêts; ils se croisent en mille sens divers : partout ils
s'opposent à la marche, et multiplient autour du voyageur
les obstacles et les dangers; quelquefois ils forment, par leur
entassement, des digues naturelles de vingt-cinq ou trente
pieds d'élévation; ailleurs. ils sont renversés sur le lit des
torrens, sur la profondeur des vallées, formant alors autant
de ponts naturels dont il ne faut se servir qu'avec défiance.

« A ce tableau de désordre et de ravages, à ces scènes de
mort et de destruction, la nature oppose, pour ainsi dire,
avec complaisance, tout ce que son pouvoir créateur peut
offrir de plus imposant. De toutes parts on voit se presser,
à la surface du sol, ces beaux *mimosa*, ces superbes *metrosideros*, ces *correa* inconnus naguère à notre patrie, et
dont s'enorgueillissent déjà nos bosquets. Des rives de l'Océan,
jusqu'au sommet des plus hautes montagnes de l'intérieur,
on observe les puissans *eucalyptus*, ces arbres géans des
forêts australes, dont plusieurs n'ont pas moins de cent
soixante à cent quatre-vingts pieds de hauteur, sur une circonférence de vingt-cinq à trente et trente-six pieds. Les
bancksia de diverses espèces, les *protea*, les *embothrium*,
les *leptospermum*, se développent comme une charmante
bordure sur la lisière des bois : ailleurs se dessinent les *casuarina* si remarquables par leur port, si précieux par la solidité, par les riches marbrures de leur bois; l'élégant *exo

carpos projette en cent endroits divers ses rameaux négligés comme ceux du cyprès : plus loin paraissent les *xanthorrea*, dont la tige solitaire s'élance à douze ou quinze pieds au-dessus d'une souche écailleuse et rabougrie, d'où suinte abondamment une résine odorante ; en quelques lieux se montrent les *cycas*, dont les noix, enveloppées d'un épiderme écarlate, sont si perfides et si vénéneuses : partout se reproduisent de charmans bosquets de *melaleuca*, de *thesium*, de *conchium*, d'*evodia*, tous également intéressans par leur port gracieux, ou par la belle verdure de leur feuillage, ou par la singularité de leur corolle et de leur fruit. Au milieu de tant d'objets inconnus, l'esprit s'étonne, et ne peut qu'admirer cette inconcevable fécondité de la nature, qui fournit à tant de climats divers des productions si particulières, et toujours si riches et si belles. »

L'heureux climat de l'Inde est peut-être le lieu de la terre où la nature étale avec plus de profusion le luxe de la végétation : habité par des peuples parvenus depuis long-temps à un haut degré de civilisation, les végétaux semblent être sortis également de leur état sauvage : tous offrent les formes les plus élégantes, et paraissent réfléchir, par la vivacité de leurs couleurs, ces flots de lumière que l'astre du jour verse continuellement dans leurs corolles. Ces belles contrées sont parfumées au loin par les plus précieux aromates, embellies par la famille superbe des liliacées : à peine peut-on y reconnaître quelques-unes des plantes observées en Europe. Là croissent ces végétaux qui fournissent au commerce ces gommes, ces résines odorantes portées à un si haut prix ; ces plantes médicinales, qui, pendant longtemps, n'ont été connues que par leurs produits, et par des dénominations insignifiantes. C'est là que l'on apprend à quels arbrisseaux, à quelles plantes il faut rapporter le bois de campèche, le bois de couleuvre, la noix vomique, les casses, les myrobolans, le tamarin, le curcuma, le galanga, le gingembre, le cardamome, le zédoaire, le sang de dragon, etc. Dans les prés, dans les campagnes, végètent une immense quantité de jolies plantes, dont quelques-unes font la richesse de nos jardins, les beaux *clerodendrum*, les *justicia*, les *achyranthes*, les *cerbera*, les *pontederia*, les *eranthemum*, les *gloriosa*, les *croton*, les *acalypha*, etc.

Dans ce tableau général de la végétation, n'oublions pas

un autre coin du globe où la nature semble s'être plue à montrer sa munificence dans le nombre infini d'espèces appartenant aux mêmes genres, à des genres dont le type de la plupart existait déjà dans notre Europe; à les mélanger avec d'autres genres particuliers à ce climat, et dont quelques-uns ont été remarqués parmi les plantes de l'Amérique! tel se présente le Cap de Bonne-Espérance aux yeux du naturaliste qui le visite pour la première fois : il est frappé d'étonnement à la vue de ces roches montueuses couvertes de plantes grasses, d'aloès, de *mesembrianthemum*, de stapélies, de *crassula*, de tétragones, etc. S'il pénètre dans les forêts, ce n'est plus celles de l'Europe ou de l'Amérique : il les voit toutes brillantes de cet éclat d'or et d'argent répandu sur les feuilles des nombreux *protea*. Traverse-t-il de vastes plaines? il peut à peine y compter les espèces infinies de bruyère, les *borbonia*, les *blœria*, les *penœa*, etc. Les buissons et les bois sont composés d'une foule d'arbrisseaux peu connus, de jolis *phylica*, de passerines, de myrsinites, de *tarconanthes*, d'*anthospermum*, de *royena*, d'*halleria*, etc., tandis que dans les prés naissent à l'envi les nombreux *geranium*, les *ixia*, les glayeuls, les lobélies, les *hémanthes*, les sélagines, les stébées, les immortelles, etc., dont plusieurs brillent aujourd'hui dans nos parterres, ou font l'ornement de nos serres. Les seules espèces que nous possédons sont en si grand nombre, que nous avons peine à croire qu'elles puissent appartenir à une seule localité. Nous comptons plusieurs centaines de bruyères, de geranium, etc.

Pour connaître l'œuvre de la nature, il nous a fallu l'observer dans ces contrées où la terre, abandonnée à ses productions naturelles, n'a point encore été bouleversée par la main de l'homme. Partout où celui-ci a établi sa puissance, il a soumis à son empire tout ce qui pouvait contribuer à son bien-être, embellir sa demeure : les animaux sont devenus ses esclaves; de riches moissons, de vastes prairies ont remplacé les végétaux agrestes et sauvages; d'antiques forêts sont tombées sous la hache, et la terre, dépouillée de ses premières productions, n'offre plus au loin, aux yeux de l'observateur, qu'un vaste jardin créé par l'industrie humaine. L'arbre des montagnes est descendu dans les plaines, et la plante exotique, plus utile ou plus agréable, a chassé de son sol natal la plante nuisible ou sans utilité pour l'homme. Ce n'est donc que loin des grandes sociétés, dans des terres étrangères, dans des terres encore vierges, qu'on peut étudier la végétation dans son état naturel, la saisir dans ses modifications, dans son développement et ses progrès.

Cependant il existe encore des terrains en Europe que le pouvoir de l'homme n'a pu soumettre en totalité; mais ce n'est que parmi les roches sourcilleuses, et jusque sur le sommet des Alpes, qu'il les faut chercher. Là, des monts élevés sur des monts, s'élançant jusqu'au delà des nues, forment autant de gradins garnis chacun d'une végétation particulière, et dont le caractère change à chaque degré d'élévation; là, se succède, à mesure que l'on s'élève, la température des divers climats, depuis celle des tropiques jusqu'à celle des pôles, ainsi que plusieurs des végétaux particuliers à chacun de ces climats.

Au pied de ces montagnes et dans les vallées inférieures végètent les plantes des plaines, et une partie de celles des contrées méridionales de l'Europe. Des forêts de chêne occupent le premier plan; elles s'élèvent, mais en perdant à mesure de leur force et de leur beauté, jusqu'à une hauteur d'environ huit cents toises, dernier terme de leur habitation. Le hêtre s'y montre également; mais le chêne a déjà disparu, qu'on retrouve encore des hêtres plus de cent toises audessus. Dans la zone qui leur succède, ces arbres, plus exposés à l'impétuosité des vents, offriraient trop de prise à leur action par leur cîme épaisse et leurs larges feuilles. Le pin, l'if, le sapin, garnis d'un feuillage finement découpé, élèvent impunément, jusque vers les nues, leur tronc robuste, peu ramifié. L'action des vents ne trouvant plus la même résistance, se divise et perd de sa force entre leurs feuilles courtes et menues. Cependant ces arbres ne peuvent guère parvenir au delà de mille toises : c'est alors que des bois d'aliziers et de bouleaux, des touffes de coudriers et de saules, des berceaux de rhododendrum osent braver le froid et les tempêtes jusqu'à la hauteur de douze cents toises. Audessus, se montrent, mais avec une stature bien plus basse, une foule de jolis et d'élégans arbustes, les daphnés, les passerines, les globulaires, des saules rampans, quelques cistes ligneux.

Au de-là, jusqu'à la région des glaces, on ne trouve presque plus de végétaux ligneux, si l'on en excepte quelques bouleaux nains, quelques saules rabougris, longs à peine de quelques pouces. Un gazon court, gracieux et touffu sort tous les étés de dessous des monts de neiges, et se couvre d'une foule de jolies petites fleurs à feuilles en rosettes, à hampe nue, à racines vivaces : c'est la patrie des nombreuses saxifrages, des élégantes primevères, des gentianes, des renoncules, et d'une foule d'autres plantes en miniature. L'affreuse nudité des pôles règne sur le sommet de ces montagnes surchargées de glaces perpétuelles : s'il y reste encore quelques traces de végétation, elle n'existe que dans quelques lichens, qui cherchent, comme ils le font ailleurs, à y jeter, mais en vain, les bases de la végétation.

Ainsi le voyageur, parvenu sur ces montagnes, à la région des glaces, a éprouvé en peu d'heures les divers degrés de température qui règnent dans chaque climat depuis les tropiques jusqu'aux pôles : il a pu observer une partie des plantes qui croissent depuis environ le 45° de latitude jusqu'au 70°, c'est-à-dire dans une longueur d'environ huit cents lieues, phénomène qui existe sur toutes les hautes montagnes, tant de l'ancien que du nouveau continent, avec quelques modifications particulières aux localités. Les observations faites par M. de Humboldt dans les régions équinoxiales et sur les plus hautes montagnes de notre globe, nous en fournissent la preuve. On y retrouve, mais seulement à la hauteur de cinq cents toises, le même ordre dans la gradation des espèces : à la vérité, celles-ci ne sont plus les mêmes qu'en Europe, mais elles ont le même caractère de correspondance dans leur port, leur grandeur, leur consistance. La zone brûlante, qui occupe l'espace inférieur depuis le niveau de la mer jusqu'à cette hauteur, jouissant d'une température inconnue à notre Europe, est habitée par des végétaux particuliers à ce climat : c'est, comme nous l'avons vu plus haut, la patrie des palmiers, des bananiers, des amomes, des fougères en arbre, etc. Ce n'est donc qu'à la hauteur de cinq cents toises que commence, sur les montagnes de la zone torride, le climat correspondant à la base des Alpes, à partir du niveau de la mer, et ce ne peut être que là où commence également la zone des plantes correspondantes à celles de l'Europe.

(14)

Tel se développe aux regards de l'homme le spectacle
toujours varié, sans cesse renaissant de la végétation, spectacle riche dans sa composition, admirable dans ses contrastes, sublime dans son harmonie, et qui n'a coûté à la
nature que de soumettre les formes à l'influence des diverses
températures, je dis des températures, et non des climats.
Il est en effet très-essentiel de remarquer que la production
des espèces végétales est bien plus dépendante de l'action
de la chaleur ou du froid, de la sécheresse ou de l'humidité,
que de la différence des climats, tellement qu'on peut rencontrer, comme en effet on rencontre assez souvent, les mêmes
espèces à des latitudes très-différentes, mais où règne, par
les circonstances locales, le même degré de température :
c'est ainsi que nous trouvons, sur les hautes montagnes des
contrées méridionales de notre Europe, des plantes de la
Suède, de la Norwège, et même celles de la Laponie et du
Spitzberg. Tournefort avait fait la même observation dans
l'Asie mineure, sur le mont Ararat. Au pied de la montagne
se présentent les plantes de l'Arménie; à mesure qu'on
s'élève, celles de l'Italie et du midi de la France, puis
celles de Suède, et, approchant du sommet, les plantes de
la Laponie. C'est par des moyens aussi simples, que la nature a écarté de la surface du globe cette monotone uniformité qu'y produiraient les plantes, si partout elles étaient
les mêmes; mais, soumises aux influences de l'atmosphère,
que de formes variées elles offrent à notre admiration! Une
température constamment humide et chaude, telle que
celle des contrées équinoxiales, entretenue par les rayons
d'un soleil brûlant, par les émanations d'un sol arrosé par
le débordement des grands fleuves et des lacs, donne à la
végétation cette vigueur qui étonne dans ces grands et superbes végétaux particuliers à ces climats. Une autre forme
de plantes se montre dans ces contrées exposées à l'alternative
des saisons chaudes et froides; elle est plus égale sur les
côtes maritimes, où la température est moins variable; mais
les plantes prennent un autre aspect sur les hautes montagnes,
où soufflent fréquemment des vents secs et froids; elles varient
peu dans les eaux douces, dans celles de la mer, se trouvant
placées dans un milieu moins sujet aux intempéries de l'atmosphère. L'intensité et la durée de la lumière, les nuits
longues et humides, occasionent autant de modifications

différentes dans les formes végétales : aussi la nature a tellement fixé la station des plantes, que jamais les saules nains et rampans ne descendront du sommet de leurs montagnes pour se placer avec nos saules-osiers sur le bord des ruisseaux, et les primevères, qui décorent les pelouses des Alpes, ne viendront pas se mêler à celles de nos prairies.

De ces considérations est née l'idée d'une géographie botanique, dans laquelle les plantes sont distribuées par groupes, qui ont chacun leur hauteur déterminée, leur climat, leurs limites. Plusieurs naturalistes se sont livrés à ce genre d'observations, mais aucun ne l'a porté aussi loin que M. de Humboldt, qui a publié, sur ce sujet, des mémoires d'un grand intérêt. D'après les observations de ce savant voyageur, et celles faites en partie avant lui, on voit les plantes crucifères et les ombellifères disparaître presque entièrement dans les plaines de la zone torride, tandis qu'elle est le séjour des palmiers, des fougères en arbre, des graminées gigantesques, des orchidées parasites. Dans les zones tempérées croissent en abondance les malvacées, les labiées, les composées, les caryophyllées, très-rares sous l'équateur. Les conifères, un grand nombre d'arbres amentacés appartiennent aux régions boréales. Il est d'autres familles qui se retrouvent presque dans toutes les contrées du globe, telles que les graminées, les cypéracées, mais sous des formes différentes, selon les températures. Les unes rivalisent presque de grandeur avec les palmiers, tels sont les bambous, etc.; d'autres ne forment qu'un gazon court et touffu. Les bornes de cet ouvrage ne me permettant pas de donner plus de développement à ces intéressantes considérations, je renvoie le lecteur aux savantes dissertations de Linné, *Stationes et coloniæ plantarum*, au *Tentamen historiæ geographicæ vegetabilium* du professeur Strohmayer, et particulièrement aux mémoires de MM. de Humboldt et Ramond.

CHAPITRE SECOND.

ÉTABLISSEMENT DE LA VÉGÉTATION A LA SURFACE DU GLOBE.

Nous venons de voir la végétation couvrir de verdure et de fleurs toutes les parties de notre globe : nous l'avons vue se propager du fond des vallées jusque sur les lieux les plus élevés, résister dans les plaines aux rayons brûlans du soleil, lutter sur les montagnes avec les frimas, sortir chaque été de dessous les neiges, et ne s'arrêter qu'à la zone des glaces perpétuelles. Mais comment cette végétation peut-elle parvenir à couvrir la nudité des rochers, à fixer la mobilité des sables, à s'implanter dans les tufs pierreux, à convertir des lacs immenses en marais, ceux-ci en forêts ou en terre labourable? car telle était, telle est encore la surface du globe dans tous les lieux privés de végétation, soit dans les îles nouvellement sorties du sein des eaux, soit dans les sols bouleversés par des accidens particuliers, ou dépouillés, par d'autres circonstances, de leur antique verdure; telle aussi nous la retrouvons, si nous enlevons la couche plus ou moins épaisse du terreau qui la revêt. Cette terre est donc de nouvelle formation, ainsi que la végétation qu'elle entretient; elle n'a point été formée simultanément avec le rocher qui la soutient, avec le lit de sable qu'elle recouvre.

Cette importante observation échappe au commun des hommes. Accoutumé à voir, au retour de chaque printemps, les mêmes fleurs reparaître, les mêmes prairies reverdir, à peine a-t-on réfléchi sur l'origine de cette belle et abondante végétation, ou plutôt la rapportant à l'époque de la création générale des êtres, elle nous semblait se perdre dans l'obscurité mystérieuse de la formation des mondes, et nous nous trouvions dispensés dès lors de chercher par quels moyens la nature était parvenue à répandre partout ce terreau précieux, source de richesses et de vie, et qui n'est cependant que le résidu des générations entassées sur les générations. Ici, se présente une objection qui paraît détruire en partie ce que je viens d'avancer. Si la terre végétale, dira-t-on, est nécessaire à l'existence des plantes, elle a dû être créée avant elles, et n'en recevoir que ce qu'elle-même leur a fourni.

Telle a été l'erreur, qui, pendant une longue suite de siècles, nous a fait méconnaître une des plus grandes opérations de la nature, et qui, quoique constamment sous nos yeux, ne nous a échappé que par le peu d'attention que nous avons donnée à un ordre de plantes dédaignées à cause de leur peu d'éclat, de leur petitesse, et de la simplicité de leur composition : mais dès que l'œil perçant du génie eut saisi leurs rapports dans l'ordre naturel des choses, dès qu'il eut reconnu les fonctions qu'elles avaient à remplir, et le rang qu'elles occupaient dans le système général de la végétation, elles ont pris alors un caractère de grandeur, qui a fixé l'attention sur leur existence. On s'est aperçu que, sans exiger de terre végétale pour exister, elles en fournissaient par leur décomposition, à la vérité en petite quantité, mais suffisante pour recevoir des plantes d'un ordre un peu plus élevé, et auxquelles, à mesure que la terre végétale augmente, succèdent des végétaux beaucoup plus vigoureux.

Pour comprendre ce que nous avons à dire sur ce sujet, il faut nous arrêter un instant sur ces plantes que j'ai dit être la base de la végétation. Quoique très-communes partout, elles sont à peine remarquées. Partout elles couvrent les murs, les rochers, les terrains humides, le tronc des arbres; elles s'attachent à toutes les substances, pour peu qu'elles soient favorisées par les circonstances. Les rayons du soleil, les vents secs et froids leur sont autant contraires, que l'ombre et l'humidité leur sont favorables. Ces plantes portent les noms de conferves, de byssus, de lichens : il leur succède des mousses, des hépatiques, des lycopodiacées, des champignons, etc. Elles forment, dans l'ordre naturel de la végétation, une grande et importante famille. Linné les a nommées *cryptogames*, mot grec qui signifie que le mode de fécondation qui doit les reproduire n'est presque point connu.

Les *byssus* sont des plantes qui ne se montrent que sous la forme d'un tissu poudreux, ou d'un duvet filamenteux diversement coloré : elles s'attachent particulièrement aux substances humides, se dessèchent aux rayons d'un soleil ardent, et ne laissent après elles que des taches informes et noirâtres. Les *conferves* appartiennent aux eaux stagnantes, aux terrains inondés ; elles sont composées de filamens capillaires, allongés, simples ou articulés. Les *lichens* ne sont quelquefois que des points saillans et noirâtres, épars sur un fond verdâtre ou cendré ; ailleurs ce sont des lignes simples ou rameuses qui semblent tracer ou des caractères alphabétiques ou une sorte de carte géographique sur une membrane lisse, très-mince, appliquée sur l'écorce des arbres. D'autres espèces s'attachent aux rochers ; elles y forment des plaques de diverses couleurs, des croûtes lépreuses, grenues, farineuses ; ou bien, plus développées, elles s'étalent en rosettes d'un aspect foliacé, laciniées ou divisées en lobes. On en voit s'élever d'une croûte écailleuse, en tiges simples, ou se ramifier en petits arbustes élégans, s'évaser, au sommet de leurs rameaux, en petits godets simples ou prolifères, garnis sur leurs bords de tubercules fongueux, de couleur brune, noirâtre, ou d'un beau rouge écarlate ; quelques autres, sous une forme très-différente, tombent des branches des arbres en longs filamens entremêlés, semblables à des crins de cheval, à des cheveux touffus, les uns d'un vert cendré, d'autres d'un beau jaune doré, orangé ou citrin. Je ne m'étendrai pas davantage sur cette classe de plantes, avec laquelle nous ferons ailleurs une connaissance plus particulière lorsque nous traiterons des familles naturelles. Ici, nous allons les suivre dans les grandes fonctions que la nature leur a confiées pour l'établissement de la végétation.

Lorsque l'on fait attention à la dureté, à la sécheresse et à la nudité des rochers, on a peine à concevoir que des forêts puissent un jour en couronner le sommet ; cependant ce grand travail s'exécute tous les jours sous nos yeux, et même au milieu de nos habitations. Considérons ces murs couverts de taches verdâtres qui s'accroissent par l'humidité, que la lumière et la chaleur réduisent en taches noires et tenaces : ce sont autant de *byssus* qui essaient d'y porter la végétation, ainsi que sur les statues et les marbres les mieux polis ; ce sont eux qui impriment le cachet de la vétusté sur nos vieux châteaux, sur nos édifices gothiques. Ailleurs, particulièrement sur les pierres raboteuses, s'étalent en larges plaques ces *lichens* de diverses couleurs, semblables à ces croûtes dartreuses qui corrodent la peau des animaux ; ils creusent, rongent la surface des rochers, déposent, dans les vides qu'ils ont formés, la portion de terre produite par leur destruction. Quoiqu'en très-petite quantité, cette terre suffit pour donner lieu au développement de *lichens* d'un ordre plus élevé. Leurs débris, ajoutés à ceux des premiers, fournissent une petite couche de terreau suffisante pour l'existence des mousses d'un ordre inférieur, auxquelles succèdent également des espèces plus fortes [1].

Déjà une couche gazonneuse recouvre le sommet des murs, la surface des rochers : elle augmente d'année en année par les débris des végétaux qu'elle nourrit ; ses particules pulvérulentes sont retenues par les tiges et les racines serrées et touffues des mousses ; l'humidité s'y conserve plus long-temps ; la couche de terreau s'épaissit ; des graminées et autres plantes herbacées à tiges basses, viennent s'y établir, telles que des joubarbes, des draba, des saxifrages, des pissenlits, quelques geranium, etc. Le sol s'exhausse à mesure que les générations se succèdent ; il se convertit, avec le temps, en une prairie visitée par un grand nombre d'animaux. Des plantes à tige ligneuse annoncent que ce nouveau terrain ne tardera pas à recevoir de plus grands arbres, dont la multiplication doit par la suite établir d'immenses forêts dans un sol qu'on aurait cru frappé pour toujours de stérilité.

Tel est, sur ces roches arides, le développement de la végétation, commencée par de simples byssus, par quelques lichens, propagée par des tapis de mousses, augmentée par les plantes herbacées. Leurs débris accumulés ont formé cet *humus*, maintenant assez épais pour que les arbres les plus vigoureux puissent y implanter leurs racines. En suivant ainsi les progrès de la végétation, nous sommes parvenus à

---

[1] Les personnes qui ne se sont pas livrées à l'étude de la nature, seront peut-être fort étonnées d'apprendre que toutes ces taches noires ou verdâtres qui dégradent les belles statues et les murs exposés à l'humidité, sont de véritables plantes. Ces plaques sont formées par un *byssus*, que Linné a nommé *byssus antiquitatis*. Les pierres constamment à l'ombre et à l'humidité sont recouvertes d'un autre *byssus*, d'un beau vert foncé : c'est le *byssus velutina*, Lin.

Les *lichens* qu'on trouve plus communément sur les murs et les pierres sont le *Lichen calcarius, pertusus, tartareus, candelarius, parellus, saxatilis, centrifugus, crispus, omphaloides, parietinus, pustulatus*, etc.

Les mousses que l'on rencontre sur les vieux murs sont le *mnium setaceum, capillaire*, etc., le *bryum apocarpum, striatum, rurale, truncatulum, murale, cæspitilium*; l'*hypnum sericeum, serpens, myosuroïdes*, etc.

nous convaincre que la terre végétale n'est que le résultat
de la décomposition annuelle des végétaux, qu'elle n'existe-
rait pas sans eux ; que la nature seule et non l'industrie humaine a pu la déposer sur cette roche, sur ce vieux mur où
nous l'avons observée, et dont la formation s'est presque
exécutée sous nos yeux.

Ne quittons pas encore ces forêts dont nous venons de
suivre l'établissement depuis l'humble graminée, ou la mousse
rampante, jusqu'à la production des plus grands végétaux.
Quelle abondance de terreau fournissent tous les ans la chute
de leurs feuilles et les autres débris de la végétation ! C'est
dans cet immense magasin, sans cesse renouvelé, que la nature va puiser les substances nécessaires pour fertiliser les
plaines et les vallées : elle se sert, pour le transport de ces
matériaux, du véhicule de l'eau, de ces pluies d'orages qui
se précipitent par torrens, ou descendent en nappe du sommet des monts jusque dans les vallées les plus profondes :
ces eaux entraînent avec elles les dépouilles de la végétation,
en recouvrent des plaines souvent stériles, crétacées, sablonneuses ou pierreuses ; leur fertilité sans ce moyen aurait
pu coûter à la nature des siècles de travaux.

Mais les plantes qui jettent sur les rochers les fondemens
de la végétation, étant privées de racines, ne pourraient
exister sur des sables arides et mouvans ; il faut, pour fixer
leur mobilité, un autre ordre de végétaux : il a été produit. Au lieu de byssus, de lichens, qui exigent une base
fixe et solide, on trouve, pour premières plantes, plusieurs
espèces de graminées, de cypéracées, dont les racines traçantes et gazonneuses s'entrelacent les unes dans les autres,
s'enfoncent dans les sables, les retiennent, y mêlent leurs
dépouilles, et les rendent propres à recevoir des végétaux
convenables à la température des localités, pourvu qu'elles
soient fréquemment arrosées par les pluies.

Les circonstances qui soumettent le sable à la puissance
de la végétation n'existent point partout ; il est même de
vastes contrées où la terre paraît condamnée à n'offrir à ses
habitans qu'une surface aride et brûlée : telles ces plaines
immenses de l'Afrique, ces déserts si redoutés, contrées de
silence et de mort que l'homme ne traverse qu'avec effroi,
et que cependant la nature, par quelques circonstances locales, peut ramener à un état de vie, comme elle l'a fait

en beaucoup d'autres lieux. Le moyen le plus efficace et
même l'unique, c'est la présence de l'eau. Nous savons déjà
que plusieurs grands fleuves y promènent leurs eaux, tels
que le Nil en Égypte, le Niger dans une partie du Sahara.
Les sources qui les alimentent, grossies par les pluies, occasionent chaque année des débordemens considérables. Ces
eaux surabondantes déposent, sur les terrains qu'elles ont
inondés, un limon qui, mêlé au sable, acquiert une grande
fertilité : ailleurs, elles forment des mares, des lacs, des
étangs qui portent les principes de la vie dans ces contrées
de mort.

Un nouvel ordre de plantes nous attend sur les bords et
à la surface de ces lacs. On conçoit sans peine que celles qui
ont établi la végétation sur les sols sablonneux ou pierreux
ne peuvent ici remplir le même but, et nous verrons avec
admiration cette nature toute-puissante vaincre avec le
temps les obstacles qui s'opposent à ses opérations. Dès que
les eaux ont recouvert un terrain, les plantes s'y montrent
presque aussitôt : elles y sont plus ou moins abondantes,
selon les circonstances. Si ces eaux sont courantes comme
celles des rivières, agitées comme celles des grands lacs, la
végétation n'existe guère que sur leurs bords ; mais sont-
elles tranquilles, dormantes, peu profondes, les plantes y
croissent plus nombreuses et avec plus de rapidité ; elles
s'emparent d'abord de la surface des eaux, et occupent, par
la simplicité de leur organisation, le même ordre que celles
qui naissent sur les rochers : ce ne sont que des filamens
très-menus, entremêlés, sans racines, sans fructification
apparente ; elles précèdent la naissance de végétaux plus parfaits, et préparent le sol qui doit les recevoir, opération que
nous pouvons suivre également sans sortir de nos habitations. Examinons ces mares, ces bassins négligés ou abandonnés ; nous les verrons couverts d'une écume verdâtre,
qu'on a regardée longtemps comme des impuretés rejetées à
la surface de l'eau : observées avec plus d'attention, il sera
facile de reconnaître qu'elles appartiennent au règne végétal.
On les a désignées sous les noms de *conferves* et de *byssus*.
Des lentilles d'eau (*lemna*), des callitrics se joignent à elles
ou leur succèdent. Ceux-ci, pourvus de racines, forment,
par leur entrelacement, une sorte de gazon flottant, dont les
débris se précipitent au fond des eaux, et constituent le sol

destiné à recevoir des plantes d'un rang supérieur : dès lors les potamogetons, les *chara*, les *myriophyllum* tapissent l'intérieur des bassins et des lacs, s'y étendent en prairies constamment recouvertes par les eaux, et réservées pour la nourriture d'un grand nombre d'animaux aquatiques.

A mesure que le fond s'exhausse, des espèces plus vigoureuses s'élèvent au-dessus des eaux, y développent ces brillantes corolles dont la beauté rivalise avec les fleurs de nos jardins. La plaine liquide se convertit en un parterre embelli par des touffes de renoncules flottantes, de naïades, d'*hydrocharis*, de *vallisneria*, dominées par les amples calices d'argent, d'or ou d'azur des nélumbos, des nénuphars à feuilles larges et vernissées ; tandis que les flèches d'eau, les joncs fleuris, les ményanthes, l'hottonia, etc., forment sur leurs bords un encadrement élégant et varié, auquel se joignent de jolies véroniques, des œnanthes, des phyllandres surmontés par des salicaires, des bidens, des eupatoires, etc.

Ainsi les eaux, aussi bien que la partie nue et pierreuse du globe, se peuplent de végétaux qui convertissent en marais ces plaines liquides sur lesquelles ont flotté jadis les barques des pêcheurs. Ces eaux gagnent en surface ce qu'elles perdent en profondeur, et portent la fertilité dans tous les terrains qu'elles abordent. A mesure qu'elles baissent, on y voit croître de ces espèces qui, en quelque sorte, tiennent le milieu entre les plantes aquatiques et les terrestres, telles que de grandes graminées, des roseaux, des paturins, des *carex*, des scirpes, des souchets, des *typha*, etc. ; mais aucune plante ne contribue davantage au changement de ces marais en pâturages, que l'abondance de certaines espèces de mousses, surtout les sphaignes, qui s'élèvent par couches annuelles au-dessus les unes des autres, s'accroissent tous les jours en épaisseur aussi bien qu'en étendue. Si ces eaux, absorbées par la force de la végétation, ne sont point alimentées par des sources à proportion de leurs pertes, ce sol marécageux se desséchera peu à peu, et se couvrira avec le temps de prairies fertiles, d'arbres de toute espèce, et dès lors pourra offrir sa surface au soc de la charrue.

Ce que je viens d'exposer sur les progrès successifs de la végétation n'a rien de conjectural : nous en trouvons la preuve presque à chaque pas, tant dans le sein de la terre qu'à sa surface, surtout dans les terrains qui n'ont point été bouleversés par des révolutions récentes. Dans combien d'endroits ne rencontre-t-on pas, sous la couche de terre végétale ou argileuse, d'anciennes tourbes étendues sur des lits de sable ou sur des amas de pierres roulées; preuve évidente que ce sol a été autrefois traversé par les eaux des fleuves, ou occupé par celles des lacs! Les vastes marais de la Somme nous en fournissent un exemple entre mille. Le sol est souvent recouvert, ainsi que l'a observé M. Girard, d'une couche de terre propre à la végétation, d'environ deux pieds dans sa plus grande épaisseur : la hauteur du banc de tourbe sur lequel elle repose est de six à dix pieds entre Amiens et Pecquigny; elle augmente jusqu'à trente pieds vis-à-vis les villages de l'Etoile et de Long, au delà desquels elle diminue de plus en plus. La partie basse de la ville d'Amiens, d'après les observations de M. Sellier, est bâtie sur une couche de tourbe qui a quelquefois plus de douze pieds d'épaisseur : elle est assise sur un banc de marne, qui repose lui-même sur un massif de sable et de galets mêlés de coquilles marines. Ce vaste terrain a donc été longtemps occupé par de grands lacs, ainsi que le prouve la découverte que l'on a faite de plusieurs barques et d'armes romaines conservées dans la tourbe à de plus ou moins grandes profondeurs.

Il ne nous est pas accordé de suivre dans les profondeurs de l'Océan l'établissement de la végétation; mais si les plantes marines exigeaient, comme les terrestres ou celles des eaux douces, d'être enracinées dans un sol terreux ou limoneux, nous aurions peine à concevoir comment elles pourraient résister à l'action destructive de ces vagues mugissantes qui sans cesse renversent, arrachent tout ce qui leur fait obstacle, balayent le fond des mers, amoncellent sur les rivages les débris des rochers. Pour lutter contre des obstacles aussi puissans, il fallait aux plantes marines un mode d'existence particulière; aussi la nature leur a-t-elle accordé une base autrement solide que celle d'un sable mobile et continuellement tourmenté par le mouvement impétueux des eaux : elle a fixé leur séjour sur les corps les plus durs, sur les pierres, les rochers auxquels elles adhèrent par un empâtement d'une grande ténacité, ou bien en s'y cramponnant à l'aide d'une sorte de griffe rameuse, très-diffé-

rente des racines, quoiqu'elle en ait l'apparence. Ces griffes
ne sont point destinées à puiser, dans un sol qu'elles ne peuvent pénétrer, des sucs alimentaires, pour les porter dans les
parties supérieures de ces végétaux : ceux-ci, plongés en
entier dans le même milieu, absorbent également par toute
leur surface les principes de leur nutrition; et jusqu'alors
on n'a pu y reconnaître l'ascension d'aucune liqueur, telle
que la sève, etc. Les plantes marines ont en outre un feuillage plane ou divisé en filamens, d'une consistance souple,
coriace, membraneuse, susceptible de se prêter à tous les
mouvemens de l'eau sans en être endommagées.

Quoique leur mode de fructification soit encore peu connu,
il paraît que leurs semences, ou ce qui en tient lieu, sont
très-glutineuses, qu'elles s'attachent indifféremment à tous
les corps solides, et couvrent les rochers d'une végétation
aussi abondante et non moins agréable que celle des gazons
qui tapissent nos montagnes : à la vérité, elles n'étalent point
de corolles brillantes, elles ne parfument point l'air de leurs
aromates, mais elles offrent souvent, dans la forme, la variété
et le mélange des couleurs de leur feuillage, un aspect séduisant.

Il serait difficile de dire quelles sont les circonstances favorables ou nuisibles à leur végétation; mais si nous examinons les rochers qu'il nous est permis d'aborder, nous les
trouverons presque tous couverts d'une riche végétation. Il
est à croire que ces plantes, quoique placées dans un seul
milieu, sont également soumises, comme les terrestres, aux
influences des localités, des profondeurs et de la température, puisqu'il en est qui ne se montrent que dans certaines
mers; qu'on en rencontre dans l'Océan qui ne se retrouvent
pas dans la Méditerranée, et que les mers des Indes en fournissent qui n'ont point été découvertes dans les mers glacées
du Nord, ni dans les eaux tempérées des tropiques, etc. :
d'autres naissent à de telles profondeurs, que nous ne les
connaissons que par leurs fragmens.

Je ne suivrai pas plus loin, dans ses grands travaux, la
nature sans cesse occupée à jeter partout les bases de la végétation : ce que j'en ai dit suffit pour faire comprendre
toutes les ressources qu'elle emploie pour vaincre les obstacles
et porter partout le mouvement et la vie. Nous l'avons suivie
dans les plaines, sur les montagnes, dans les sables mobiles,

et jusque dans le sein des eaux ; si maintenant nous descendons dans ces cavités où la lumière ne pénètre jamais, nous y trouverons des plantes particulières , destinées pour ce séjour de ténèbres, telles que certaines espèces de rhizomorphes, de byssus, etc. ; enfin il n'est point de substances , soit à l'air libre ou dans les lieux renfermés, exposées à la lumière , ou cachées dans les endroits les plus obscurs, à l'humidité ou à la sécheresse, qui ne soient recherchées par des plantes propres pour ces diverses localités. Les moisissures attaquent toutes nos provisions alimentaires lorsque celles-ci sont abandonnées et tenues dans des lieux humides ; de nombreux champignons, d'énormes bolets naissent à l'ombre sur les plantes en putréfaction ; les lichens et les mousses pénètrent l'écorce crevassée des arbres ; une foule d'animaux d'un ordre très-inférieur, tels que des larves d'insectes, des vers , des mollusques nus ou à coquilles, des crustacées, des arachnides, viennent en foule établir leur séjour au milieu de cette végétation naissante : ils y déposent leur postérité, y vivent dans l'abondance comme nos troupeaux dans les pâturages, y jouissent de la fraîcheur et de l'ombre comme les grands animaux dans les forêts. Ainsi se propage l'œuvre sublime de la création dans ces êtres organiques qui contribuent, pendant leur vie par leurs sécrétions, et après leur mort par leurs dépouilles, à l'augmentation de la terre végétale et de beaucoup d'autres substances inorganiques, comme nous le verrons plus en détail dans le chapitre suivant. J'exposerai ailleurs, en parlant des semences, par quels moyens la nature les disperse à la surface du globe, dans les terrains destinés à les recevoir.

CHAPITRE TROISIÈME.

Les plantes considérées dans leurs rapports avec les substances qui les nourrissent, avec celles qu'elles produisent.

Les plantes occupent parmi les êtres vivans la place la plus importante : l'existence des animaux est dépendante de la leur; et, dans le règne minéral, un grand nombre de substances nécessaires à l'harmonie de notre globe ne sont produites que par les végétaux. Les fluides les plus subtils qu'ils absorbent et qui leur servent d'alimens seraient peut-être trop abondans, si les plantes, en se les appropriant, ne les enchaînaient pour en former cette matière végétale, douée elle-même d'un principe de vie, et destinée à soutenir celle des animaux. Sans cette végétation, le globe terrestre ne serait qu'une solitude silencieuse, composée de roches stériles inondées par les eaux, avec une surabondance de fluides délayés et suspendus dans l'atmosphère. Ces fluides, à la vérité, entrent, comme principes constituans, dans un grand nombre de corps bruts; mais plusieurs ne s'y trouvent qu'après avoir été fixés, mélangés, combinés par l'action vitale des végétaux et des animaux [1]. Ce sont ces combinaisons, ces mélanges, ces décompositions qui établissent cette mutation habituelle de formes et cette belle variété dans les productions de la nature. Ainsi, dans la longue série des êtres, les plantes forment le chaînon intermédiaire qui met en rapport les élémens les plus subtils avec les corps les plus solides; elles constituent ce premier chaînon qui attache à leur existence tous les êtres organiques et vivans, tandis qu'elles mêmes n'ont besoin, pour soutenir la leur, que de

---

[1] Il est bien reconnu aujourd'hui, et nous en avons déjà vu la preuve dans le chapitre second, que la terre végétale, les tourbes, les houilles ou charbon de terre, et même un grand nombre de schistes, etc., ne doivent leur existence qu'aux végétaux; que les substances calcaires ne sont que les débris des animaux, et que les élémens qui composent ces diverses substances minérales, ont dû nécessairement passer par la filière des êtres organiques. On conçoit dès-lors que la masse des fluides, tels que l'eau, etc., doit diminuer à mesure que les êtres organiques et les substances minérales augmentent à la surface du globe. Ces considérations sont d'un très-grand intérêt, et méritent toute l'attention du lecteur.

2ᵉ. *Livraison.*

fluides et d'élémens gazeux ; elles ne demandent rien aux animaux, rien aux minéraux, qu'une base pour y déposer après leur mort cette terre nouvelle créée par elles, et qui devient le berceau de leurs nombreuses semences.

Ces hautes considérations sont trop étendues pour être suivies dans tous leurs détails, encore trop peu connues pour être traitées sous tous leurs rapports, cependant trop importantes pour être ici passées sous silence. Pour les présenter en totalité, il faudrait tracer en quelque sorte le tableau général de l'univers, exposer les lois qui unissent les êtres entre eux, développer ces chaînons infinis qui ne font qu'un seul tout de tant d'êtres divers. Ne pouvant entrer dans tous ces grands détails, je me bornerai à esquisser les rapports généraux des plantes avec les fluides qui les nourrissent et qu'elles convertissent en matière végétale, avec les produits divers qu'elles fournissent à l'atmosphère par leurs sécrétions pendant leur vie, enfin avec les substances salines et terreuses qui résultent après leur mort de leur décomposition ; opération admirable, qui consiste à convertir, en corps solides, les plus subtils, les plus intraitables des élémens. Quand d'une part on considère la nature de ces élémens, la grande élasticité de l'air et de l'eau réduite en vapeurs, cette force d'expansion qui brise tous les obstacles, la rapidité étonnante de la lumière bien plus subtile encore, ce feu élémentaire qui pénètre et traverse tous les corps sans qu'aucun d'eux puisse fixer son extrême mobilité ; quand on voit d'une autre part ces mêmes élémens sans cesse errans dans le vague de l'atmosphère, mélangés mais non fixés, que nulle force humaine ne peut soumettre, destinés néanmoins à entrer dans la composition de tous les corps solides, on se demande avec étonnement quels moyens peut employer la nature pour vaincre leur élasticité, les enchaîner par la combinaison, et les faire passer à l'état de solidité : nous répondons : *Elle a créé les plantes ;* elle les a douées d'une force active, propre à s'emparer de tous ces élémens, à les fixer, à les convertir en substance végétale, préparant ainsi, pendant leur vie, ces matériaux qui doivent accroître la masse de la terre, et par elle étendre au loin les richesses de la végétation : tels sont les grands phénomènes dont je vais essayer de tracer l'esquisse.

Les corps bruts, inorganiques, sont formés par l'aggrégation de particules similaires, extrêmement fines, tenues d'abord en dissolution ou en suspension dans un fluide, puis rapprochées en masse, et fortement adhérentes entre elles par une force particulière qui ne nous est encore que médiocrement connue. Ces masses inertes ne croissent que par l'addition d'autres parties similaires, ou, comme l'on dit, par *juxta-position*. Il n'en est pas de même des corps organiques : ceux-ci ont un mode d'existence très-différent; ils sont doués d'un mouvement intérieur sans cesse en activité, exécuté par des organes destinés à s'approprier certaines substances, d'abord très-différentes de l'individu qui s'en empare, et qui ensuite lui sont assimilées par cette opération à jamais incompréhensible que l'on nomme *fonction vitale*.

Ce sont ces substances qui, en cessant d'être ce qu'elles étaient, constituent les végétaux. Dans les animaux, cette opération s'exécute par des alimens bruts, livrés aux forces digestives de l'estomac; les plantes, organisées bien plus simplement, privées d'estomac, ne peuvent être nourries que par des fluides réduits à un état de ténuité presque imperceptible : tels sont les fluides élastiques. L'extrême finesse des pores destinés à les recevoir ne permettrait à aucun autre corps d'y pénétrer : d'un autre côté, les plantes, fixées à la terre, dans l'impossibilité d'aller, comme les animaux, chercher leur nourriture, en sont entourées; elles la pompent dans l'air par leurs feuilles, dans le sein de la terre par leurs racines. Si quelque obstacle les en éloigne, elles n'ont d'autre moyen pour le vaincre qu'une sorte de mouvement d'attraction, par lequel elles semblent se porter d'elles-mêmes vers les élémens de leur existence : ainsi les racines placées dans un terrain trop maigre se dirigent vers une terre plus substantielle, qui en est voisine; les feuilles et les tiges se courbent, s'inclinent, se plient en différens sens pour se placer dans une position plus favorable, quand celle qu'elles occupent leur intercepte l'action de la lumière et de l'air; les fleurs s'entr'ouvrent à l'aspect du soleil, et quelques-unes en suivent la marche pour recevoir son influence plus directement.

Ces indications et l'état de souffrance où se trouvent les plantes lorsqu'elles sont privées d'air, de lumière et d'eau, annoncent que ces élémens et les fluides qu'ils tiennent en dissolution, sont nécessaires à leur existence, qu'elles se les soumettent, les absorbent, les combinent, en faisant perdre à l'air sa grande élasticité, à la lumière sa ténuité, au feu sa volatilité : elles les enchaînent, et en forment des corps solides. Enlevés au grand réservoir de l'atmosphère, convertis en matière végétale, ces élémens ne retrouveront plus, du moins en grande partie, leur premier mode d'existence, pas même après la destruction des végétaux, ceux-ci devant augmenter par leurs dépouilles, ainsi que nous l'avons déjà dit, la masse solide du globe terrestre, ou répandre dans l'atmosphère, pendant la durée de leur vie, par leurs excrétions et leur transpiration habituelle, des fluides gazeux, que l'expérience nous a fait reconnaître pour de l'hydrogène, du gaz azote, de l'oxigène, de l'acide carbonique, etc., selon les circonstances et la nature des végétaux. Ces émanations proviennent du superflu des fluides absorbés et combinés par les plantes : les uns se retrouvent dans leur premier état, tel qu'une portion d'air et d'eau; d'autres ont été décomposés; un de leurs principes a été rendu à la liberté, tandis que l'autre est entré dans les combinaisons de la matière végétale. Ces effluves, versées dans l'atmosphère, contribuent à la formation d'un grand nombre de substances, dont l'énumération appartient au domaine de la chimie. Au reste, ces grandes opérations nous échappent en partie, parce qu'elles sont exécutées par des agens que nos sens ne peuvent saisir qu'imparfaitement, et que nous ne pouvons suivre dans leurs nombreuses modifications.

Il n'en est pas de même des substances que les végétaux fournissent par leurs sécrétions, telles que des gommes, des huiles essentielles ou concrètes, d'abondantes résines, des acides nombreux, des alcalis, des sels neutres, et autres produits que les plantes seules ont formés et qui n'existent que par elles : elles les fournissent pendant toute la durée de leur existence. Après leur mort, ces substances se trouvent plus ou moins mélangées ou combinées avec cette masse terreuse ou saline, de nature différente, selon les milieux dans lesquels s'opère la décomposition des plantes, ou le degré plus ou moins avancé de cette décomposition. Ce passage de la vie à la mort, cette matière végétale si active, privée de son principe vital, passant à l'état terreux, va nous offrir, dans ce changement de formes, un exemple de ces lois sublimes qui font sortir la vie du milieu de la destruction.

La décomposition des corps est, aux yeux du philosophe, une des plus belles opérations de la nature : c'est elle qui varie sans cesse la beauté du spectacle de l'univers ; c'est par elle que la matière, soumise à des métamorphoses continuelles, reparaît sous des formes toujours nouvelles ; c'est par la décomposition que les êtres animés assimilent à leur existence les substances qui les nourrissent ; c'est à elle que nous devons ces douces emanations qui parfument notre odorat, ces saveurs agréables qui flattent notre palais, ces tableaux variés de décorations qui se succèdent ; en un mot, tout être vivant n'existe que par la décomposition des autres êtres, et lui-même, soumis à la même loi, en éprouve l'action tôt ou tard.

Ces réflexions me conduisent à la décomposition des végétaux, dont je vais considérer les produits les plus immédiats, relatifs aux milieux dans lesquels ils se trouvent, tels que le feu, l'air et l'eau. Ces trois agens, si puissans pour la décomposition des corps, donnent lieu à la formation de substances très-différentes.

Dès qu'une plante est morte, si elle reste sur pied, comme il arrive assez ordinairement, surtout pour les plantes ligneuses, elle se dessèche ; c'est-à-dire qu'elle perd par l'évaporation la portion des principes alimentaires que les forces vitales ne peuvent plus retenir, ou qu'elles n'avaient pas encore convertie en matière végétale. Ces principes rentrent dans la masse commune sous forme de fluides élastiques, et modifient par leur présence l'état de l'atmosphère, en lui fournissant, outre de l'air et de l'eau, du gaz acide carbonique, de l'hydrogène, de l'azote, etc. Il est très probable que ces émanations varient selon les sucs propres à chaque plante, et que d'elles dépend en partie l'état de pureté ou d'insalubrité de l'air que nous respirons. Cette opération s'exécute par une simple séparation de parties : elle produit, dans les plantes mortes, la dessiccation, le rapprochement des fibres, mais non pas encore la décomposition ; elle la précède, souvent même la retarde, surtout dans les végétaux isolés : c'est ainsi que les plantes, privées de leur humidité, se conservent très-longtemps dans les herbiers, que les bois, les troncs d'arbres, n'éprouvent, lorsqu'ils sont dans une position favorable, qu'une décomposition très-lente, tandis que les plantes herbacées se détruisent rapidement.

La décomposition est bien plus compliquée que cette première opération. Ce n'est point ici une simple séparation de parties, c'est une formation de substances nouvelles, non préexistantes, une véritable création, dont les plantes ont préparé les materiaux : mais, pour opérer cette création, il ne s'agit pas seulement de désunir ; les particules séparées n'en seraient pas moins de la matière végétale, et la plante n'aurait perdu que ses formes : telle est cette poussière de bois dont on se sert pour l'écriture. Il faut donc que ces plantes soient attaquées par quelque agent extérieur ; que celui-ci, en se portant sur les substances du végétal, s'unisse avec quelques-uns de leurs principes, en forme un composé nouveau, tandis que les autres principes, dégagés et mis en liberté, se combinent avec quelque autre élément, et produisent des composés d'un nouvel ordre. La nature de ces composés dépend donc des agens qui amènent la décomposition. J'ai déjà dit que les plus connus étaient le feu, l'air et l'eau, nous allons voir les produits qui résultent de ces trois puissans dissolvans.

L'observation de la nature a cet avantage, que tout ce qui nous entoure, tout ce qui frappe nos sens, peut devenir l'objet de nos méditations : ainsi, dans ces longues soirées d'hiver, lorsque, placés auprès de nos foyers, le feu pétille dans nos cheminées, égaye nos idées, et nous fait oublier les rigueurs de la saison, que de réflexions ce beau phénomène ne doit-il pas inspirer à tous ceux qui aiment à nourrir leurs pensées des grands objets qui fixent leur attention !

Quoique la décomposition des plantes par le fluide igné ne soit pas le moyen que la nature emploie le plus habituellement, parce que ce terrible élément, trop actif, trop puissant, s'opposerait à la formation d'autres substances qu'elle veut produire, il n'est pas moins essentiel de connaître les composés qui en résultent.

Nous avons vu les végétaux se composer en partie de lumière et de calorique : la quantité qu'ils en absorbent est incalculable ; la longue durée de leur existence y est employée dans tous les momens où ils sont échauffés par les rayons du soleil et frappés par sa lumière. Les flots abondans que cet astre verse continuellement sur eux s'y combinent avec les autres fluides, et constituent tous ensemble la substance des végétaux. On sait depuis longtemps qu'il ne peut y avoir de combustion avec flamme et lumière sans le contact de l'air. On en est resté là pendant plusieurs siècles sans pouvoir pénétrer plus avant dans ce grand mystère ; mais les chimistes modernes étant parvenus à reconnaître que l'air se composait de deux fluides, dès lors ils ont cru pouvoir établir la théorie de la combustion ; ils ont dit que l'air, ou plutôt son oxigène, en se combinant avec les substances combustibles, laissait échapper les fluides caloriques et lumineux qui le tenaient en dissolution, et que c'était à cette combinaison de l'oxigène qu'étaient dus la lumière et le feu qui se dégageaient des substances inflammables. Je n'entrerai point ici dans les détails de cette belle théorie ; je me bornerai à faire connaître les principales substances fournies par les végétaux au moyen de la combustion.

A mesure que les plantes brûlent, il s'en dégage, comme nous l'avons dit, une grande quantité de calorique et de lumière, lesquels, rendus à leur premier état de légèreté et d'élasticité, se dérobant momentanément à de nouvelles combinaisons, vont se fondre dans l'atmosphère, se réunir au réservoir commun, afin d'entretenir l'équilibre entre tous les élémens, et pouvoir se prêter à de nouveaux composés, lorsqu'ils y seront rappelés par l'action des forces vitales.

Mais si ces fluides, lorsqu'ils sont encore engagés dans ces particules grasses, salines, huileuses, et en état de vapeurs qui constituent la *fumée*, sont obligés de traverser un espace étroit et resserré, tel que les tuyaux de nos cheminées, alors ils se condensent en partie, et déposent, le long des parois, une portion des principes huileux et salins qu'ils enlevaient avec eux ; ils forment de la *suie*, substance combustible, qui contient de l'huile empyreumatique, du carbone, du fer, et quelques particules salines et terreuses. Plus la combustion est active, moins il existe de fumée, et par conséquent plus il s'en dégage de calorique et de lumière ; mais, quelque activité que puisse avoir la combustion des végétaux, il en résultera toujours une masse solide, salino-terreuse, connue sous le nom de *cendres*, substance sèche, rude, pulvérulente, en partie dissoluble dans l'eau

et dans les acides, composée d'un grand nombre de substances diverses, selon la nature des végétaux soumis à l'action du feu, qui renferme une grande quantité de potasse
ou d'alcali végétal, de la terre calcaire, alumineuse, sili-
ceuse, de la magnésie, du fer attirable à l'aimant, plusieurs
sels neutres, tels que du sulfate calcaire, du sulfate de potasse, du muriate de soude, du sulfate de soude, et même
des sulfures alcalins, etc. Les cendres soumises à l'action
d'un feu très-violent se convertissent en scories vitreuses.

De la décomposition des plantes par le feu il resulte donc,
pour l'atmosphère, une restitution de calorique et de lumière, une déperdition, une absorption assez considérable
d'air atmosphérique; il résulte, pour la couche extérieure
du globe, la formation de l'alcali végétal et de quelques
autres sels neutres, une masse salino-terreuse, peu considérable, à la vérité, relativement à la consommation des végétaux, mais qui n'existait point auparavant, et qui est
due toute entière aux plantes qui en ont préparé les matériaux.

La décomposition des plantes par la combustion est rare
dans la nature; elle n'arrive que par accident, ou lorsqu'elle
est excitée par l'industrie humaine : il n'en est pas de même
de leur décomposition à l'air libre ou dans l'eau. Sans elle
nous n'aurions ni terreau, ni terres labourables, point de
tourbes, point de charbon de terre, etc. La plante, en pé-
rissant, laisserait en vain des semences destinées à perpétuer
son espèce, si en même temps elle ne leur fournissait une
matrice propre à les recevoir : ainsi la nature vivifie en dé-
truisant, et jamais ne mutiplie davantage les êtres vivans,
que lorsqu'elle paraît les anéantir; et la génération qui a
vécu devient le berceau d'une génération plus nombreuse.

Quittons donc ces foyers de destruction où viennent
s'anéantir, dans des flammes dévorantes, ces belles forêts
dont la création a coûté tant de siècles à la nature, et que
l'homme, en modérant ses jouissances, devrait respecter
davantage, s'il s'occupait un peu plus du sort de sa postérité. C'est par une décomposition bien moins rapide que se
forme ce terreau qui doit reproduire au centuple les plantes
qui l'ont déposé. Cette décomposition à l'air libre offre,
dans le cours de cette opération, des résultats un peu dif-

férens, selon les circonstances qui l'accompagnent et qui vont fixer notre attention.

Les végétaux, ou se décomposent isolément, comme il arrive aux arbres qui restent longtemps sur pied, ou bien ils sont entassés, réunis en masse. Dans le premier cas, leur décomposition est lente, surtout dans les contrées où les pluies sont rares ; ils commencent par se dessécher, deviennent plus légers, et quelquefois phosphorescens pendant les ténèbres. Ce phénomène ne pourrait-il pas s'attribuer au principe lumineux, dégagé de son état de combinaison ? Le résultat de cette destruction est une poussière sèche, fine, légère, d'un brun noirâtre à mesure qu'elle vieillit et lorsqu'elle a été humectée par la pluie : c'est un terreau très-pur ou médiocrement mélangé avec quelques substances animales.

La décomposition des plantes réunies en tas, exposées à l'air libre, est bien plus rapide : l'air et l'eau qu'elles contiennent dans leur état naturel, et que nous avons vus, dans le premier cas, en retarder la décomposition par leur évaporation libre et tranquille, l'accélèrent dans cette dernière circonstance, parce qu'ils ne peuvent plus s'en dégager avec la même liberté. Les efforts que font ces élémens pour reprendre leur état naturel, les obstacles qu'ils éprouvent, amènent un mouvement intérieur qui excite une chaleur assez forte, occasione une fermentation tumultueuse, quelquefois brûlante, qui attaque toute l'organisation végétale, la détruit en un temps plus ou moins court, et la réduit en une masse terreuse, un peu grasse, très-variable. L'action de l'eau, de l'air et du soleil devient la principale cause de cette décomposition. On conçoit combien de composés divers doivent en résulter : ils sont difficiles à suivre ; cependant on en a reconnu quelques-uns. Dès que la fermentation s'est établie au milieu de ces amas, les élémens les plus subtils de la végétation, dissous, fondus dans le calorique, se séparent, s'échappent et se perdent dans l'atmosphère : tels sont la plupart des fluides gazeux, l'hydrogène, l'acide carbonique, l'arome, l'huile essentielle, etc. Mais il est d'autres principes plus fixes qui n'ont pu être réduits en état de vapeurs : ce sont particulièrement la terre de végétation, les sels fixes existans dans les végétaux ou formés au moment de leur décomposition, quelques portions d'huile, de carbone, de fer, dont l'ensemble forme le *terreau*, substance non inflammable, très-composée, dont la nature varie selon le degré de décomposition, selon les sucs propres à chaque plante et aux matières animales qui s'y trouvent mélangées.

Cette progression de la décomposition des végétaux est bien essentielle à remarquer, surtout lorsqu'on veut se livrer à l'étude si intéressante de la formation des couches extérieures de notre globe. On reconnaîtrait, dans les végétaux, l'origine de plusieurs des élémens qui entrent dans la composition des minéraux; on verrait la terre végétale s'altérer insensiblement, surtout lorsqu'elle n'est pas alimentée par les débris d'une végétation nouvelle, fournir beaucoup de silice, de substances salines, métalliques et inflammables. Je livre ces observations aux géologues, en regrettant toutefois de ne pouvoir suivre plus loin ces grandes opérations, pour faire mieux sentir dans toute son étendue l'importance de la végétation, et ses rapports intimes avec les minéraux. Il me reste à faire connaître la décomposition des plantes dans l'eau : elles nous offriront des produits différens, et de nouvelles substances pour les minéraux.

J'ai dit plus haut que les plantes décomposées à l'air libre éprouvaient l'action alternative de l'humidité, de l'air et du soleil; qu'il en résultait, dans les plantes réunies en tas, une fermentation plus ou moins active, qui en séparait les élémens les plus subtils, que ceux du carbone se convertissaient en acide carbonique; que les huiles se vaporisaient en état de gaz hydrogène; que les sels étaient dissous par les eaux pluviales, etc.

Il n'en est pas tout à fait de même lorsque ces plantes se décomposent dans l'eau. Ce fluide les garantit du contact immédiat de l'air et du soleil : l'eau est le principal agent de leur décomposition. Il en résulte des produits particuliers, très-différens de la *terre végétale*, et auxquels on a donné le nom de *tourbes*.

Le caractère essentiel de la *tourbe*, et qui la distingue du *terreau*, est d'être inflammable : cette propriété, elle la doit particulièrement au carbone dont elle abonde, et que l'action de l'air n'a pu convertir en acide carbonique. On en obtient, par suffocation, un charbon très-rapproché de celui que fournissent les bois soumis à la même opération; mais celui des tourbes est bien moins pur. Comme les principes huileux ont été également garantis de l'action immédiate de l'air, ils se sont conservés en partie dans les tourbes, et produisent, lorsqu'on les brûle, une odeur fétide, empyreumatique, mêlée à des vapeurs sulfureuses ou ammoniacales. Néanmoins, il est bon de remarquer que, dans les premiers instans de leur décomposition, ces végétaux laissent échapper une assez grande abondance de gaz hydrogène, que l'on sait être si commun dans les marais.

Le charbon des tourbes marécageuses ne provenant que de la décomposition des plantes tendres, herbacées, la plupart particulières aux plaines liquides, est en état pulvérulent, très-divisé, plus ou moins mélangé de limon, de portions calcaires, sulfureuses, bitumineuses, ammoniacales, résultant des animaux aquatiques et des coquilles confondus avec la tourbe. Ces mélanges produisent les différentes sortes de tourbes, connues sous les noms de *tourbes boueuses*, *limoneuses*, etc. Celles que l'on appelle *tourbes fibreuses* ne sont composées que de mousses entassées par lits, ainsi que de la partie fibreuse et des racines de plantes d'une nature plus sèche, de graminées, de roseaux, de cypéracées, etc., non encore décomposées, et qui souvent se conservent dans cet état pendant plusieurs siècles [1]. Assez ordinairement elles dominent la tourbe limoneuse ; preuve évidente que cette dernière a été formée par les plantes aquatiques dans des lacs convertis ensuite en marais, qui ont produit des plantes plus dures, réduites en tourbe fibreuse.

Les tourbes ligneuses, formées par les troncs des arbres et leurs branches, s'offrent sous un autre aspect. Leur charbon est en masse et non pulvérulent. On leur a donné le nom de *houille* ou de *charbon de terre* : elles ont en partie conservé leurs formes organiques, à la vérité masquées par le bitume ; lorsqu'on les en dépouille, les couches circu-

[1] Ces tourbes fibreuses, improprement nommées *tourbes*, sont étonnantes par leur longue durée. M. Faujas de Saint-Fons m'a communiqué un bel échantillon de tourbe fibreuse, exploitée dans la vallée de Sancey, département du Nord : elle a onze pieds d'épaisseur, et se trouve à sept ou huit pieds de profondeur ; elle n'est composée que d'une seule espèce de mousse, très-voisine de l'*hypnum aduncum*, Lin. ; elle est presque sans mélange et tellement intacte, qu'on y distingue les tiges, les ramifications et les feuilles ; elle est disposée par petites couches comprimées, spongieuses, élastiques, très-légères. On ne peut douter de son ancienneté, évidemment attestée par son épaisseur et par les couches qui la recouvrent.

laires et annuelles y deviennent très-apparentes. L'origine
de ces tourbes, ainsi que de celles que l'on nomme *tourbes
pyriteuses,* se perd dans les siècles les plus reculés; les
amas énormes que la terre en renferme dans son sein nous
donnent la preuve de la haute antiquité du globe terrestre
et de l'immense quantité de végétaux qui ont couvert sa surface [1]. Que de matériaux, pendant cette longue durée, les
plantes ont fournis aux substances minérales !

C'est ainsi que, par l'enchaînement admirable des êtres,
la nature les rend tous dépendans les uns des autres, et
entretient en même temps le plus parfait équilibre entre ces
élémens continuellement en contact. Les fluides de l'atmosphère, source alimentaire des plantes, absorbés par elles,
s'y convertissent en matière végétale, avec laquelle ces
mêmes plantes nourrissent les animaux et s'y transforment
en substance animale. De la destruction des végétaux se
forme la couche extérieure de notre globe, sans cesse augmentée par les dépouilles de tous les autres êtres organiques, dont les principes ont été puisés dans ce vaste réservoir, si abondant en fluides, qu'il faut, malgré ses pertes
habituelles, une très-longue suite de siècles pour s'apercevoir de ses déperditions [2].

[1] Voyez les différens mémoires que j'ai publiés sur les tourbes dans le
Journal de physique et d'hist. nat., ans IX–XII.

[2] Voyez mon mémoire sur les *Causes de la diminution des eaux de la
mer* (Journ. de phys. et d'hist. nat., ventose an XIII).

CHAPITRE QUATRIEME.

Les plantes considérées dans leurs rapports avec les animaux,
avec les jouissances et les besoins de l'homme.

Il n'est aucune partie des plantes, depuis les racines jusqu'aux fleurs, qui ne soit utile à l'existence des animaux. Les uns y trouvent un asile, un logement; les autres la nourriture et le vêtement : mais c'est particulièrement par les insectes qu'est habité l'empire de Flore; ils y établissent leurs nombreuses colonies, tandis que les oiseaux, auxquels ils servent d'aliment, se rendent en foule dans ces lieux d'abondance, y fixent leur séjour, y construisent leurs nids. Ainsi se forment les premiers rapports entre les végétaux et les animaux. Ce n'est point ici l'effet du hasard, mais la suite de cette belle harmonie qui se montre dans la production de tous les êtres, dans l'apparition simultanée des feuilles et des insectes qu'elles doivent nourrir. Pour nous convaincre de cet accord admirable, il faut nous transporter aux premiers jours du printemps.

Le printemps, pour le vulgaire, n'est que le terme de la plus triste des saisons, c'est l'époque brillante du retour des fleurs; aux yeux de l'observateur, cette saison est, en quelque sorte, l'image de la création première des êtres. Le printemps, porté sur les ailes du zéphir, se montre dans les campagnes; aussitôt toute la nature se ranime; la terre froide et nue réchauffe son sein, elle se pare de verdure; les arbres des forêts ont recouvré leur feuillage; des milliers d'insectes sortent de leurs œufs; l'oiseau, de retour de son émigration, reparaît dans nos bocages, et l'animal, frappé d'un sommeil léthargique, se réveille, tandis que d'autres quittent leurs quartiers d'hiver : partout règnent le mouvement et la vie. C'est au milieu de ce mouvement général, de cette confusion apparente, que s'opère le développement des êtres organiques, mais d'après un ordre gradué qui les enchaîne les uns aux autres.

La nature, avant d'accorder l'existence aux animaux, prépare dans les plantes la nourriture qui leur est destinée; elle la prépare telle qu'elle leur convient dans le premier âge, telle que l'exige ensuite l'âge adulte. Ainsi le sein d'une mère se remplit d'un lait plus substantiel et plus abondant à mesure que l'enfant s'éloigne du terme de sa naissance ; mais il n'est pas accordé à tous les animaux de trouver leur subsistance sur le sein de celle qui leur a donné la vie. Lorsque les insectes jouissent de la plénitude de l'existence, celle de qui ils la tiennent a déjà perdu la sienne. Enfans posthumes, la nature les aurait-elle délaissés? Non ; mais elle a inspiré à celle qui les a engendrés l'instinct admirable de déposer l'œuf d'où ils doivent sortir, sur la plante réservée pour leur nourriture. Mais que deviendront ces œufs, si, comme il arrive pour un grand nombre, ils sont déposés en automne, et viennent à éclore au moment où les feuilles disparaissent? ou bien, s'ils n'éclosent qu'au printemps suivant, qui les garantira des rigueurs de l'hiver? La nature a tout prévu : elle veut la reproduction des êtres, et ses lois se dirigent toutes vers ce but. Une glu épaisse et tenace fixe les œufs des insectes sur les corps où ils sont placés : les pluies, les vents, les orages, rien ne peut les en détacher. Un duvet cotonneux enveloppe les plus délicats, et les garantit des froids rigoureux : ils doivent attendre dans cet état l'apparition de la plante destinée à les nourrir. Si, avant la naissance des feuilles, nous examinons ce chêne, ce peuplier, etc., nous verrons fixé, à côté du bouton prêt à éclore, un paquet d'œufs. Ce bouton s'entr'ouvre, la jeune feuille s'épanouit, et presque au même instant les jeunes insectes, sous le nom de *larves*, brisent la coque qui les renfermait. Ces feuilles tendres et succulentes leur offrent un aliment relatif à la délicatesse du premier âge : à mesure qu'elles deviennent plus coriaces et plus dures, l'insecte aussi acquiert plus de force pour les ronger.

Les insectes ne naissent pas tous à la même époque, parce qu'ils ne se nourrissent pas tous des mêmes plantes. La naissance de chaque espèce est dépendante du développement des feuilles particulières qui doivent les nourrir, et il est très-probable que le degré de chaleur nécessaire pour mettre la sève en activité dans telle espèce de plante, est le même qui convient pour faire éclore les œufs qui y sont déposés : ainsi s'enchaînent, par des rapports multipliés, les êtres sensibles aux êtres végétans. Nous venons de voir avec la renaissance des feuilles les insectes reparaître : ceux-ci sont également réservés pour l'entretien de la vie de plusieurs

autres animaux ; c'est le premier aliment des jeunes oiseaux.
Déjà le nid où ils doivent naître a été préparé dès les premiers jours du printemps ; les semences précoces des saules
et des peupliers ont fourni le tendre duvet sur lequel ils
doivent se reposer. Tous ces travaux préliminaires se trouvent si bien combinés, qu'au moment où l'oiseau sort de
l'œuf les plantes ont nourri des chenilles, des vers, des
larves en si grande quantité, que, sans les oiseaux, les
feuilles disparaîtraient sous leurs mâchoires dévorantes.
Ainsi le jeune oiseau ne jouit de la vie qu'à l'époque où il
peut la soutenir par l'aliment qui convient à son âge ; ainsi
le besoin de se reproduire ne se fait sentir dans ces chantres
aimables de nos forêts, que dans la saison où la nature a préparé des berceaux pour le fruit de leurs amours, et une
nourriture abondante pour le premier âge de leur vie.

Si nous étendons plus loin ces considérations, si nous les
appliquons aux grands animaux, nous verrons que, dans
ceux qui broutent l'herbe, le temps de l'accouplement, de
la fécondité, celui de la portée, de l'allaitement, est tellement combiné, que le jeune agneau, le chevreau et le faon
peuvent, en quittant le lait maternel, paître l'herbe nouvelle des prairies, tandis que les animaux carnassiers, qui
n'abandonnent les mamelles de leur mère que pour boire le
sang ou dévorer les chairs, n'ont pour l'accouplement aucun
temps déterminé.

Le renouvellement des êtres au retour de chaque printemps, l'ordre successif de leur reproduction, à commencer
par les végétaux, semblent nous indiquer celui de leur création première. Tout nous porte à croire que les plantes ont
couvert la surface du globe longtemps avant qu'il fût peuplé
d'animaux. La nature préparait en silence leur vaste demeure ; elle la fournissait de tout ce qu'elle savait devoir
être nécessaire au soutien de leur vie : retraites sûres, bocages frais, nourriture copieuse, rien ne manquait à aucun
être au moment où il recevait l'existence. Les vers, les insectes, les animaux aquatiques, se montrèrent sans doute les
premiers ; les oiseaux, auxquels ils servent de pâture, volti-
gèrent ensuite dans les airs, et interrompirent, par leurs
chants, ce grand silence de la nature. Longtemps avant les
animaux carnivores, vivaient ceux qui broutent paisiblement
l'herbe des prairies ; ils la broutaient sans avoir alors à

craindre la dent ensanglantée de l'animal carnassier, qui ne dut avoir été créé qu'après eux : telles sont du moins les inductions que nous fournit à chaque printemps l'apparition successive des êtres animés, inductions que semblent encore confirmer les monumens antiques de la nature. En effet, si nous examinons ces couches schisteuses déposées dans les entrailles de la terre, nous y découvrirons les empreintes d'un grand nombre de plantes, dont on reconnaît pour la plupart, sinon l'espèce, du moins le genre ou la famille : ailleurs, surtout entre des bancs de gypse, sont renfermés des squelettes de poissons, des débris d'os, de mâchoires, de vertèbres, de dents, restes d'animaux marins, fluviatiles, ou de ceux qui ne vivent que de végétaux, tels que des défenses, des fémurs d'eléphans, de rhinocéros, des cornes de bœufs sauvages, de cerfs, etc. Parmi ces antiques dépouilles, aucune ne paraît avoir appartenu aux animaux carnassiers, aucune qu'on puisse rapporter à l'homme, ce qui fait présumer que leur existence est plus moderne, et que l'homme a été le dernier, comme le plus bel œuvre de la création.... Je m'arrête, dans la crainte d'être entraîné au dela des bornes de mon sujet par ces grandes et intéressantes considérations.

De tous les animaux, l'homme est le seul auquel il soit accordé de jouir, dans toute sa plénitude, du beau spectacle de la nature : lui seul en est affecté par tous ses sens ; lui seul peut en saisir la sublime ordonnance, le suivre dans ses détails, le contempler dans son ensemble. Les sites variés des paysages, les bords rians des ruisseaux, la verdure nuancee des prairies, ne sont que pour lui. Il est presque le seul dont l'odorat soit agréablement flatté par les douces émanations des fleurs, sa vue récréée par l'élégance de leurs formes, par le mélange de leurs couleurs. Quel autre que lui est pénétré d'une sorte de sentiment religieux à l'aspect d'une antique forêt ? tandis que si le papillon voltige de fleur en fleur dans nos parterres, ce n'est ni pour jouir de leur éclat, ni pour admirer cette variété si séduisante de couleurs et de formes, mais pour s'y abreuver de nectare et y déposer sa postérité ; l'abeille ne se montre dans les plaines fleuries que pour y recueillir la cire et le miel. Si l'oiseau s'égaye à l'ombre des bois, c'est parce qu'il y trouve sa sûreté, un asile, des alimens.

Mais par quelle fatalité arrive-t-il que l'homme, à qui la nature a le plus accordé dans la jouissance de ses biens, soit celui qui paraisse en jouir le moins? C'est que l'animal, borné aux seuls besoins naturels, trouve presque toujours à les satisfaire; que des besoins satisfaits naît un bien-être intérieur, source de joie et de santé. Heureux dans les bocages ou dans la solitude des forêts, l'oiseau y respire un air pur; il y chante ses amours, auxquels il ne trouve d'autre obstacle que des rivaux et non des lo s : ses besoins sont presque aussitôt satisfaits que sentis. Si des dangers le menacent, il les ignore ; s'ils se présentent, il les évite : le présent lui sourit, l'avenir ne l effraye pas; il jouit de la liberté, ce grand bienfait de la nature, qu'il trouve sans la chercher, que l'homme cherche sans la trouver.

Nous ignorons jusqu'a quel point les animaux ont le sentiment de leurs jouissances ; mais la vivacité de leurs mouvemens, leurs jeux folâtres, leur santé constante, indiquent suffisamment qu'ils les sentent autant que leur être le comporte. Je n'oserais non plus comparer cette existence heureuse et douce à celle de l'homme, l'homme! qui s'annonce pour le chef de tous les animaux, qui l'est en effet par ce génie puissant avec lequel il les soumet tous à son empire, mais qui, comme tant d'autres qui gouvernent, est souvent plus malheureux que la plupart des êtres dont il se dit le maître.

Pour adoucir le sort souvent bien malheureux de l'homme social, pour le distraire de ses passions brûlantes, il faut le ramener aux plaisirs purs et simples de la nature, lui en montrer la source dans ces rapports secrets, charmes des cœurs sensibles, qui convertissent en jouissances de sentiment ces premières émotions, qui semblaient d'abord n'avoir affecté que les sens. Avec quelle douceur elles se font sentir à la vue de cette simple rose placée sur le front de la jeune Salencienne par les suffrages de ses propres rivales! Que d'émotions à la rencontre des fleurs, même les plus communes, lorsqu'elles se rattachent à certaines époques de notre existence! Que de souvenirs délicieux elles renouvellent toutes les fois que nous nous reportons dans ces promenades champêtres, où nous ont si souvent attirés, avec le retour des zéphirs, celui de la verdure et des fleurs! Quel plaisir de retrouver l'aubépine fleurie, de conquérir la rose défendue par ses épines, de découvrir la violette trahie par son odeur ! Il n'est donc pas une plante qui ne nous rappelle une jouissance, et avec elle l'âge heureux de notre première jeunesse : c'est la primevère, développant dans les prairies son panache doré ; c'est la ronce aux baies succulentes, la fraise parfumée, la noisette savoureuse ; c'est le chèvre-feuille entremêlant ses rameaux fleuris à ceux des jeunes ormeaux ; c'est le coquelicot et le bluet, ornement des moissons, dont la conquête nous a si souvent attiré la poursuite des surveillans champêtres ; enfin il n'est point de parure sans bouquets, point de fêtes sans guirlandes, point d'époque heureuse dont le retour ne soit célébré par des fleurs : elles composent ces couronnes destinées à ceindre, dans les luttes villageoises, le front des vainqueurs. Heureux jeunes gens ! qu'elles soient longtemps l'emblème de vos victoires ; portez-les sans remords, portez-les avec joie : elles peuvent vous avoir coûté des sueurs, jamais de larmes ni de sang.

Les fleurs ont orné notre berceau ; elles couvriront encore notre tombe, comme si elles devaient, par leur éclat, masquer l'horreur de notre destruction. Compagnes inséparables de notre existence, elles se prêtent en quelque sorte à toutes nos affections ; elles embellissent les plus beaux jours de notre vie ; elles amortissent et flattent notre douleur. Des guirlandes suspendues à l'autel de l'hymen ont signalé notre bonheur ; de noirs cyprès en annoncent le terme.

Telle est la cause de ce charme secret et puissant qui nous arrache à nos foyers, à la symétrie de nos parterres, pour nous transporter dans la solitude des campagnes : tels sont les rapports qui existent entre l'homme et les plantes. Beaucoup d'autres nous les rendent encore intéressantes. Les unes nous fournissent des alimens précieux, d'autres la matière première de nos vêtemens : elles suppléent à la chaleur que le soleil va porter dans d'autres climats. C'est par elles que nos maisons s'élèvent, s'embellissent : nous leur sommes redevables d'un grand nombre de meubles, d'instrumens agréables et commodes.

Sous ces rapports, elles nous sont chères, sans doute ; mais ce n'est plus là ce charme séduisant qui nous les fait aimer. L'homme, qui ne sait que calculer, ferme trop souvent son ame au sentiment. À la vue d'une belle forêt, il

compte combien d'arbres seront frappés chaque année par
la hache du bûcheron; si ceux de son verger développent
leurs branches avec trop de luxe, il en fait arrêter la végétation; cette vigne voudrait revêtir de ses rameaux l'arbre
qui l'avoisine, la serpe du vigneron les abat; tandis que
nous admirons ces campagnes couvertes de moissons, que
notre œil contemple avec plaisir les ondulations de ces épis,
le laboureur calcule déjà le temps où ils tomberont sous
la faux.

Ces riches productions, que le génie de l'homme a su
s'approprier, lui ménagent, il est vrai, de grandes jouissances; mais sont-elles aussi pures, aussi douces que celles
qui tiennent au sentiment? Que de fois les passions humaines
y jouent le principal rôle! Pour jouir pleinement des bienfaits de la nature, il faudrait les recevoir tels qu'elle nous
les donne, oublier, au moins momentanément, tous les cal-
culs d'intérêt, pour nous pénétrer de toute la grandeur du
spectacle de l'univers.

Ce sont donc ces rapports habituels, ces relations nombreuses, établis entre les jouissances, les besoins de l'homme
et les plantes, qui l'ont porté à les étudier. Une admiration
vague et trop générale devient un tourment pour l'esprit humain; un sentiment inquiet de curiosité le porte bientôt à
connaître plus en détail ce qui fait l'objet de son admiration:
de là naquit l'étude de la botanique. Combien elle doit être
intéressante dans ses détails cette étude qui se rattache aux
grands phénomènes de l'univers, qui s'identifie avec nos
plus douces habitudes, nous conduit de merveilles en merveilles, et nous transporte, en quelque sorte, dans un monde
nouveau, que nous habitons sans le connaître, et que nous
regretterons d'avoir connu si tard! Si la route que nous
allons parcourir est quelquefois hérissée d'épines; si le flambeau qui doit l'éclairer ne brille pas toujours également,
c'est que la nature a des mystères qu'il ne nous est pas accordé de pénétrer.

CHAPITRE CINQUIÈME.

Organes extérieurs des végétaux. Du tissu cellulaire et réticulaire.

Tout est jouissance pour l'observateur de la nature. A peine initié dans ses mystères, mille objets auxquels il était en quelque sorte étranger, lui deviennent intéressans. Il n'est pas une plante, pas une feuille, pas un seul brin d'herbe, qu'il ne veuille examiner. Une curiosité jusqu'alors inconnue éveille son attention, l'excite par ses puissans aiguillons. Quelle ressource pour l'exercice de la pensée qu'une science qui place habituellement autour de nous des objets si dignes de nos recherches ! Ce bois couvert de lichens et de mousses, destiné à être dévoré par les flammes, ne leur sera livré qu'après que l'organisation en aura été observée. On se demande : Qu'est-ce que ces couches concentriques tracées sur sa coupe horizontale, ces rayons divergens qui partent du canal médullaire, et vont se perdre dans les couches corticales de la circonférence ? Qu'est-ce que ces mêmes couches appliquées les unes sur les autres en feuillets minces, réticulés ? Quelles sont ces liqueurs qui les abreuvent, cette mucosité qui les empâte, cette pellicule mince et diaphane qui les recouvre ? Qu'est-ce que cet élégant réseau qui se développe dans les feuilles au milieu de leur substance molle et verdâtre ? Telles sont les questions qui se présentent d'elles-mêmes dès que notre esprit est dirigé vers l'observation, questions que nous essaierons de résoudre à mesure que nous traiterons des différentes parties des végétaux, mais que nous ne pouvons considérer ici que d'une manière générale.

Il est évident que ce que nous venons d'apercevoir à la simple vue constitue les organes primaires des végétaux, mais ils ne se présentent que dans une sorte de confusion qui nous dérobe leur forme et leur action. Tout est mystère aux yeux de l'homme ; et lorsqu'il veut passer, des effets qu'il admire, aux causes qui les produisent, il ne parvient qu'avec peine à en soupçonner quelques-unes à travers le voile qui les couvre; les autres, il les devine d'après le peu qu'il a pu observer; et c'est alors que l'esprit de système l'écarte souvent des routes de la vérité, que les opinions s'entre-choquent, surtout quand il s'agit de ces observations délicates fondées sur la perfection de ces instrumens qui viennent au secours de notre vue. Dès qu'une fois l'on a établi les bases d'une opinion sur quelques faits particuliers, on ne voit plus ce que les autres disent avoir vu, et comme l'usage du microscope exige une longue habitude, beaucoup d'adresse dans la préparation des objets, une perfection dans cet instrument, qui n'existe pas également dans tous, il s'ensuit qu'il est souvent bien difficile de vérifier ce que les autres disent avoir observé; il faut alors, si l'on veut sortir de l'incertitude, admettre avec confiance ce qu'ils n'ont peut-être vu qu'avec doute, ou tracé avec un crayon infidèle, entraînés par l'ascendant de leurs premières idées. On conçoit combien il est difficile de se décider au milieu de ces discussions épineuses : mais que ces difficultés ne nous rebutent point ; en écartant tout ce qu'il n'est pas donné à l'œil de saisir, ne nous attachant qu'à ce que nous voyons, nous aurons encore beaucoup à voir, surtout si, nous arrêtant aux points les moins contestés, nous laissons les hommes se débattre avec leurs systèmes.

Les organes des plantes, comme ceux de tous les êtres vivans, sont composés de *solides* et de *liquides*. Les solides forment un tissu organique, dans lequel on distingue, du moins en apparence, deux sortes d'organes diversement modifiés. Les premiers sont formés de filamens allongés qui se croisent en différens sens, s'entremêlent, se ramifient, s'anastomosent, s'appliquent par couches les uns sur les autres, et présentent un réseau à mailles très-inégales, plus ou moins serrées ; on le nomme *tissu vasculaire* ou *réticulaire* (pl. 2, fig. 7, 8, représentant une feuille de chêne et le fruit du *datura stramonium*) : il est facile à distinguer dans les feuillets de l'écorce des végétaux ligneux. Ces feuillets s'enlèvent et se séparent très-aisément dans les vieux bois ou dans ceux que l'on a fait macérer dans l'eau : ce sont ces mêmes feuillets qui, dans le tilleul, fournissent nos cordes à puits ; dans l'arbre dentelle, ce joli réseau que l'élégance de ses mailles a fait comparer à une belle gaze : les filamens du chanvre et du lin, que l'industrie a su employer pour la fabrication des toiles et des cordages, appartiennent encore aux mêmes organes. Le tissu vasculaire existe également dans la masse du bois; mais il est beaucoup plus serré et plus dur : il y forme ces veines que l'on aperçoit sur les coupes longitudinales, et qui donnent tant d'agrément à nos meubles. On a donné à ces filamens le nom de *fibres végétales*, nom très-impropre, sans doute, ces organes ne pouvant être assimilés aux fibres des animaux, dont ils s'éloignent également par leur caractère et leurs fonctions. Ces prétendues fibres ont été reconnues pour une réunion de vaisseaux tellement fins, qu'ils s'offrent très-souvent à l'œil nu comme un seul filament, tels que dans le chanvre et le lin, mais qui se séparent quelquefois d'eux-mêmes, surtout à leur sommet, où ils se divisent en aigrettes : ainsi séparés, ils conservent le nom de *vaisseaux* [1]. Ces mêmes fibres s'étendent et se ramifient dans le corps des feuilles en un réseau à mailles beaucoup plus larges : les plus grosses fibres portent le nom de *nervures*, les plus fines celui de *veines*. C'est toujours le même organe, dont les dernières ramifications sont beaucoup plus menues.

Les organes de la seconde sorte occupent l'intervalle des fibres et des mailles : ce sont de petites *vésicules*, également désignées sous les noms d'*utricules*, de *cellules*, et leur ensemble sous celui de *tissu cellulaire* (pl. 1, fig. 1, 2, 3). Vu à une forte loupe, il se présente comme une mousse savonneuse, selon l'expression ingénieuse de Grew. De petites pellicules extrèmement minces constituent les parois des cellules, et ont reçu le nom de *tissu membraneux* : les unes sont vides, les autres occupées par une substance molle, souvent verdâtre, quelquefois blanche, jaune ou rougeâtre, selon la nature des sucs propres. Dans les feuilles, ce tissu forme le *parenchyme*, la pulpe dans les fruits. On attribue encore aux parois externes de ce même tissu la formation de l'*épiderme*, membrane très-mince qui recouvre extérieurement toutes les parties des plantes. Il est aussi très-probable que la *moelle*, renfermée dans un canal central ou répandue dans les autres parties des plantes, appartient également au tissu cellulaire.

---

[1] J'ai cru, pour ne point m'écarter du langage reçu, devoir conserver le nom de *fibres* aux vaisseaux réunis en paquets. Il me suffit, pour être entendu, d'en avoir déterminé le sens.

Voilà à peu près tout ce que la simple vue nous apprend
sur les organes intérieurs des végétaux, désignés sous les noms
de *tissu vasculaire* et de *tissu cellulaire*. On conçoit que
ces connaissances sont trop imparfaites pour nous conduire
à une explication satisfaisante des fonctions et des produits
des végétaux. Si nous voulons acquérir des idées un peu
plus étendues, nous serons forcés, malgré ce que j'ai dit
plus haut, d'entrer pour un instant dans un monde presque
invisible ; nous pourrons y vérifier ce que l'œil n'a fait que
soupçonner, surtout étant guidés par les savantes leçons de
M. le professeur Mirbel, d'autant plus dignes de confiance,
qu'elles sont fondées sur des observations faites avec le plus
grand soin, et souvent répétées. J'emprunterai ici les expressions de l'auteur, qui réunit à un excellent esprit d'observation le talent de rendre ses idées avec beaucoup d'élégance et de clarté.

« La substance des végétaux est formée *d'un tissu membraneux, cellulaire et continu, plus ou moins transparent,*
dit M. Mirbel [1]. La membrane qui constitue le tissu membraneux est d'une épaisseur variable, selon la nature particulière des espèces et l'âge des individus ; elle est pourvue
de pores, les uns visibles, les autres invisibles. Ces ouvertures sont quelquefois bordées de petits bourrelets épais et
calleux, qui se détachent en ombre quand on oppose le tissu
membraneux à la lumière.

« Pour rendre plus évidentes les diverses modifications
du tissu membraneux, je le diviserai systématiquement en
deux organes élémentaires : 1°. le *tissu cellulaire* ; 2°. le
tissu vasculaire. Le premier est composé de cellules contiguës les unes aux autres, et dont les parois sont communes
(pl. 1, fig. 1, 2, 3). Ces cellules tendent d'abord à se di-
later dans tous les sens ; mais chacune d'elles étant comprimée par les cellules adjacentes, et souvent aussi par les parties dures du végétal, il arrive que leur forme dépend surtout
des résistances qu'elles éprouvent. Lorsqu'elles n'en éprouvent d'autres que celles qu'elles s'opposent mutuellement,
ce qui a lieu d'ordinaire au centre de la moelle, et dans les
racines et les fruits charnus ou pulpeux, leurs coupes hori-

---

[1] *Elémens de physiologie végétale*, etc., tom. 1, pag. 27.

zontales et verticales offrent fréquemment des hexagones réguliers, comme les alvéoles des abeilles.

« Les parois des cellules sont très-minces et aussi transparentes que du verre : elles sont quelquefois criblées de
pores (pl. 1, fig. 1) dont l'ouverture n'a peut-être pas pour
diamètre la trois centième partie d'un millimètre; plus rarement elles sont coupées de fentes transversales (pl. 1,
fig. 2), si multipliées dans quelques espèces, que les cellules
y sont transformées en un vrai tissu réticulaire, tel que la
moelle du *nelumbo*.

« Il est à remarquer qu'en général les pores sont nombreux et rangés en séries transversales lorsque les cellules
sont très-allongées, et qu'au contraire ils sont épars et peu
nombreux lorsque le diamètre des cellules est, à peu de
chose près, égal dans tous les sens.

« Le tissu cellulaire ne reçoit les fluides et ne les transmet que très-lentement.

« Le tissu cellulaire régulier et peu poreux compose ordinairement toute la moelle; il forme aussi presque toute
l'écorce. On l'observe en grande abondance dans les cotylédons épais, dans les racines charnues, dans les fruits pulpeux, etc. Macéré dans l'eau, il s'altère et se détruit facilement.

« Les couches ligneuses des dicotylédons, et les filets
ligneux des monocotylédons, sont formés en grande partie
de tissu cellulaire; mais les cellules y sont très-allongées, et
y paraissent comme de petits tubes parallèles les uns aux
autres : de là le nom de *tissu cellulaire allongé* (pl. 1,
fig. 4). Leurs parois sont épaisses, à demi-opaques, quelquefois percées de pores très-fins; leurs cavités s'obstruent
dans les anciennes couches des arbres. Ce tissu, qui constitue la partie la plus solide des végétaux, ne se dissout point
dans l'eau.

« Les rayons médullaires, qui marquent la coupe transversale des tiges des arbres dicotylédons de traits semblables
aux lignes horaires d'un cadran, sont presque toujours des
séries de cellules allongées du centre à la circonférence, et
dont par conséquent la direction coupe à angles droits le fil
du bois. Les cellules des rayons médullaires rencontrent,
chemin faisant, les vaisseaux du bois, et s'abouchent avec
eux par le moyen des pores.

« Le tissu cellulaire régulier a peu de consistance ; aussi arrive-t-il quelquefois qu'il se déchire, et laisse, par sa défection, des vides plus ou moins considérables dans le corps du végétal : ce sont des *lacunes* (pl. 2, fig. 3). Elles se montrent surtout dans les plantes aquatiques, et elles y sont distribuées avec tant de symétrie, que les botanistes, étrangers aux recherches anatomiques, les ont considérées comme représentant la structure primitive du végétal. On peut reconnaître leur existence, à la simple vue, dans le *typha*, le *nymphæa*, etc. Elles se forment dans un ordre de choses si sagement combiné, qu'elles n'apportent aucun préjudice à la végétation. Le plus ordinairement elles ne contiennent que de l'air ; ce qui, peut-être, les rend très-utiles aux plantes aquatiques, dont le tissu, pénétré par une trop grande quantité d'eau, s'altérerait en peu de temps.

« Le *tissu vasculaire* est composé des tubes ou vaisseaux des plantes : ils en parcourent les différens organes, s'unissent par de fréquentes anastomoses, et forment ainsi une sorte de réseau. Leur calibre est cylindrique, ou ovale, ou anguleux : ils distribuent, dans toutes les parties, l'air et les fluides nécessaires à la végétation. Leurs parois sont fermes, épaisses, peu transparentes. Ces vaisseaux sont de très-longues cellules unies au reste du tissu, et percées d'ouvertures latérales, qui permettent aux fluides de se répandre de tous côtés.

« On distingue six modifications principales dans les vaisseaux des plantes : 1°. les vaisseaux en chapelet ou moniliformes ; 2°. les vaisseaux poreux ; 3°. les vaisseaux fendus, ou fausses trachées ; 4°. les trachées ; 5°. les vaisseaux mixtes ; 6°. les vaisseaux propres.

« 1°. Les *vaisseaux en chapelet* (pl. 1, fig. 13) sont des cellules poreuses placées bout à bout, ou, si l'on aime mieux, des tubes poreux resserrés de distance en distance, et coupés de diaphragmes percés à la manière d'un crible. On les trouve fréquemment dans les racines, et à la naissance des branches et des feuilles : ils servent d'intermédiaires entre les gros vaisseaux des tiges et des branches, et c'est par leur moyen que la sève passe des unes dans les autres.

« 2°. Les *vaisseaux poreux* (pl. 1, fig. 5, 6) sont criblés de pores rangés en séries transversales ; ils existent dans toutes les parties du végétal où la sève circule avec quelque liberté : ainsi on les trouve dans le corps des racines, le bois des tiges et des branches, les grosses nervures des feuilles, etc. Il ne faut pas se les représenter comme des tubes continus depuis la base du végétal jusqu'à son sommet, ils se joignent, se séparent, se rejoignent encore, disparaissent quelquefois, et se changent toujours en tissu cellulaire vers leurs extrémités. Les pores qui les couvrent sont, en général, d'autant plus fins, que les bois sont plus durs et d'un grain plus serré.

« 3°. Les *fausses trachées* (pl. 1, fig. 7, 8) sont des tubes coupés de fentes transversales, ou, si l'on veut, des tubes à larges pores. Ces vaisseaux ne diffèrent donc des tubes poreux que par une nuance légère : on peut les observer dans le bois, et particulièrement dans celui d'un tissu mou et lâche. Ce sont, aussi bien que les trachées, les principaux canaux de la sève : ils la portent d'une extrémité du végétal à l'autre, et la répandent, à la faveur des pores, dans toutes les parties latérales. Lorsque les fentes des fausses trachées sont très-prolongées, chacun de ces vaisseaux paraît composé d'une suite d'anneaux placés audessus les uns des autres.

« 4°. Les *trachées* (pl. 1, fig. 9, 10) sont des lames étroites, argentées, ordinairement élastiques, roulées en tire-bourre, et bordées souvent de petits bourrelets calleux : elles sont comme passées à travers le tissu qui leur sert de gaîne; elles n'y adhèrent que par leurs extrémités; néanmoins, il est évident qu'elles ne sont que des modifications des fausses trachées. On les trouve dans les tiges dicotylédones, autour de la moelle et dans les tiges monocotylédones, ordinairement au centre des filets ligneux. Elles se développent, en général, dans les parties jeunes et tendres, dont la croissance est rapide. L'âge ne les fait point disparaître; mais elles s'obstruent à la longue par l'effet de la nutrition. L'écorce et les couches annuelles du bois n'en contiennent jamais, les racines en offrent rarement. Le procédé le plus simple pour les observer est de briser une jeune branche, ou de déchirer une feuille, ou même un pétale, sans secousses violentes; comme les trachées se déroulent en restant attachées par leurs extrémités aux deux portions de la partie qu'on a divisée, il est aisé d'en reconnaître la structure. Il y a des trachées à hélice double (pl. 1, fig. 10), triple, quadruple, etc. Les trachées sont si abondantes dans le bananier, qu'on a proposé de les extraire pour en fabriquer des étoffes : elles sont encore très-faciles à observer dans les feuilles du plantain, de la scabieuse, etc.

« 5°. Les *vaisseaux mixtes* (pl. 1, fig. 11) sont alternativement, dans leur longueur, percés de pores, fendus transversalement, et découpés en tire-bourre; ce qui prouve que les quatre espèces précédentes ne sont que des modifications les unes des autres. Telle est la simplicité de l'organisation végétale, que souvent un même tube revêt successivement toutes les formes que je viens de décrire en parcourant les différens organes. Ainsi, une trachée de la tige peut se terminer dans la racine en vaisseau en chapelet, devenir fausse trachée dans le nœud situé à la base de la branche, parcourir celle-ci sous la forme de tube poreux, et reprendre, dans les nervures des feuilles, ou dans les veines des pétales, ou dans les filets des étamines, la forme de trachées. Les trachées marchent presque toujours en ligne droite et sans déviation; les autres tubes, au contraire, se courbent de côté et d'autre : tous se métamorphosent, vers leurs extrémités, en tissu cellulaire; en sorte qu'aucun n'arrive jusqu'à l'épiderme sous la forme de vaisseau.

« 6°. Les *vaisseaux propres* (pl. 1, fig. 4) ont des parois sur lesquelles on ne découvre ni fentes ni pores : ils contiennent des sucs huileux, résineux, etc., propres à chaque espèce de plantes. On les observe dans les écorces, la moelle, les feuilles, les corolles, etc. Ils se distinguent en deux espèces : 1°. les *solitaires*, qui, peut-être, ne devraient être considérés que comme de simples réservoirs de sucs propres; 2°. les *fasciculaires* formés par la réunion de plusieurs petits tubes placés à côté les uns des autres, distribués dans le tissu cellulaire de l'écorce (pl. 2, fig. 1) avec plus ou moins de symétrie. Les vaisseaux propres du chanvre et de l'*asclepias syriaca* appartiennent à cette sorte de vaisseaux. La filasse que l'on retire de l'écorce de ces plantes est formée par le déchirement longitudinal des mêmes vaisseaux. Toutes les plantes ne semblent pas être pourvues de vaisseaux propres. Ces vaisseaux, très-visibles dans les jeunes pousses, disparaissent souvent dans les vieilles tiges et les branches, parce que, dans certains végétaux, ils sont constamment repoussés a la circonférence, et finissent par se dessécher, et que, dans d'autres végétaux, ils sont recouverts et oblitérés, après un laps de temps plus ou moins long, par les nouvelles couches, qui augmentent la masse du bois. »

Pour suivre avec quelque intérêt la disposition de ces organes, que la simple vue nous a fait à peine entrevoir ; pour les distinguer avec plus de facilité et en concevoir les fonctions, il a fallu nécessairement nous aider des découvertes que le microscope a offertes à nos meilleurs observateurs. Ils y ont retrouvé ces deux sortes d'organes, désignés sous les noms de *tissu vasculaire* et de *tissu cellulaire*, que M. Mirbel a considéré très-judicieusement comme une simple modification d'un organe unique, le *tissu membraneux*, composé de cellules, très-petites dans le tissu cellulaire, allongées et prenant la forme de vaisseaux dans le tissu vasculaire (pl. 2, fig. 1, tranche horizontale de l'*asclepias fruticosa* ; fig. 2, coupe verticale d'un jeune rameau du *salvia hispanica*). Ces deux sortes d'organes ne paraissent différer en effet que par leur forme : leurs parois sont de même nature, communes avec celles qui les avoisinent, la plupart percées de pores ou coupées par des fentes transversales. Les vaisseaux ne sont donc pas des organes isolés, détachés du tissu ; mais ils font corps avec lui ; leurs parois sont communes avec celles des cellules qui les touchent ; en un mot, un vaisseau n'est rien autre qu'une cellule très-allongée, tubulée, et non un vaisseau proprement dit, enfin un véritable *tube*, expression que M. Mirbel préfère à celle de vaisseau. Les *fibres* ne sont également que ces mêmes tubes ou vaisseaux obstrués, durcis par le dépôt des molécules alimentaires ; ajoutons enfin que les cellules communiquent aux tubes, les tubes aux cellules par les pores dont on ne peut raisonnablement nier l'existence, prouvée par la transfusion des fluides colorés d'une cellule dans l'autre, et des tubes dans les cellules.

« Lorsque l'on plonge, dit M. Mirbel, le bout supérieur ou inférieur d'une jeune branche chargée de feuilles dans une liqueur colorée, la liqueur est aspirée, et son passage dans la branche est marqué par la coloration des vaisseaux ; on voit même quelquefois le tissu voisin se teindre d'une auréole, qui s'affaiblit en s'éloignant du centre de coloration. Cette expérience concourt a prouver que la sève, aspirée par les racines ou les feuilles, monte ou descend par les grands tubes, et s'épanche latéralement par les pores. »

Avant d'aller plus loin, arrêtons-nous encore un instant sur une grande division des végétaux, qui, à la vérité, doit trouver place ailleurs, mais dont il faut donner ici quelque connaissance : il s'agit de la division des plantes en *monocotylédones* et *dicotylédones*. Si, après avoir fait macérer dans l'eau, pendant quelque temps, la semence d'une fève, d'un haricot, etc., nous la dépouillons de ses enveloppes, nous trouverons deux corps charnus, farineux, appliqués l'un sur l'autre, qui se séparent d'eux-mêmes, et ne tiennent ensemble que par le point où se trouve le germe ou le rudiment de la jeune plante, la *plantule*, dont la partie inférieure, la *radicule*, est saillante en dehors, tandis que la partie supérieure, la *plumule*, est renfermée dans les deux corps charnus, que l'on a nommés *lobes* ou *cotylédons*. Les plantes dont les semences sont pourvues de ces deux lobes, et c'est le plus grand nombre, se nomment *dicotylédones* ou *bilobées*; celles, en bien plus petit nombre, qui n'en ont qu'un, portent le nom de *monocotylédones* ou *unilobées*, telles que les semences du blé, de l'avoine, etc., en général celles de toutes les graminées, des palmiers, des liliacées. Je donnerai ailleurs des détails plus étendus sur les propriétés et les fonctions de cet organe.

Je n'en ai parlé ici qu'à cause de l'influence remarquable de ces lobes ou cotylédons sur toutes les autres parties de la plante. Cette influence est telle, qu'il est facile, au seul port d'une plante, de juger, même sans l'inspection des cotylédons, si elle appartient aux monocotylédons ou aux dicotylédons : je ferai connaître ces différences en traitant de l'organisation interne et des parties extérieures des plantes. Je ne parle pas ici d'une troisième division, les *acotylédons*, dans laquelle on range les plantes que l'on regarde comme privées de cotylédons : ce sont les plus simples des végétaux. Ils ne sont guère composés que de tissu cellulaire, sans aucune apparence de vaisseaux; on les a nommées, par cette raison, *végétaux cellulaires* : la fructification n'est encore, dans la plupart, que très-imparfaitement connue. Linné les a caractérisés par le nom de *cryptogames* (plantes dont le mode de fécondation est inconnu). Les champignons, les plantes marines, les conferves, les lichens, les mousses, etc.,

appartiennent à cette division. J'y reviendrai lorsque je trai-
terai des familles naturelles.

Nous allons maintenant nous occuper de la coupe horizontale de ce bois dont nous avons suspendu la combustion
(pl. 2, fig. 6). Il nous offre dans son centre un axe plus
ou moins épais, plein ou occupé par une moelle desséchée
(fig. 6, *d*); autour se dessinent des cercles concentriques
(fig. 6, *b*, *c*, *d*), traversés par des lignes divergentes qui
partent du centre et vont se perdre dans la circonférence
(fig. 6, *d*). Ces cercles ou plutôt ces couches annulaires sont
d'autant plus dures et plus serrées, qu'elles sont plus intérieures. Essayons maintenant de diviser ces couches dans
leur longueur, nous en viendrons aisément à bout pour les
couches extérieures, surtout si le bois est humide, s'il a été
macéré dans l'eau. Les premières, celles qui appartiennent à
l'écorce, nous fournissent des lanières minces, réticulées ;
celles qui suivent ont leurs mailles beaucoup plus petites ;
elles le sont encore davantage dans l'aubier, qui vient après
et entoure le bois : celui-ci, dans sa coupe longitudinale, ne
présente plus que des veines prolongées en différentes directions.

Tels se montrent les végétaux ligneux dans leur état de
perfection ; mais, avant d'y parvenir, ils ont éprouvé plusieurs
degrés d'accroissement, qu'il faut chercher à connaître, pour
nous rendre compte de ce que nous venons de voir. En sou-
mettant à notre examen de jeunes rameaux, nous nous met-
trons à même d'observer par quels moyens la nature est parvenue à former ce corps ligneux, épais et très-dur qui occupe
la presque totalité du tronc des arbres. Considérons une
jeune branche en pleine végétation, nous retrouverons sur sa
coupe horizontale tout ce que nous avons vu plus haut (pl. 2,
fig. 1, 6), mais dans un état de fraîcheur et de vie qui
nous donnera l'explication de cette organisation intérieure,
altérée et masquée par la vieillesse. La *moelle*, renfermée
dans son *canal médullaire*, en occupe le centre ; viennent
ensuite le bois et l'aubier, peu distingués l'un de l'autre dans
le premier âge ; enfin les *couches corticales*, recouvertes par
l'épiderme. Nous allons examiner chacune de ces parties isolément.

CHAPITRE SIXIEME.

De la moelle.

LA *moelle*, substance précieuse, source de vie et de développement, occupe, dans un canal intérieur, le centre des
tiges et des rameaux dans les plantes dicotylédones. Quoique très-différente de la moelle des animaux, elle doit ce
nom à sa situation et à son énergie dans l'acte de la végétation. Elle n'est qu'une modification du tissu cellulaire, duquel néanmoins elle doit être distinguée, comme nous le
verrons plus bas. La moelle ressemble d'ailleurs au tissu
cellulaire par la forme de ses utricules, très-variables à la
vérité, mais dont le type principal est la figure hexagone,
ainsi que l'a observé Ledermuller, cité par M. Sennebier [1],
et que M. Mirbel a depuis reconnu dans le tissu de toutes
les parties des plantes. Examinée à l'œil nu, la moelle est
une substance plus ou moins lâche, élastique, celluleuse, de
couleur verte, humide, et molle dans les pousses de l'année,
entourée d'un étui composé de trachées, de fausses trachées,
et de vaisseaux poreux qui s'étendent parallèlement dans
toute la longueur des tiges.

C'est seulement dans cet état que la moelle jouit de toute
son activité, qu'elle se conserve verte par l'impression de la
lumière ; mais, dès la seconde année, la moelle, revêtue de
couches ligneuses qui lui interceptent l'action des rayons lumineux, blanchit ordinairement, se dessèche, et présente de
grands vides entre ses membranes minces, argentées, dia-
phanes : au reste, la moelle n'est pas toujours verte dans sa
jeunesse, ni toujours blanche en vieillissant ; les vides qu'elle
présente sont de grandeur et de formes différentes, selon les
espèces. Par exemple, dans les noyers, elle est brune ou rous-
sâtre, et, à mesure que les tiges montent, elle se divise en
cloisons transverses assez régulières ; elle tapisse en lignes
parallèles la surface intérieure des tiges creuses ; elle offre,
dans l'*asclepias syriaca*, un assemblage de filets blanchâtres,
semblables à un coton très-fin qui revèt la surface interne de

---

[1] *Encyclopédie physiologique végétale*, pag. 192.

la tige, etc. : d'où il suit, comme l'observe très-judicieusement M. Desfontaines, que, si l'on étudiait attentivement l'organisation de la moelle, on pourrait y trouver des caractères distinctifs souvent préférables à ceux que l'on a découverts dans les autres parties des plantes.

Dans un certain nombre de plantes, la moelle, réduite à l'état de sécheresse, se conserve même dans les vieilles tiges ; dans beaucoup d'autres, elle semble disparaître, masquée par les dépôts concrets qui en remplissent les vides : le canal médullaire, entièrement obstrué, et à peine distingué des couches ligneuses qui le revêtent, est alors converti en un axe central d'une consistance osseuse.

La moelle, observée et suivie dans ses fonctions, autant qu'il est possible de le faire dans une matière aussi obscure, est, comme je l'ai dit, le principe du développement de toutes les parties des plantes. Dans les nouvelles tiges ou dans les rameaux naissans, il n'y a presque que de la moelle : elle occupe toute la capacité du canal central recouvert par une couche ligneuse et une corticale, qui peu à peu prennent plus de consistance. Du canal médullaire s'échappent latéralement des trachées et autres vaisseaux qui entraînent avec eux une portion de moelle, traversent le jeune bois et l'écorce, et se terminent par un bouton alimenté d'abord par la moelle interne. Ce bouton produit une feuille ou un rameau, souvent l'un et l'autre, surtout dans les tiges ligneuses. Ces jeunes rameaux se développent, s'allongent, fournissent, en se fortifiant, d'autres feuilles, d'autres boutons : ils sont dès lors en état de se suffire à eux-mêmes par l'abondance de leur moelle. Celle des rameaux qui les ont produits, devenue inutile, s'altère, se dessèche, reste presque sans activité ; mais, avant son desséchement, elle avait transmis sa puissance vitale aux boutons par sa communication avec ces vaisseaux échappés de son étui. Ces prolongemens médullaires ne se terminent pas tous, dans la même année, par la production d'un bouton, mais ils continuent à se prolonger dans la même direction d'année en année, se glissent à travers les interstices du plexus, dont le bois, l'aubier et les couches corticales sont composées. Comme ils partent tous de l'étui, ils s'écartent entre eux à mesure qu'ils approchent de la circonférence, et se montrent, sur la coupe transversale du bois, en rayons divergens, comme il est facile de l'observer (pl. 2 , fig. 6 , *a*, *b*, *c*, *d*). La portion de ces rayons qui traverse l'ancien bois, perd de son activité, et participe à la sécheresse de la moelle; mais la portion plus récente qui traverse les couches corticales, est entretenue dans un état de vie par les sucs nourriciers de l'écorce, bien plus que par la moelle centrale. Ces prolongemens, toujours doués de la faculté de se terminer par des boutons, n'en produisent que lorsqu'ils peuvent percer l'écorce; ce qui arrive plus fréquemment dans les jeunes rameaux, parce que la moelle interne est dans toute sa vigueur. Dans les anciens rameaux et sur les vieux troncs, il faut, pour le développement des boutons, des circonstances particulières, telles que des blessures à l'écorce, ou le retranchement des nouvelles branches; opération qui retient alors la sève en plus grande abondance dans les branches anciennes, et leur rend une vigueur que l'âge avait altérée.

Avant d'aller plus loin, je dois déterminer le sens de ces expressions peu exactes de *prolongemens*, *filets* ou *rayons médullaires*. Il faut se rappeler qu'il a été dit plus haut que ces prolongemens étaient formés moins par la moelle, que par les vaisseaux de l'étui qui la renferme, qui emportent avec eux une portion de moelle. Partout où ces vaisseaux manquent et où il n'existe que de la moelle, il ne se forme ni boutons, ni développement d'aucune partie nouvelle. Ces fleurs, qui naissent sur les feuilles du fragon (*ruscus*) et sur celles de plusieurs autres plantes, la fructification des fougères, etc., sont constamment placées sur les nervures, qui ne sont que le prolongement et la division de ces vaisseaux, sortis originairement de l'étui médullaire, qui ont traversé les pétioles et les pédoncules. La portion du tissu cellulaire, ou la moelle placée dans les mailles du réseau des feuilles, des tiges, et autres organes, ne produit jamais de boutons, tant qu'elle est isolée. Il suit que cette expression de *prolongemens médullaires* est peu exacte, et peut induire en erreur, puisque ces prolongemens tirent leur origine des vaisseaux de l'étui, et non uniquement de la moelle du centre : on les nomme *filets* ou *rayons médullaires* lorsqu'on les considère sur la coupe horizontale d'un rameau, où, en effet, elles se présentent comme des lignes, tandis que, dans la coupe verticale, elles forment des lames et non des filets.

Nos bons observateurs assurent qu'on ne découvre aucun vaisseau dans la masse interne de la moelle; que ceux qui s'y trouvent quelquefois, comme il arrive dans le sureau, ont été détachés du canal et lui appartiennent. Le changement de direction de ces vaisseaux, destinés à produire des boutons et des feuilles, occasione, dans la forme de ce canal, une modification facile à observer lorsqu'on le coupe transversalement. Cette modification est dépendante de la disposition des rameaux et des feuilles, ainsi que l'avait observé M. Le Feburier. M. de Beauvois a remarqué que la coupe transversale de l'étui médullaire est oblongue dans le frêne, dont les feuilles sont opposées deux à deux; qu'elle est triangulaire dans le laurier-rose, où les feuilles naissent trois à trois, à la même hauteur, autour de la tige; que cette coupe est pentagone dans le chêne, où les feuilles sont alternes et en hélice, de façon qu'il faut cinq feuilles pour faire le tour complet de la tige.

Maintenant, en résumant tout ce que j'ai dit sur la moelle, examinons en quoi elle diffère de ce tissu cellulaire qui lui doit son origine, et qui occupe les autres parties des plantes. Si nous la considérons isolément, c'est-à-dire séparée de son étui, il faut nécessairement convenir qu'il n'y a aucune différence, et que les expressions de *tissu cellulaire* et de *moelle* sont synonymes; mais, en réservant la dernière expression pour la moelle centrale exclusivement, nous la considérerons comme une modification du tissu cellulaire, occupant, dans les dicotylédons, l'intérieur d'un étui central composé de vaisseaux poreux, de trachées et de fausses trachées, qui ont, avec la moelle, des parois communes; nous verrons ensuite une partie de ces vaisseaux se détourner de leur direction verticale, se prolonger latéralement jusque dans l'écorce, entraînant toujours avec eux une portion de moelle, se terminer par des rudimens de boutons, dont un très-petit nombre seulement se développent, tandis que les autres semblent être tenus en réserve par la nature pour réparer la perte des premiers. Ces vaisseaux, non terminés en boutons développés, continuent à se prolonger d'année en année à travers le bois et l'écorce, et forment ce que l'on appelle des *prolongemens médullaires*, dont la partie active et vivante existe principalement dans l'écorce, tandis que celle qui traverse le bois est à peu près dans le même état que la moelle centrale, c'est-à-dire desséchée et sans activité. Si, au bout de quelques années, ces prolongemens viennent à produire un bouton, et par suite une nouvelle branche, il sera facile de reconnaître sur le bois fendu dans sa longueur, l'époque de la naissance et l'origine de ces branches. Celles qui ont été produites sur une tige ou une branche d'un an, partent immédiatement du centre du tronc, avec lequel elles forment un angle plus ou moins ouvert : les couches ligneuses qui les recouvrent ont pris la même direction. Si les boutons se montrent sur d'anciennes branches, celles qu'ils formeront auront leur point de départ, non dans le centre, mais plus rapproché de l'écorce : tels sont ces boutons *latens* qui ne se développent sur les troncs et les grosses branches, que dans des circonstances particulières, et dont il faut toujours rapporter l'origine à la moelle centrale, malgré son peu d'activité dans la portion ligneuse du végétal.

Dès qu'il est reconnu que l'existence des boutons produits sur les vieilles branches par les prolongemens médullaires est indépendante de l'état de la moelle centrale, et qu'il suffit, pour alimenter ces boutons, de la sève des couches corticales, on concevra sans peine comment il existe de très-gros arbres dont l'intérieur est entièrement détruit, et dont il ne reste qu'une faible portion d'aubier et des couches corticales : il est évident qu'alors les prolongemens médullaires, sortis originairement du canal central, ont conservé dans l'écorce leur faculté productrice, quoique la moelle et le bois soient détruits depuis long-temps.

Outre sa position dans le centre des tiges, et son adhérence avec les vaisseaux particuliers qui l'entourent, la *moelle* proprement dite est encore caractérisée d'une manière plus particulière par cette puissance active, qui, à l'aide des prolongemens médullaires, produit et développe toutes les autres parties des plantes, dont un bouton est toujours l'origine. Parmi ces différentes parties, les unes sont susceptibles d'un développement en quelque sorte indéfini : telles sont les racines, les tiges, les rameaux, etc.; les autres ont un développement déterminé : en elles s'arrête toute puissance expansive de la végétation; elles ne peuvent se développer au delà des bornes que la nature a fixées pour leur accroissement. Une feuille ne produit pas une autre feuille, ni un calice un autre calice, etc. : ces organes ont une autre destination. Quoiqu'on y trouve, comme dans les tiges, un tissu cellulaire, des trachées et fausses trachées qui forment les nervures, la nature les a privés, excepté dans des cas très-rares, de la faculté de produire des boutons. Les prétendues feuilles du figuier d'Inde et de plusieurs autres espèces de *cactus* ne sont, comme l'on sait, que des tiges aplaties.

La moelle centrale est donc la source, la première origine de tous les accroissemens du végétal : sans elle point de développement, point de végétation. C'est donc bien légèrement que quelques auteurs modernes ont reproché à Linné d'avoir considéré la moelle comme le principe de la *force vitale*. On cite contre lui l'exemple de ces arbres qui végètent encore avec vigueur, quoique leur tronc soit, pour ainsi dire, réduit à l'écorce; mais peut-on croire que Linné, en considérant la moelle comme principe de la vie dans le végétal, ait voulu parler de cette moelle ancienne des tiges et des branches, réduite à un état de sécheresse et presque sans influence sur la végétation? Avant de perdre son activité, ne l'a-t-elle pas transmise aux nouvelles branches? N'a-t-elle pas laissé dans les couches corticales l'extrémité de ces prolongemens entretenue par la sève, et qui n'attend, pour fournir des boutons, que des circonstances favorables? Enfin, peut-on citer une seule partie dans les plantes qui ne doive primitivement son origine à la moelle centrale, quel que soit l'état du végétal?

A la vérité, Linné soupçonnait, d'après Haller, que les nouvelles couches de bois, qui se forment toujours en dehors des anciennes, comprimant celles-ci de plus en plus, resserraient en même temps le canal médullaire ; qu'alors la moelle cherchait à s'échapper par les mailles du bois, et qu'ainsi se formaient les prolongemens médullaires. Des observations plus modernes ont fait renoncer à cette opinion. Ces prolongemens sont dus, comme nous l'avons vu plus haut, aux vaisseaux qui se détournent de l'étui, prennent une direction latérale, et vont aboutir à l'écorce : d'un autre côté, Knight a remarqué que le canal médullaire ne subissait aucun rétrécissement, qu'il conservait le même calibre, même dans les vieilles branches ; observation qui depuis a été confirmée par celles de M. du Petit-Thouars.

Pour connaître l'influence de la moelle dans le développe-

ment des plantes, on l'a enlevée de plusieurs arbres fruitiers : les uns ont péri dans cette opération, d'autres ont ré-
sisté; mais on ne dit pas quelles branches on a privées de
moelle. Si ce sont les anciennes, elle devait y être desséchée et par conséquent inutile; si ce sont celles de l'année,
ces branches devaient nécessairement périr; enfin, si c'est la
moelle du tronc, celui-ci était alors dans la même situation
que ces arbres dont nous avons vu plus haut le bois détruit
presque jusqu'à l'écorce. Ces expériences offrent donc, faute
de détails suffisans, peu d'éclaircissemens sur la nature et
les fonctions de la moelle.

Ce que j'ai dit jusqu'alors sur la moelle appartient aux
plantes dicotylédones; nous allons maintenant la considérer
dans les monocotylédones. Celles-ci, telles que les palmiers,
n'ont plus de canal médullaire, plus de couches concentriques, plus de rayons divergens sur les coupes transverses;
la disposition des organes n'est plus la même; elle annonce
un mode de développement différent. En prenant ces plantes
à leur naissance, on peut remarquer qu'elles ne produisent
d'abord qu'une grosse touffe de feuilles sans tige; l'année
suivante, de nouvelles feuilles paraissent dans le centre des
anciennes : ces dernières, repoussées vers la circonférence,
tombent en vieillissant, mais leur partie inférieure persiste
et forme un anneau ligneux, qui devient la base de la tige;
les nouvelles feuilles tombent à leur tour, et laissent un second anneau de même dimension que le premier : c'est ainsi
que d'anneau en anneau, toujours d'un diamètre égal, se
forme la tige des palmiers sans ramifications, sans couches
corticales, mais toujours couronnée par un bouquet de
feuilles disposées circulairement.

Ce mode de développement, très-différent de celui des
plantes dicotylédones, doit donc produire une disposition
différente dans les organes internes. En effet, un tronc de
palmier, coupé horizontalement, ne présente, au lieu de
couches concentriques, que l'extrémité d'un grand nombre
de vaisseaux, ou de fibres ligneuses placées irrégulièrement
à côté les unes des autres, et dont les intervalles sont occupés par la moelle : ces fibres sont d'autant plus serrées et
plus dures, qu'elles sont plus rapprochées de la circonférence, tandis que celles du centre sont plus lâches et plus
flexibles, en sens contraire de celles des tiges dicotylédones
(pl. 2, fig. 5).

La moelle des palmiers, durcie et desséchée entre les fibres extérieures, ne jouit de toute sa force que dans les fibres du centre ; elle est entremêlée avec des trachées très-nombreuses qui s'élèvent avec elle dans une direction verticale, et se terminent par des boutons au sommet des tiges. Ces boutons produisent les nouvelles feuilles et les pédoncules des fleurs. Ainsi, dans les plantes monocotylédones, la partie la plus active de la moelle est constamment dans le centre des tiges, tandis que, dans les dicotylédones, elle existe particulièrement dans les couches corticales : au reste, quelle que soit la position de la moelle, elle conserve toujours le caractère distinctif que nous y avons reconnu, celui de se prolonger avec les trachées, et de produire des boutons dans les circonstances favorables : elle offre encore quelques modifications particulières. Dans les tiges fistuleuses, telles que celles des graminées, sa partie active tapisse, en lignes parallèles et longitudinales, les parois internes de ces tiges, et, comme elles sont entrecoupées par des nœuds de distance en distance, il s'échappe de ces nœuds des filets médullaires qui donnent naissance aux feuilles ou quelquefois à d'autres tiges. La moelle des scirpes, des joncs, des souchets, et de la plupart des liliacées, mérite encore une attention particulière. J'omets ici beaucoup d'autres détails, n'ayant voulu présenter dans cet article que ce qu'il y avait de plus intéressant à dire sur la moelle, surtout relativement à son action et à sa grande influence dans l'acte de la végétation [1].

---

[1] Mon but, dans cet ouvrage, n'est pas seulement, comme on l'a pu voir dans les premiers chapitres, d'étudier la végétation dans ses grands phénomènes, mais encore de chercher à saisir les rapports qui l'enchaînent à tous les autres êtres. Sous ce point de vue, cet ouvrage aurait pu avoir pour titre : *Les plantes considérées en elles-mêmes et dans leurs rapports avec l'économie de la nature.* Des raisons particulières ont déterminé l'éditeur à lui donner un autre titre.

CHAPITRE SEPTIEME.

Des couches corticales et ligneuses.

Des observations intéressantes et curieuses ont été faites sur la formation de ces couches concentriques que l'on voit, dans les tiges ligneuses, envelopper l'étui médullaire, et qui se distinguent, d'après leur ancienneté et leur solidité, en *bois*, en *aubier*, en *couches corticales*. En remontant à leur origine, on reconnaît que ces couches ne sont que des modifications du tissu organique (réticulaire et cellulaire) amené à ces différens états par des moyens qu'il n'est pas donné à l'homme de connaître, quels que soient les efforts qu'il ait faits pour y parvenir. Il a observé des faits, mais les causes sont restées inconnues; il a établi des théories, mais leur démonstration n'est encore qu'un problème sans solution. Je ne peux entrer ici dans la discussion des opinions qui partagent les physiologistes sur l'origine et la formation tant des couches ligneuses que des couches corticales, je dirai seulement les faits les plus importans qui ont été observés.

Ainsi, nous reportant aux premiers développemens d'une tige ou d'un rameau, nous distinguerons, dès la première année, à mesure que le végétal se fortifie, deux couches autour de l'étui médullaire, une intérieure, destinée à se convertir en bois, et une extérieure, qui forme l'écorce. Au bout de deux ans, il y aura deux couches de bois et deux d'écorce; d'autres couches sont produites annuellement entre le bois et l'écorce, et, à mesure que la tige grossit, les anciennes couches ligneuses, pressées par les nouvelles, se resserrent, se durcissent, et forment cette masse compacte à laquelle on a donné plus particulièrement le nom de *bois :* elle est entourée de couches plus modernes qui forment l'*aubier*, d'un tissu plus lâche, qui ne diffère en rien du bois dont il fait partie, et dont on ne peut plus le distinguer dès qu'avec l'âge il en a acquis la dureté. Le bois et l'aubier sont donc la même substance; la distinction qu'on y a établie ne sert qu'à indiquer le bois ancien et le moderne : personne ne doute de leur identité. Il n'en est pas de même des couches corticales, qui portent encore le nom de *liber*, et dans lesquelles se réfugie la force vitale des plantes à mesure que la partie intérieure se solidifie. Lorsque le *liber* est humecté, il se divise en lames minces, réticulaires, à peu près comme les feuillets d'un livre, composé de vaisseaux allongés, superposés les uns sur les autres, formant un réseau dont les interstices sont remplis de tissu cellulaire.

La couche la plus extérieure du *liber* est revêtue d'une *enveloppe herbacée* qui forme la partie superficielle des tiges : c'est un tissu cellulaire dont les vésicules sont remplies d'une matière verte, résineuse, la même qui occupe les vides du tissu réticulaire dans les feuilles, et qui enveloppe également les tiges, les branches et les rameaux. Cette enveloppe herbacée s'use, s'exfolie à l'air et se renouvelle; elle pénètre dans les couches corticales, d'où elle tire son origine; mais à mesure qu'elle s'enfonce, ne recevant plus immédiatement l'action de la lumière, sa couleur verte s'affaiblit, et même disparaît entièrement entre les feuillets les plus rapprochés de l'aubier.

La réunion des parois les plus extérieures des utricules qui composent l'enveloppe herbacée, forme l'*épiderme*, membrane très-mince, incolore et transparente lorsqu'on l'enlève isolément, et qui ne paraît verte, ou de toute autre couleur, qu'à cause de celle des substances contenues dans le tissu cellulaire. L'épiderme se détruit sur les vieilles tiges, tombe en poussière, se détache par plaques et par lambeaux; sur les jeunes rameaux il se renouvelle assez promptement, et ne cesse de se reproduire qu'autant que l'enveloppe herbacée elle-même est détruite sur les vieux troncs : au reste, quelle que soit l'altération de cette enveloppe ou des couches corticales, l'observation nous apprend qu'elles se rétablissent, même lorsque le bois est mis à nu, surtout si ces accidens arrivent à l'époque de la grande abondance de la sève.

L'épiderme n'est pas toujours composé d'une seule membrane, on en distingue souvent plusieurs appliquées les unes sur les autres, comme dans le bouleau; on a encore considéré le *liége* comme un véritable épiderme épaissi par la réunion d'une multitude de couches cellulaires. Quoique

l'on n'ait pu jusqu'alors distinguer aucun pore dans l'épiderme, il est à croire qu'ils ont échappé à la faiblesse de nos
yeux et de nos instrumens, étant reconnu que l'épiderme,
tant celui des rameaux que celui des feuilles, laisse échapper des matières visqueuses, et que c'est à travers cette
membrane que pénètrent, dans les feuilles, les fluides gazeux
qu'elles absorbent et ceux qu'elles rendent.

J'ai parlé plus haut de la différence qui existait entre les
tiges ligneuses dicotylédones et les monocotylédones : ces
dernières n'ont point d'écorce; leur épiderme se détruit très-
rapidement et ne peut se renouveler; l'intérieur de ces tiges
n'est pas divisé par couches, mais composé de fibres fasciculées, entremêlées de moelle. Comme les feuilles sortent toujours du centre de l'arbre et de son sommet, elles ne s'ouvrent
un passage qu'en pressant les anciennes fibres, qui se tassent
à la circonférence, et forment souvent un bois assez dur et
compacte par l'oblitération de la moelle, tandis que les fibres
du centre sont plus lâches, la moelle plus active.

Les tiges des plantes herbacées sont organisées de même
que les ligneuses; mais, comme elles périssent au bout d'un
ou de deux ans, elles ne vivent pas assez pour que leurs
couches intérieures puissent se convertir en bois; toutes
sont pourvues d'un canal médullaire, de couches internes
qui deviendraient ligneuses si elles existaient plus long-
temps, et d'une couche corticale avec un tissu cellulaire plus
ou moins abondant, placé sous l'épiderme.

Quant à la production des couches ligneuses et corticales,
l'expérience nous a appris que les unes et les autres se formaient intérieurement entre le liber et le bois : d'où il suit
qu'en se multipliant elles forcent le réseau des couches corticales extérieures et plus anciennes à élargir ses mailles, qui
finissent même par se déchirer, et occasionent ces profondes
crevasses qui sillonnent le tronc des vieux arbres, tandis
que les couches corticales plus modernes et plus intérieures
ont leurs mailles beaucoup plus serrées : le contraire a lieu
pour les couches ligneuses. Les nouvelles ou celles de l'aubier
s'établissent à l'extérieur du corps ligneux, c'est-à-dire entre
l'écorce et l'aubier. En augmentant l'épaisseur du bois,
elles contribuent encore à l'élargissement du réseau des
couches corticales, et si leurs efforts agissent sur le corps

ligneux, ce ne peut être qu'en le resserrant de plus en plus vers le centre.

Il est à remarquer que les couches dont nous parlons sont des couches annuelles, qui ne se distinguent qu'à cause de l'interruption de la végétation pendant l'hiver : ces couches sont elles-mêmes composées de plusieurs autres couches très-minces produites dans le courant de l'été, mais tellement adhérentes, qu'on n'aperçoit entre elles aucun point de séparation, et qu'il est même difficile de les séparer par l'art. Si la végétation était interrompue et reprise plusieurs fois dans l'année, il est à croire qu'on trouverait, à la fin de chaque année, autant de couches qu'il y aurait eu d'interruptions.

La formation des nouvelles couches est une opération sur laquelle les physiologistes ne sont point d'accord. La plupart ont pensé, d'après les expériences de Duhamel, que les couches corticales se convertissaient en bois. Il est possible qu'elles aient cette propriété ; mais, en suivant avec attention ce qui se passe dans cette opération, il paraît résulter que le *cambium*, cette matière visqueuse dont nous parlerons plus bas, qui suinte au dehors de l'aubier et s'épaissit à sa surface, forme une couche ligneuse, tandis qu'une autre portion de *cambium*, qui transsude de la surface des couches les plus intérieures du liber, donne naissance à une nouvelle couche corticale, étant reconnu, comme je l'ai déjà dit, que tous les ans il se formait, dans les végétaux ligneux, une couche de bois et une de liber. Quelle serait donc la couche de liber qui se convertirait en bois ? Ce ne peut être une des anciennes, puisqu'elles sont repoussées en dehors par les nouvelles ; ce ne peut être ces dernières, puisqu'on distingue celles qui se sont formées dans le courant de l'année : mais ici se présente une autre difficulté. Sur un très-grand nombre d'arbres, les couches corticales sont bien moins nombreuses que les couches ligneuses, même sur les branches où l'écorce ne paraît point avoir éprouvé d'altération. S'en suivrait-il de là qu'il ne se forme pas constamment une couche de liber tous les ans, ou bien qu'il s'en forme davantage de ligneuses, ou enfin que des couches corticales se convertissent réellement en bois ? Les expériences de Duhamel portent à le croire, d'autres considérations en font douter. Je suis loin de prononcer sur ces questions délicates; je renvoie le lecteur aux expériences faites par Duhamel, Knight, du Petit-Thouars, Mirbel, etc.

Telle est donc, en général, la constitution des tiges ligneuses, formées, comme je l'ai dit, par les modifications d'un seul organe primitif, le tissu organique, dont nous avons suivi les développemens et les formes diverses, à partir de la moelle jusqu'à l'épiderme. Pour plus grand éclaircissement, je vais rappeler en sens inverse les différentes parties qui constituent le tronc et les branches des végétaux ligneux.

La plus extérieure est l'*épiderme* qui recouvre toutes les autres parties des plantes, les tiges, les feuilles, les fleurs et les fruits, qui se détruit, se renouvelle, et souvent disparaît presque entièrement sur les vieux troncs; vient ensuite l'*enveloppe herbacée* ou *cellulaire*, verte, tendre, succulente, quelquefois très-mince, qu'on regarde avec raison comme une production de la moelle centrale, ou le dernier terme de ces prolongemens médullaires dont il a été question plus haut. Des auteurs lui donnent exclusivement le nom d'*écorce*, distinguant ensuite, sous le nom de *couches corticales* ou de *liber*, ces lames minces, réticulées, appliquées les unes sur les autres, qui se suivent immédiatement, qu'on sépare avec assez de facilité dans certains arbres, principalement sur les jeunes branches, à l'époque de la plus forte végétation. Les *couches ligneuses* sont bien distinctes des corticales par leur masse, leur dureté : les plus jeunes portent le nom d'*aubier*; les plus intérieures, serrées et compactes, celui de *bois*, dans le centre duquel se trouve l'*étui médullaire*, variable dans ses dimensions, même dans sa forme, très-remarquable par sa grandeur dans certaines espèces, comme dans le sureau, fort petit dans d'autres, et même quelquefois difficile à distinguer.

Tel est ce mécanisme, sublime dans sa simplicité, admirable dans ses résultats, que la nature a placé dans ce tissu membraneux, dans cet organe unique, dont les modifications donnent lieu au développement des diverses parties des végétaux, qui se resserre ou se dilate, s'amollit ou s'ossifie, prend toutes les nuances qu'exigent les parties du végétal qu'il doit fournir, reçoit les impressions diverses des milieux dans lesquels il se trouve. A peu près indifférent à toutes les formes, il peut devenir racine ou branche, feuilles ou chevelu, selon les circonstances.

Ce tissu organique a une telle force vitale, que, si son développement n'était pas modéré par l'impression des élémens ; s'il n'était dirigé par une puissance secrète, d'après les vues incompréhensibles de la nature ; si la rapidité de sa végétation n'était arrêtée et déterminée, l'on verrait une fécondité, en quelque sorte monstrueuse, occasioner, par la trop grande multiplication de certaines parties, l'avortement d'autres parties plus essentielles. Si les prolongemens médullaires produisaient tous des boutons, comme ils en ont la faculté ; si les rameaux se prolongeaient autant qu'ils le pourraient, enfin si les feuilles devenaient trop nombreuses, ce ne pourrait être qu'aux dépens des fleurs et des fruits : c'est ainsi que disparaissent ou restent stériles les organes sexuels par la trop grande multiplication des pétales.

Il n'est presque pas une seule partie des plantes qui ne puisse donner naissance à d'autres individus. L'extrémité d'un rameau mise en terre va produire des racines, et par suite une nouvelle plante ; les feuilles elles-mêmes, surtout celles qui sont grasses, épaisses, sont susceptibles de s'enraciner. L'art a su profiter de ces dispositions ; mais les circonstances qui amènent cette surabondance de végétation sont rares dans la nature : il faut, pour les produire, la patience, l'adresse et la longue expérience des cultivateurs, qui s'emparent de cette propriété génératrice pour multiplier une partie aux dépens d'une autre, selon l'utilité qu'ils peuvent en retirer. Ils arrêtent, dans les arbres de nos vergers, la trop grande multiplication des rameaux et des feuilles pour avoir un plus grand nombre de fruits, ou bien ils suppriment ces derniers lorsque les feuilles sont l'objet principal de leur culture, comme dans la plupart de nos plantes potagères. Ces opérations sont une nouvelle preuve que le tissu organique peut produire, presque indifféremment, toutes les parties des plantes ; mais la nature s'est opposée à ce désordre en établissant une juste proportion dans les divers développemens de la végétation ; elle dessèche dans ses anciens canaux cette moelle fécondante ; elle ossifie, dans les arbres, les couches herbacées des années antérieures, et ne réserve, pour l'entretien essentiel du végétal, que les couches corticales, et l'extrémité des prolongemens médullaires abreuvés dans l'écorce par la présence des sucs nourriciers ; elle y tient en réserve une foule de boutons, auxquels elle ne permet de paraître qu'autant qu'il y a de grandes pertes à réparer; elle a déterminé, dans chaque espèce, la grandeur et les autres dimensions qui pourraient être portées presque à l'infini.

Mais nous n'avons jusqu'ici considéré ces organes que dans un état d'inertie; nous avons cherché à reconnaître leurs modifications, leurs attributs, leur position, il faut maintenant les voir en activité : nous avons à rechercher les principes qui entretiennent leurs fonctions et contribuent à leur développement; nous ne pouvons les trouver, au moins comme cause secondaire, que dans les fluides qui les abreuvent.

CHAPITRE HUITIÈME.

Fluides des végétaux. De la sève et des sucs propres.

Pour concevoir la formation des fluides et leur distribution dans les végétaux, il faut d'abord considérer ces derniers comme existans dans deux milieux différens, dans la terre par leurs racines, dans l'air par leurs branches et leurs feuilles. La partie souterraine et la partie aérienne des végétaux sont douées des mêmes organes internes, c'est-à-dire de tissu cellulaire et de vaisseaux chargés d'alimenter et de développer les diverses parties des plantes, mais par des moyens différens, qui nécessitent une différence dans la modification des organes, dépendante du milieu dans lequel ils se trouvent, tellement, qu'excepté la *plantule*, où la la portion souterraine et la portion aérienne sont déjà déterminées, la première par la *radicule*, la seconde par la *plumule*, toutes les autres parties qui croissent sur la plante, et qui sont susceptibles de se développer par des boutons, forment indifféremment des racines ou des rameaux, selon qu'elles se trouvent en terre ou à l'air. Le bouton aérien ne donne que des branches et des feuilles tant qu'il est dans l'air; planté dans la terre, sa partie inférieure produit des racines, et la supérieure, des tiges et des feuilles : il en est de même des racines. En terre, elles poussent de nouvelles racines; mais si l'on recouvre de terre le sommet d'une tige, et qu'on expose les racines à l'air, celles-ci produisent des branches et des feuilles, tandis que les rameaux enterrés poussent des racines. Donc la modification de ces organes est, comme je l'ai dit, uniquement dépendante de l'influence des milieux dans lesquels ils se trouvent; donc cette modification dans les organes tant souterrains qu'aériens, annonce que leurs fonctions s'exécutent différemment, quoique tendant au même but, qui est de fournir au végétal les fluides nécessaires à son développement.

Jusqu'alors on a distingué deux sortes de fluides dans les

plantes, la *sève* et les *sucs propres*. Ces fluides sont-ils réellement distincts, ou les sucs propres ne sont-ils pas une modification de la sève? Ces deux fluides existent-ils indifféremment dans les mêmes organes, ou les vaisseaux qui renferment la sève diffèrent-ils de ceux qui contiennent les sucs propres, ou enfin ces derniers se forment-ils dans des vaisseaux occupés d'abord par la sève? Questions délicates que je ne me flatte pas de pouvoir résoudre, mais sur lesquelles je me permettrai quelques observations.

La nature des fluides existans dans les plantes dépend de deux causes principales : 1°. de la qualité des élémens que les plantes aspirent; 2°. des organes qui remplissent la fonction d'aspirer. Or, nous avons vu que les racines d'une part, les rameaux et les feuilles de l'autre, étaient placés dans deux milieux différens, qu'ils étaient distingués par la forme de leurs organes; ce qui peut déjà nous faire soupçonner que les principes alimentaires qu'ils absorbent, et la manière dont ils les absorbent, peuvent bien être différens. Pour nous en assurer, réunissons les circonstances qui accompagnent cette opération tant dans la partie souterraine, que dans la partie aérienne des plantes.

Nous voyons dans les racines une disposition d'organes particulière. Leurs ramifications, susceptibles de divisions nombreuses, se terminent par des filets capillaires, munis, à leur extrémité, de très petits pores qu'on a nommés *spongioles*. Toutes ces menues ramifications sont composées de vaisseaux et de tissu cellulaire; elles ont des rapports avec les nervures des feuilles, mais elles ne forment point, comme elles, un réseau étalé, à surface plane; disposition qui leur eût été très-inutile dans le sein de la terre, tandis que dans les feuilles la surface plane devient très-importante. Ainsi, au lieu de se perdre dans la lame d'une feuille, les fibrilles des racines, libres et séparées, pompent, par le moyen de leurs *spongioles*, plutôt que par leur surface, les fluides alimentaires.

Cette fonction s'exécute dans le sein de la terre, dans un milieu privé de l'influence de la lumière, où l'air ne pénètre qu'en très-petite quantité, dans un milieu qui est particulièrement le réceptacle de l'humidité, et où se concentre une portion de calorique excité par les rayons solaires. Il suit de là que, pour l'entretien des racines, l'action immédiate de l'air et celle de la lumière n'est point nécessaire, que même elle leur serait nuisible ; il ne leur faut que de l'humidité et une chaleur modérée ; d'où vient qu'en général les terrains qui leur conviennent le mieux sont ceux où ces deux principes se trouvent réunis, et dans lesquels leurs fibrilles peuvent se développer sans obstacle. Ces petits corps spongieux absorbent continuellement l'humidité, et la transmettent au corps entier de la plante : elle s'y convertit en une eau claire, limpide, presque sans saveur, à laquelle on a donné le nom de *sève ;* elle monte en grande abondance par les couches corticales et par l'étui médullaire ; elle se répand dans toutes les parties du végétal, d'abord presque sans mélange de sucs propres : ceux-ci, comme je le dirai plus bas, n'existent qu'à mesure que les feuilles se développent.

Les organes de la partie aérienne des plantes étant placés dans un milieu très-différent de celui des racines, offrent une modification différente ; ces fibrilles, divisées presque à l'infini dans les racines, sont, sous le nom de *nervures*, étalées dans les feuilles en un réseau dont les intervalles sont occupés par le tissu cellulaire ; ces feuilles, nageant dans le fluide atmosphérique, ont besoin, pour remplir avec plus de facilité leurs fonctions absorbantes, d'une surface large et plane, percée d'une infinité de pores, et non de syphons capillaires. Dans le milieu qu'elles occupent, le fluide aérien les environne, les presse de toutes parts, et le soleil verse sans cesse sur elles des flots de chaleur et de lumière : plusieurs autres fluides dissous dans l'atmosphère ont également sur les plantes aériennes une très-grande influence, et contribuent puissamment à la formation des substances qu'elles renferment. Privées d'air et de l'action immédiate du soleil, ces plantes languissent et meurent : elles supportent assez bien la sécheresse, étant abreuvées d'ailleurs par leur partie souterraine, tandis que la plante souterraine ou les racines périssent lorsqu'elles manquent d'humidité ; elles périssent également par la trop grande action de l'air et par celle du soleil ; elles recherchent l'obscurité et l'eau. En faut-il davantage pour nous faire soupçonner une différence essentielle dans les principes élémentaires qu'absorbent ces deux grandes divisions des végétaux !

Les principes fournis par la lumière et autres fluides atmosphériques ne sont guère propres à produire cette eau limpide et presque sans saveur qui constitue la sève, mais, en se mêlant avec elle, ils forment, par leur combinaison, des sucs plus épais, plus composés, auxquels on a donné le nom de *sucs propres*, parce qu'ils diffèrent selon les espèces : ils n'existent guère que dans les feuilles et les couches corticales, descendent souvent jusque dans les racines, ne se rencontrent que très-rarement dans le corps ligneux, encore moins dans les vaisseaux de l'étui médullaire ; ce dernier étant plus particulièrement réservé pour la transmission de la sève dans les autres parties des plantes.

Les circonstances qui accompagnent la formation de ces deux fluides prouvent qu'ils ne peuvent être séparés, et que les sucs propres ne sont qu'une modification de la sève qui a perdu sa première simplicité par l'addition de ces nouveaux principes que les feuilles, par leur action absorbante, puisent dans l'atmosphère. Il est très-probable qu'elles ont également la faculté de produire de la sève, puisqu'elles aspirent fortement l'humidité ; mais comme, dans cette opération, il se joint aussi d'autres fluides atmosphériques, il s'en suit que les feuilles ne peuvent fournir une sève aussi pure que les racines.

On ne peut donc obtenir la sève pure que dans le cœur des arbres, ou dans les jeunes rameaux avant l'apparition des feuilles. L'observation confirme en effet que la sève ne coule en aucune saison plus abondamment qu'au printemps, lorsque les arbres n'ont pas encore repris leur verdure ; mais, dès que les boutons commencent à s'entr'ouvrir, l'écoulement de la sève diminue ; il cesse presque totalement dès que les feuilles sont épanouies ; ce n'est pas que les racines aient cessé de fournir ce fluide, mais c'est qu'à mesure qu'il pénètre dans les feuilles et l'écorce, il s'y convertit en suc propre. La sève proprement dite est alors concentrée dans le corps ligneux, et, pour obtenir son écoulement, il faut percer le tronc des arbres jusqu'au canal médullaire ; dès qu'il est atteint, il en sort, avec la sève, une grande quantité de bulles d'air qui s'en échappent brusquement, souvent accompagnées d'une détonation assez forte.

On ne peut nier que la sève n'ait un mouvement d'ascension, puisqu'elle s'élève des racines jusqu'au sommet des arbres, prenant sa route surtout par les vaisseaux ligneux de l'étui médullaire. Il est facile de s'en convaincre en trempant l'extrémité inférieure des branches d'arbres dans une liqueur colorée en noir ; aucun trait de la liqueur ne paraît, ni dans l'écorce, ni dans le cœur de la moelle, mais l'étui médullaire, ainsi qu'une portion du bois qui l'avoisine, se teignent en noir ; quelquefois aussi la même liqueur se fait un peu apercevoir sur les trachées et les fausses trachées qui se rendent dans les pétioles des feuilles ou dans les boutons. Cette particularité ne pourrait-elle pas être attribuée à l'extrême petitesse de l'ouverture des vaisseaux qui se rendent dans les pétioles, et dont l'entrée est interdite aux particules de la couleur noire, qui ne pénètre dans les vaisseaux du centre que parce qu'ils ont plus de capacité, étant prouvé d'ailleurs que la sève passe du centre des rameaux dans l'écorce et les feuilles. Si l'on renverse les mêmes branches, et qu'on les fasse tremper en sens opposé, la liqueur noire pénétrera dans les mêmes canaux [1] : d'où l'on a cru pouvoir conclure que la sève est charriée des racines jusque dans les feuilles, et des feuilles vers les racines ; qu'elle peut aussi se répandre, du centre à la circonférence par les prolongemens médullaires, dans les jeunes rameaux. On croit assez généralement qu'elle redescend par l'écorce ; elle est alors chargée des sucs propres qu'elle transmet aux racines : ainsi les sucs propres descendent plutôt qu'ils ne montent ; d'où vient que si l'on fait, sur l'écorce d'une branche d'arbre, une incision horizontale, il se forme sur les deux lèvres de la plaie un double bourrelet ; le supérieur est beaucoup plus épais, à cause de la descente des sucs propres qui s'y arrêtent ; l'inférieur est plus mince, parce que ces sucs ne sont pas envoyés des racines dans les rameaux, mais plutôt de ceux-ci dans les racines. Si donc l'on voulait séparer ces deux fluides par la pensée, on pourrait dire que les racines fournissent la sève pure ou ascendante, tandis que les feuilles sont les organes des sucs propres ou de la sève descendante.

Il ne faut pas conclure de là, comme l'ont fait quelques naturalistes, que la sève circule dans les plantes comme le

---

[1] Il faut cependant convenir, malgré cette expérience, que la sève pénètre des racines dans l'écorce, comme il arrive dans les arbres, tels que les vieux saules dont il ne reste presque plus que l'écorce du tronc.

sang dans les veines des animaux ; son mouvement est plutôt une sorte de balancement, qu'une véritable circulation. Lorsque la plante aérienne éprouve une forte transpiration, il en résulte une déperdition, que la sève, pompée par les racines, s'empresse de réparer ; si, au contraire, la transpiration est arrêtée par un brouillard, une nuit fraîche, une forte rosée, les feuilles, placées dans ce bain humide, absorbent de l'eau ; la sève s'arrête dans son ascension, reste presque stationnaire, ou reflue dans l'écorce, d'où elle redescend, en sucs propres, sous le nom de sève descendante. Ceux qui désireront de plus amples détails sur cette matière, pourront consulter les expériences curieuses faites par de très-habiles physiologistes. Quoique les explications que je viens de présenter ne soient pas en tout conformes aux leurs, je ne reconnais pas moins l'utilité de leurs travaux dans cette partie de la science que la nature a dérobée à nos regards.

Au reste, la sève n'est presque jamais parfaitement pure. Outre qu'elle entraîne avec elle plusieurs substances tenues en dissolution dans le sein de la terre, telles que de l'azote, de l'oxigène, un peu d'acide carbonique, des sels minéraux, etc., il est rare qu'en passant dans le corps du végétal elle ne se mêle pas avec quelques sucs propres ; d'où vient qu'on la trouve un peu différente, selon les espèces, mais l'eau en constitue toujours la base.

Les sucs propres sont bien plus variables : on les distingue par leur couleur, mais bien mieux encore par leur saveur ; ils remplissent les vaisseaux des couches corticales, et se glissent quelquefois dans ceux du bois. Ils sont âcres, brûlans et laiteux dans les euphorbes, les pavots, les apocinées, etc. ; amers dans les chicoracées ; jaunes dans la chélidoine ; résineux dans les pins, les mélèses, etc. ; sucrés dans plusieurs érables ; d'un rouge orangé dans l'artichaut ; d'un rouge de sang dans la patience sang de dragon (*rumex sanguineus*, Lin.), etc.

CHAPITRE NEUVIÈME.

Sécrétions, excrétions. Du cambium.

Le renouvellement habituel de la sève, la formation de plusieurs substances différentes des sucs propres, la création de la matière végétale, sont dus à des opérations particulières désignées sous les noms de *sécrétions* et d'*excrétions*. Mais plus nous avançons dans ces mystères obscurs, plus la nature échappe à nos recherches. Quoique nous n'ayons que peu d'espoir de pénétrer dans ces secrètes opérations, essayons de saisir quelques rayons de lumière fournis par l'observation : elle nous apprend que les plantes, ainsi que les animaux, exhalent, par une transpiration insensible, une partie du superflu de leurs principes alimentaires; qu'elles en rejettent une autre partie par des excrétions fluides ou concrètes, et qu'elles produisent des sécrétions propres à chaque espèce de plante.

On doit entendre par *sécrétions* toutes les substances particulières qui diffèrent de la sève et des sucs propres, mais qui, la plupart, doivent être regardées comme le produit de ces deux fluides, et peut-être de quelqu'autre principe qui s'y réunit. Ainsi il faut ranger, parmi les *substances sécrétées*, ces vésicules remplies d'huile essentielle, répandues sur les feuilles, sur l'écorce des fruits et des tiges; ces liqueurs mielleuses, concentrées dans les *nectaires;* le *pollen* renfermé dans les anthères; les sucs divers que contiennent les glandes et les poils; des gommes, des résines particulières; des matières sucrées de diverse nature, telles que la *manne*, etc., qu'on peut, à la vérité, confondre avec les sucs propres, mais qui s'en distinguent lorsqu'elles occupent des organes particuliers. La plus remarquable et la plus essentielle de ces sécrétions est celle qui a reçu le nom de *cambium*.

Le *cambium* est une substance mucilagineuse, transparente, sans couleur ni odeur, d'une saveur assez semblable à celle de la gomme, très-abondante entre l'écorce et le bois, surtout en été. Le cambium paraît destiné à former de nouveaux organes, à se convertir en matière végétale : c'est à lui qu'on attribue la production des nouvelles couches d'écorce et d'aubier. Il est d'abord fluide, peu à peu il s'épaissit, passe ainsi à un état plus solide, et s'organise en tissu membraneux : c'est du moins l'opinion de très-habiles physiologistes, et de Duhamel en particulier, qui a vu le cambium se former en gouttes mucilagineuses, et régénérer l'écorce sur le corps ligneux du tronc d'un cerisier.

La nature fournit aux végétaux des sucs nourriciers en si grande quantité, que leur surabondance augmentant continuellement surchargerait les plantes, et occasionerait, dans leurs organes, les mêmes ravages qu'exerce, dans ceux des animaux, le superflu des humeurs, s'il n'existait, dans l'écorce des tiges et dans les feuilles, des issues par où s'échappe leur surabondance au moyen d'émanations, la plupart insensibles à tous les sens, d'autres sensibles à l'odorat, à la vue, etc. : telle est la sueur et la transpiration insensible dans les animaux. Cette opération a été nommée *excrétion :* tantôt ce sont des déjections liquides ou concrètes, tantôt des déperditions vaporeuses ou gazeuses.

« Les déjections, dit **M.** Mirbel, sont des sucs plus ou moins épais ou fluides, rejetés à l'extérieur par la force de la végétation : ces sucs sont de la nature des résines, des huiles, de la manne, du sucre, de la cire, etc. Dans le *ptelea trifoliata*, de petits grains de résine s'échappent en crevant l'épiderme ; dans le rosier et le drosera, des sucs visqueux s'écoulent par l'extrémité des poils ; dans les *mimosa glandulosa, julibrissin*, etc., des glandes à godet, placées sur les pétioles, distillent diverses liqueurs ; dans le mélèze, le tilleul, le saule, l'érable, le figuier, l'olivier, etc., des matières visqueuses et sucrées suintent par les pores invisibles des feuilles, et ces matières paraissent peu différentes de la manne qui couvre les feuilles du frêne ; dans une multitude de fleurs, des glandes ou des pores excrétoires rejettent des humeurs dont les propriétés varient autant que les espèces : une liqueur sucrée se dépose au fond du tube du jasmin ; une liqueur beaucoup plus abondante, et d'une saveur aussi agréable, remplit la corolle du *gesneria tomentosa*. Le mélianthe ne porte ce nom que parce qu'une des divisions de son calice sert de réservoir à un suc mielleux. Aiton a trouvé du suc cristallisé dans l'appendice concave de la brillante fleur du *strelitzia reginæ*. Les six pétales de l'impériale ont chacun, à leur base, une petite cavité qui fait la fonction de glande excrétoire; mais la liqueur qu'elle distille a l'odeur de l'ail, tandis que sa saveur, d'ailleurs assez douce, a quelque chose de nauséabond. »

On doit encore rapporter aux déjections végétales cette *poussière glauque* qui couvre la surface des feuilles, des tiges, et même des fruits dans certaines plantes, tantôt en poussière fine, tantôt en couche épaisse, que l'on considère comme une matière analogue à la cire, indissoluble à l'eau, presque entièrement soluble dans l'esprit de vin. Au reste, il existe, dans la nature de cette poussière glauque, des différences assez remarquables, ainsi que l'a observé M. Decandolle : celle des prunes renaît en peu de temps lorsqu'on l'enlève; celle des cacalies charnues ne renaît point lorsqu'elle a été une fois enlevée. Il y a des feuilles qui sont glauques, parce que leur surface est couverte de petits poils extrèmement courts, visibles seulement au microscope : telle est celle des feuilles du framboisier. Ces petits poils retiennent autour d'eux de petites bulles d'air; de sorte que, lorsque l'on trempe la feuille dans l'eau, la surface glauque ne peut se mouiller; en général aucune de ces surfaces glauques ne se mouille par le contact de l'eau. Il paraît que l'usage de cette poussière est de garantir de l'humidité et de la putréfaction les feuilles et les fruits charnus, sur lesquels elle existe en plus grande abondance.

La déperdition la plus habituelle consiste dans la *transpiration aqueuse* : elle est formée d'eau réduite en vapeurs, et d'une petite quantité de principes immédiats, solubles dans l'eau, ou susceptibles de se vaporiser par la chaleur. Il n'est personne qui n'ait remarqué le matin, dans la belle saison, des sucs limpides sur les feuilles de beaucoup de plantes. Les feuilles des graminées sont terminées par une gouttelette : cinq gouttelettes paraissent à l'extrémité des cinq nervures des feuilles de la capucine; une quantité d'eau assez notable s'amasse à la surface des feuilles du chou, du pavot, etc. Musschenbroeck a prouvé le premier que ces liqueurs ne provenaient pas de la rosée, comme on l'avait cru jusqu'à lui, mais de la transpiration condensée par la fraîcheur de la nuit.

La transpiration s'opère par les pores corticaux ; elle est plus abondante dans les herbes, que dans les arbres ; dans les herbes à feuilles membraneuses, que dans celles à feuilles charnues ; dans les arbres à feuilles caduques, que dans ceux à feuilles toujours vertes ; en général, les plantes transpirent davantage dans un lieu chaud et sec, que dans un lieu frais et humide ; elles transpirent beaucoup plus lorsqu'elles sont exposées à la lumière, que lorsqu'elles sont à l'obscurité. M. Sénebier a observé que, lorsqu'on expose une plante à l'obscurité, elle cesse subitement de transpirer, et continue encore quelque temps son absorption ; de sorte que son poids augmente un peu dans les premiers momens : c'est aussi ce qui arrive dans les premières heures de la nuit. L'influence de la lumière sur ce phénomène est tellement marquée, que la simple interposition d'un papier entre le soleil et la plante diminue la transpiration.

Si l'on met, ainsi que l'a fait le docteur Halle, dans un ballon de verre, une branche coupée, on reconnaît que la branche perd de son poids, et que le ballon se couvre de gouttes d'eau ; lesquelles, étant recueillies, égalent à peu près le poids que la branche a perdu. Halle a mesuré cette transpiration avec beaucoup d'exactitude : il a placé un *hélianthus*, d'environ trois pieds de hauteur, dans un vase dont l'orifice était fermé par une plaque percée de deux trous ; l'un d'eux donnait passage à la tige, l'autre servait à l'arrosement. Il a pesé exactement, pendant quinze jours, l'appareil soir et matin, et il a trouvé que la transpiration moyenne de la plante avait été de vingt onces par jour. La même expérience a été répétée, il y a quelques années, par MM. Desfontaines et Mirbel, qui ont obtenu à peu près les mêmes résultats. M. Sénebier a reconnu qu'assez généralement l'eau absorbée était, à l'eau rendue, comme trois est à deux ; il a encore comparé la nature de l'eau pompée avec celle de l'eau expirée ; il a fait tremper des branches dans une infusion de cochenille, et il a vu que l'eau expirée était parfaitement transparente ; il a cependant retrouvé quelque portion d'acide dans l'eau expirée par des plantes qui avaient trempé dans de l'eau mêlée d'acide muriatique et sulfurique.

La *transpiration insensible* produit tantôt du gaz acide carbonique, tantôt de l'oxigène, selon les circonstances qui accompagnent cette opération. Des expériences nombreuses ont été faites sur l'origine de ces substances aériformes, et sur les causes qui déterminent leur dégagement ; je regrette que les bornes de cet ouvrage ne me permettent point de les rapporter ici : on en trouvera l'exposition dans les mémoires de MM. Ingen' House, Saussure, Sénebier, etc. Je me bornerai aux observations les plus importantes. Parmi les *excrétions gazeuses*, outre les fluides aériformes cités plus haut, on remarque encore ces vapeurs qui s'échappent des fleurs de la fraxinelle à la fin des beaux jours de l'été, et s'enflamment rapidement lorsqu'on en approche une lumière ; mais les plus sensibles de ces excrétions sont celles qui produisent ces odeurs végétales très-variées, et qui n'ont souvent de commun entre elles que d'affecter l'odorat.

Toutes ces émanations ne sont pas indifférentes pour l'état de l'atmosphère, et principalement pour la santé de l'homme. Tandis que les feuilles et les plantes vertes, frappées par le soleil, versent dans l'atmosphère des flots bienfaisans de gaz oxigène, les fleurs, qui flattent si agréablement notre odorat, vicient l'air par leurs parfums. Cependant Nicholson a remarqué qu'en général les odeurs qui ne viennent pas des corolles n'agissent point sur les nerfs, même lorsqu'elles sont fortes, tandis que les odeurs produites par les corolles ont, surtout lorsqu'elles sont pénétrantes, un effet spasmodique très-marqué, et souvent dangereux. Des vésicules glanduleuses, pleines d'huile essentielle, fournissent les odeurs des tiges, des écorces et des feuilles; elles se conservent dans les plantes, souvent même après la mort du végétal. Les odeurs des fleurs cessent très-ordinairement après la fécondation, et c'est un des avantages des fleurs doubles, que la fécondation ne s'y opérant pas, leurs parfums sont plus durables (*Voyez* Mirbel, *Élémens de physiologie végétale ;* Decandolle, *Flore française ;* les divers ouvrages de Duhamel, Saussure, Ingen' House, Sénebier, etc.).

CHAPITRE DIXIÈME.

Organes extérieurs. Les racines.

Le corps des végétaux, un petit nombre excepté, se divise en deux parties bien distinctes, comme nous l'avons déjà observé ; l'une s'élève dans l'atmosphère, et forme la *tige* ou la plante aérienne ; l'autre s'enfonce dans la terre, et forme la *racine* ou la plante souterraine. On doit considérer, comme *racines*, toute portion du végétal qui se trouve au-dessous du point de séparation de ces deux parties : ce point de départ a été nommé *collet de la racine*, ou mieux *nœud vital*. Quoique son existence ne puisse être révoquée en doute, il n'est pas toujours facile de l'observer ; ce qui a donné lieu à quelques erreurs, et a fait souvent regarder, comme partie des racines, toute portion du végétal enfoncée en terre, telle que certaines tiges rampantes et souterraines, les oignons dans les liliacées, etc. Il y a aussi des racines aériennes qui, dans quelques plantes, ne se montrent que pour chercher à pénétrer dans l'écorce des arbres, dans les fentes des rochers ou des murs ; quelquefois même elles paraissent à nu au milieu des airs, surtout lorsqu'elles sont favorisées par l'ombre et l'humidité ; mais elles se sèchent et périssent quand elles éprouvent trop long-temps le contact immédiat de l'air et de la lumière, et qu'elles ne peuvent être reçues dans aucun corps. Le *clusia rosea*, arbre parasite de l'Amérique méridionale, laisse pendre, de ses rameaux, de longues racines qui vont s'implanter dans la terre (pl. 3, fig. 13).

Dans l'embryon, lorsqu'il commence à se développer, la racine porte le nom de *radicule :* elle se présente sous la forme d'un petit pivot sans aucune division. Ce pivot persiste dans un très-grand nombre de plantes, surtout dans les arbres dicotylédons ; il grossit, forme une tige descendante, très-souvent se ramifie, et se charge, dans tous les cas, de fibrilles auxquelles, à cause de leur finesse, on a donné le nom de *chevelus*. Dans certaines espèces, principalement dans les plantes monocotylédones, ce pivot disparaît ;

il n'existe alors que des faisceaux de fibres et de chevelus qui partent de la partie inférieure du nœud vital.

La direction constante des racines vers le centre de la terre, celle des tiges vers le ciel; cette séparation en sens opposé qui s'établit au nœud vital entre des organes d'ailleurs assez semblables, est un de ces phénomènes difficiles à expliquer, et qui mérite de fixer un instant notre attention. Si l'on suppose qu'il soit uniquement l'effet de l'attraction des deux milieux différens dont la jeune plante éprouve l'influence, pourquoi la tige naissante, d'abord renfermée dans le sein de la terre à l'époque de la germination, se tourmente-t-elle pour en sortir, pour chercher, malgré les obstacles, à gagner l'air et la lumière, au point de se contourner lorsqu'elle est placée en sens inverse? Il faut donc qu'il y ait, entre les deux parties de la plantule que l'on a nommées *radicule* et *plumule*, une disposition organique particulière qui les force de prendre une route diamétralement opposée. Il n'est point à ma connaissance que l'on ait pu jusqu'alors leur faire changer de direction; il faut en dire autant des individus dont l'existence est due, non aux semences, mais aux bulbes, aux marcottes, aux boutons, etc.

Les plantes, dans la plupart de leurs parties, renferment une immense quantité de germes, ou les rudimens d'un grand nombre de boutons invisibles à l'œil, et dont il ne se développe qu'un très-petit nombre. Chacun de ces boutons est doué de la faculté de produire des racines et des tiges. Tant que ces boutons restent dans l'air, il ne s'y développe que les organes destinés à former des branches; ceux réservés pour les racines restent sans développement, faute d'un milieu convenable [1] : le contraire a lieu lorsque ces boutons restent en terre; ils poussent des racines, et même des tiges, lorsqu'ils ne sont pas trop enfoncés. Les racines, placées au milieu de l'air, comme dans les arbres retournés, sont également chargées de boutons destinés à produire de nouvelles plantes avec tiges et racines, mais ils ne fournissent que des branches : le corps ancien des racines persiste avec ses rami-

---

[1] Ce n'est pas l'opinion de M. du Petit-Thouars; mais j'ai promis de n'entrer dans aucune discussion systématique; je me borne à présenter ce que je crois plus probable, plus conforme aux observations : au reste, le lecteur pourra consulter les écrits de M. du Petit-Thouars, et adopter l'opinion qui lui paraîtra la mieux fondée en preuves.

fications; les chevelus périssent; les branches et les feuilles, qui composent la nouvelle cîme de l'arbre, sont alors le produit des boutons radicaux, et les nouvelles racines celui des boutons aériens [1].

Tandis que les feuilles, élégamment suspendues aux rameaux des arbres, remplissent avec éclat leurs fonctions d'organes alimentaires, et se montrent, au milieu des airs, comme une des plus brillantes parures de la nature, les racines, cachees dans le sein de la terre, dépourvues de formes gracieuses, s'acquittent, dans l'obscurité, de fonctions non moins importantes. Ainsi, tout ce que le Créateur des mondes expose aux yeux de l'homme, il l'embellit ; il en fait pour nous autant d'objets de jouissance, tandis qu'il semble avoir refusé l'élégance à tout ce qu'il dérobe à nos regards. En effet, quelle différence entre la cîme fleurie et verdoyante d'un bel arbrisseau, et la masse grossière de ses racines divisées en rameaux informes, tortueux, chargés d'une chevelure en désordre !

Malgré la différence que présente la partie souterraine et la partie aérienne de la même plante, lorsqu'on les examine avec quelque attention, on y trouve des rapports et des oppositions qui ne doivent point échapper à l'observateur de la nature. Dans les racines, comme dans les tiges, il existe assez généralement un tronc principal, qui se divise, dans les unes et les autres, en branches et en rameaux. Ces rameaux supportent, au milieu de l'atmosphère, un grand nombre de feuilles; ils sont chargés, dans les racines, d'une foule de petites ramifications capillaires auxquelles on a donné le nom de *chevelus*. Ces organes, destinés à puiser dans deux milieux différens les principes de la nutrition, sont

[1] D'après les observations de M. Mirbel, il n'existe point de véritables *trachées* dans les racines, tandis qu'elles se trouvent toujours au centre des tiges, dans l'anneau qui entoure la moelle ; les racines ne contiennent que des tubes poreux et de fausses trachées qui partent tous de son collet, communiquent avec d'autres par leur base, et marchent en sens contraire, les uns descendant dans les racines, les autres montant dans les tiges, et vont toujours en diminuant vers leur sommet. Le même observateur a encore découvert, dans les racines, de longues cellules placées bout à bout, partagées par des diaphragmes, criblées de pores, et paraissant tenir le milieu entre le tissu cellulaire et les vaisseaux ; il a retrouvé les mêmes tubes, les mêmes cellules à la base des branches et des feuilles, ainsi que dans les bourrelets et les boutons ; ce qui explique pourquoi, selon les circonstances, il sort des racines de ces différentes parties.

modifiés selon le milieu qu'ils occupent. Dans les racines, ce sont des suçoirs, placés à l'extrémité de chaque chevelu, au moyen desquels les fluides s'élèvent et pénètrent dans les autres parties du végétal; dans les feuilles, des milliers de pores, comme autant de bouches, sont toujours ouverts, et aspirent dans l'air une partie des principes que les racines puisent dans la terre. Ainsi les feuilles et les racines, chargées des mêmes fonctions, sont nécessairement très-rapprochées par leur organisation : leur différence tient à celle des milieux dans lesquels elles sont plongées. Avec un peu d'attention il est facile de reconnaître que les chevelus des racines correspondent en partie aux nervures des feuilles : la nature nous fournit tous les jours la preuve de ces rapports, en donnant aux feuilles l'apparence de chevelus dans un grand nombre de plantes aquatiques. Plusieurs d'entr'elles, plongées dans l'eau, ont leurs feuilles inférieures divisées en filamens capillaires très-nombreux, tandis que leurs feuilles supérieures sont flottantes et à surface plane. Lorsque les semences de quelques-unes de ces plantes viennent à lever dans un sol presque entièrement abandonné par les eaux, elles n'ont plus, ou presque plus de feuilles capillaires. Ce phénomène est surtout remarquable dans la *renoncule aquatique*, et c'est faute de l'avoir bien observé, que quelques auteurs ont formé plusieurs espèces de cette même plante, en effet si différente selon les circonstances locales.

Les racines ont encore avec les tiges et les branches des rapports très-marqués; leur grosseur et leur force sont assez généralement relatives à celles des tiges, et leur dépendance est telle, que les unes ne peuvent souffrir ou languir, sans que les autres n'éprouvent les mêmes accidens. Lorsque les racines sont placées dans des terrains qui s'opposent à leur développement, alors les tiges sont grêles, languissantes, peu rameuses; et, si ces dernières sont tourmentées, mutilées, privées d'air, les racines restent faibles et maigres. Quand on dépouille de ses feuilles une plante herbacée, très-souvent ses racines périssent, preuve indubitable de la communication réciproque de leurs sucs nourriciers.

Les racines cependant n'offrent point constamment cette disposition régulière et symétrique qui a lieu dans l'arrangement des branches et des feuilles, mais aussi elles ont bien plus d'obstacles à vaincre dans le sein de la terre, que les branches au milieu de l'air : celles-ci peuvent s'étendre, se développer en toute liberté, tandis que les racines sont souvent arrêtées dans leur développement, gênées dans leur prolongement ou leur grosseur, obligées de se détourner de la route qu'elles devaient suivre naturellement, ce qui occasione en elles beaucoup de difformités dans leurs formes et de déviation dans la disposition de leurs ramifications. On est même étonné de les voir, dans cet état de gène, vaincre des obstacles qu'on croirait insurmontables, fendre des rochers, renverser des murs, se replier en touffes sur elles-mêmes, ailleurs diviser leurs chevelus à l'infini, ou bien abandonner une terre stérile pour se diriger vers une autre plus fertile, enfin varier leurs formes de toutes les manières, selon que les terres sont plus ou moins dures ou légères, sèches ou humides, sablonneuses ou pierreuses.

Nous ne devons pas oublier une autre propriété commune aux racines et aux branches, celle de produire des boutons. On sait combien ils sont abondans sur les arbres, et avec quelle facilité, dans un grand nombre d'espèces, on peut en former de nouveaux individus, en les séparant de la plante-mère. Les racines ont également leurs boutons, mais sous des formes et des noms différens. La plupart d'entre elles sont pourvues de nœuds, de bulbes, de tubérosités, etc., destinés, comme les boutons, à produire de nouvelles plantes; les bulbes se retrouvent aussi sur les tiges, dans l'aisselle des feuilles, et même dans les fleurs de plusieurs plantes ; enfin, il est peu de parties dans les végétaux qui ne produisent des racines, soit naturellement, comme dans le lierre, etc., soit aidées par l'art du cultivateur, ou dans des circonstances particulières.

Les racines offrent des formes très-variables qui seront exposées à la fin de cet article : ces formes ne sont nullement l'effet du hasard, elles tiennent au but général de la nature, à celui de couvrir de végétaux toutes les parties du globe terrestre, si différent par son enveloppe selon les localités. Ici, le terrain est dur ou pierreux, léger ou sablonneux ; là, sec ou humide; ailleurs, exposé aux ardeurs du soleil, ou frappé sur les hauteurs par la violence des vents, par les tourbillons et les tempêtes, ou enfin à l'abri de ces accidens dans le fond des vallées, autant de circonstances particulières qui influent tellement sur la végétation, que celle-ci ne pourrait s'y maintenir sans une modification particulière, relative aux localités. Ainsi les plantes destinées à croître sur les rochers, parmi les pierres, dans les lieux élevés, seront pourvues de racines dures, ligneuses, divisées de manière à ce que leurs ramifications puissent pénétrer à travers les fentes des rochers, s'y cramponner avec une force capable de résister aux ouragans et aux tempêtes. Dans des terres fortes et profondes, les racines droites, pivotantes, peu rameuses, conviennent davantage aux végétaux qui s'y établissent. Cette sorte de racines serait nuisible aux plantes des terres compactes, gazonneuses, peu profondes ; alors les racines deviennent traçantes, peu enfoncées, étalées presque à la surface du terrain. Dans les terres maigres, sablonneuses, elles sont épaisses, charnues, tubéreuses ou bulbeuses ; abondantes en chevelus dans les sols humides. Ces considérations sont très-importantes pour l'agriculteur qui veut propager avec succès des plantes de nature différente, ou choisir celles qui conviennent le mieux à la nature du sol qu'il cultive.

Après avoir exposé les points de contact les plus saillans entre la plante souterraine et la plante aérienne, il n'est pas moins important d'en signaler les principales différences. Dans l'une et dans l'autre le but est le même, comme je l'ai dit ailleurs, savoir la nourriture et le développement du végétal ; mais les moyens, pour le remplir, sont un peu différens ; d'ailleurs les racines ont encore une autre destination, celle de fixer la plante au sol où elle croît, et de la tenir assez ferme pour qu'elle puisse résister à l'impétuosité des vents, à la tourmente des ouragans. Quant aux modifications particulières qui distinguent les tiges des racines, elles consistent principalement : 1°. dans un canal médullaire qui occupe le centre des tiges dans les plantes dicotylédones, qui s'arrête ordinairement au collet de la racine et n'existe point dans celle-ci, ou ne s'y montre que sous une forme et avec des attributs différens. 2°. Les racines ne prennent jamais la couleur verte des tiges et des feuilles, même lorsqu'elles sont à l'air, exposées à la lumière. 3°. Le suc propre des racines est très-souvent autre que celui des tiges ; leurs propriétés sont aussi très-différentes. On connaît la racine purgative du jalap, la racine sucrée de la betterave et de la carotte, l'âcreté de celle de la bryone, propriétés qui ne se trouvent point dans les autres parties de ces plantes. 4°. Dans les ra-

(93)

cines, le tissu cellulaire forme, autour de leurs ramifications, une couche épaisse, serrée, médullaire ; dans les feuilles, il est étendu entre les nervures et les veines, où il prend le nom de *parenchyme*.

Les racines présentent dans leur forme, leur substance, leur durée, des différences qu'il est important de remarquer : elles sont *charnues*, *fibreuses*, *ligneuses*, etc. ; *charnues*, lorsqu'elles sont épaisses, succulentes, composées en grande partie de tissu cellulaire. Les unes ressemblent par leur forme à un pivot ou à un fuseau, telles que la rave (pl. 3, fig. 1) ; d'autres sont arrondies, comme le navet (pl. 3, fig. 3) ; d'autres *tubéreuses* (pl. 4, fig. 1), c'est-à-dire composées de masses épaisses, charnues ; *entières*, comme dans l'*orchis mascula* (pl. 3, fig. 8), ou *palmées*, comme celles de l'*orchis latifolia* (pl. 3, fig. 9) ; *fasci-culées*, quand elles forment un paquet de tubercules allon-gés, *asphodelus ramosus* (pl. 3, fig. 11) ; *grumeleuses*, réunies en une masse de petits tubercules agglomérés, comme celles du *monotropa uniflora* (pl. 3, fig. 12) ; *grenues* ou *granulées*, les fibres portent de petits tubercules épars, or-dinairement de forme arrondie, *saxifraga granulata* (pl. 3, fig. 7). Elles sont *simples*, quand elles n'ont aucune division (pl. 3, fig. 1 et 3) ; *rameuses*, ou divisées en branches et en rameaux, comme celles des arbres et arbrisseaux (pl. 3, fig. 2) ; *fibreuses*, composées d'un grand nombre de filamens simples ou ramifiés (pl. 3, fig. 5). Ces filamens sont *capil-laires*, lorsqu'ils sont presque aussi fins qu'un cheveu (pl. 3, fig. 4). Elles sont *rongées*, lorsque l'extrémité de leur pivot est comme tronqué, la scabieuse succise (pl. 3, fig. 6) ; *articulées*, lorsqu'elles sortent d'une souche noueuse, ordinairement rampante, et que de chaque nœud s'élèvent autant de tiges, telles que celles de plusieurs espèces de gra-minées, du sceau de Salomon, etc. (pl. 3, fig. 10) ; elles sont, d'après leur direction, *perpendiculaires*, *horizontales*, *rampantes* ; d'après leur durée, *annuelles*, *bisannuelles*, *vi-vaces*.

J'ai dit, au commencement de cet article, que, trompé par les apparences, on avait considéré, comme faisant partie des racines, toute portion du végétal enfoncé en terre. Ainsi l'on a nommé racines *bulbeuses* ou à *oignon* celles qui sont surmontées d'une masse charnue, succulente, tantôt pleine, solide; *tubéreuse*, comme dans le colchique, le safran, le glayeul, etc. (pl. 4, fig. 1); *écailleuse*, couverte d'écailles serrées, imbriquées, comme dans le lis (pl. 4, fig. 3); *tuniquée*, composée uniquement de lames charnues, emboîtées les unes dans les autres, comme dans l'oignon (pl. 4, fig. 2, 9). Ces productions, séparées des racines proprement dites par un corps ordinairement très-mince, qu'on a nommé *plateau*, renferment les parties supérieures de la plante, les feuilles, les tiges et les fleurs : c'est un véritable bouton placé sur le nœud vital. Dans beaucoup d'autres plantes, des boutons bien plus petits sont épars sur les racines ; on les nomme *turions*. Ces *souches* rampantes, noueuses ou articulées, qui sont de véritables tiges, sont également chargées, surtout à leurs nœuds, de turions, d'où leur vient encore le nom de racines *stolonifères*. Les jeunes tiges qui s'en élèvent portent les noms de *drageons*, de *rejets*, *rejetons*, et, lorsque ces drageons ont poussé des racines indépendantes de celles qui les ont produits, on les appelle alors *plants enracinés*. Ces productions rentrent dans la théorie des *boutons*, dont il sera question plus bas.

CHAPITRE ONZIÈME.

Les tiges, les branches et les rameaux.

La tige est cette partie des plantes qui sort du collet de la racine, se dirige dans l'air, produit et soutient les branches, les rameaux, les feuilles et les fleurs ; c'est par elle que leur arrivent les sucs nourriciers puisés par les racines dans le sein de la terre ; c'est par elle que chaque espèce est placée dans la situation qui convient le mieux à sa constitution. Si les plantes ont besoin d'un air vif et pur, leur cîme est portée presque jusque dans les nues par un tronc droit et robuste. Exigent-elles un air plus humide ou plus dense? leur tige s'élève peu, ou se courbe vers la terre. Doivent-elles couvrir les rochers, se répandre en guirlandes sur les autres arbres, pendre en festons de leurs rameaux ? elles ont alors des tiges grêles, souples, pliantes, constituées de manière à embrasser, par leurs circonvolutions, le tronc des grands arbres, à s'y cramponner par des vrilles ou par de petites racines sorties de leurs articulations. Il est d'autres plantes destinées à ramper sur la terre, à se glisser sous les broussailles : elles sont pourvues de tiges longues, flexueuses, traînantes, toujours attachées au sol qui les nourrit. Ainsi le but de la nature se montre dans tous ses travaux. Si les tiges sont longues ou courtes, droites ou rampantes, cette direction est la suite des fonctions qu'elles ont à remplir, étant chargées de porter la cîme des plantes dans la partie de l'atmosphère qui leur est la plus favorable.

Les tiges ont un port particulier qui n'est presque jamais sans élégance : les unes sont lisses, cylindriques, pyramidales; les autres creusées par de profondes cannelures, ou torses, anguleuses, quadrangulaires; d'autres divisées et fortifiées par des anneaux, par des nœuds habilement ménagés. Les unes, fières de leurs forces, bravent, par leur masse colossale, l'impétuosité des tempêtes; d'autres semblent y céder par leur souplesse : elles se courbent, mais

5ᵉ. *Livraison.*

pour se relever victorieuses et triomphantes. Presque toutes fournissent aux arts les modèles de la plus élégante, comme de la plus majestueuse architecture : elle y trouve ses plus riches ornemens, et cette variété de formes propres aux divers genres de construction. Les pampres de la vigne s'étendent en guirlandes sur les entablemens ; les amples feuilles de l'acanthe, quelquefois celles du dattier, couronnent les belles colonnes de l'ordre corinthien. Ainsi l'art se perfectionne, s'embellit par l'observation de la nature.

Avant de faire connaître les différentes formes des tiges et leurs caractères respectifs, je m'arrêterai d'abord aux tiges ligneuses des dicotylédons (pl. 4, fig. 6), si intéressantes sous tant de rapports. Destinées à soutenir une cîme ample et touffue, à lutter contre l'impétuosité des vents, les tiges des végétaux ligneux devaient être nécessairement douées d'une force suffisante pour résister aux dangers auxquels les expose leur grande élévation. La nature a dirigé leur organisation vers ce but ; elle les a rendues d'une dureté, d'une solidité admirables, en accumulant couches sur couches, année par année, en les resserrant, les consolidant de plus en plus, à mesure que le végétal s'élève et qu'il a besoin de plus de force.

Pour concevoir cette opération, il faut examiner l'accroissement annuel des tiges tant en grosseur qu'en longueur. Si nous prenons la plante dès son origine, c'est-à-dire au moment où la jeune tige, sortie de la terre, commence à s'élever dans l'air, nous n'y remarquerons qu'un tissu cellulaire ou une moelle très-abondante, entourée de trachées, de fausses trachées, etc., premiers linéamens de l'étui médullaire. Leur développement se fait avec assez de rapidité, et l'on y distingue bientôt une première couche de liber, qui s'étend, s'allonge, se fortifie peu à peu, tandis qu'une couche plus intérieure forme de l'aubier. De nouvelles couches se joignent aux premières, les recouvrent ; d'autres leur succèdent et s'allongent dans les mêmes proportions : l'ancien aubier, avec le temps, passe à l'état ligneux [1]. Ces nouvelles productions se forment par une substance mucilagineuse, le cambium, qui transsude entre le liber et l'aubier ; la tige grossit, s'élève par ces additions : elle conti-

---

[1] Voyez la note suivante.

nuerait ainsi sans interruption, si la végétation n'était pas suspendue par l'arrivée des frimas.

À cette époque, c'est-à-dire au moment où s'arrête la pousse d'une première année, la tige est alors revêtue d'une couche ligneuse ; elle est terminée par un bouton qui doit, l'année suivante, la prolonger par son développement. Elle reste ainsi stationnaire pendant tout l'hiver ; mais, dès qu'au retour du printemps la végétation reprend son activité, le jet de l'année précédente, qui a terminé sa longueur, n'augmente plus qu'en grosseur par une nouvelle couche de liber et d'aubier, qui s'établit également sur le bouton à mesure qu'il se prolonge pour former un second jet : mais cette nouvelle pousse, cette pousse de l'année, n'est revêtue que d'une seule couche de liber et d'aubier, tandis que celle de la précédente année en a deux ; l'année suivante elle en aura trois, la seconde pousse deux, la dernière une seule, toujours avec un bouton terminal, ainsi successivement d'année en année [1] ; d'où il suit que la tige s'accroît annuellement en longueur par le bouton terminal, et qu'elle grossit par les couches corticales et ligneuses. Ce sont autant de cônes durcis et convertis en bois : d'où il résulte que les couches étant plus nombreuses à la base du tronc qu'au sommet, ce sont celles-là qu'il faut toujours compter, si l'on veut connaître les années de végétation d'un arbre.

Telle est l'idée que l'on peut se former de l'accroissement tant en longueur qu'en grosseur des végétaux ligneux : il est plus ou moins rapide, selon la nature des arbres, et selon qu'il est favorisé par toutes les circonstances propres à faciliter la végétation, telles que l'exposition, la nature du sol, une chaleur modérée, des pluies douces et bienfaisantes. Cet accroissement serait indéfini si la nature n'y eût mis des bornes, mais elle a fixé, pour chaque espèce d'arbre, une élévation relative à sa constitution. Le tronc, parvenu à la hauteur qu'il doit avoir, ne produit plus de bouton termi-

---

[1] En avançant que les tiges ne produisent chaque année qu'une seule couche de liber et d'aubier, je n'ai parlé que de celles que l'on peut apercevoir ; car il est reconnu que chacune de ces couches est composée de plusieurs autres formées dans la même année, mais appliquées les unes sur les autres en feuillets si minces, qu'il est presque impossible de les séparer, et qu'il n'y a que l'interruption de la végétation d'une année à l'autre, qui nous rende sensible la succession des couches annuelles, leur séparation étant marquée par une teinte facile à distinguer.

nal, ou bien celui-ci reste stérile; les sucs propres à le développer se répandent dans les branches et les rameaux,
qui, eux-mêmes, ne se montrent sur le tronc, dans toute
leur vigueur, qu'à une hauteur déterminée; les branches
inférieures et très-basses qui nuiraient par leur développement à l'élévation du tronc, se dessèchent et périssent; les
sucs nourriciers les abandonnent pour se porter en abondance dans les branches supérieures [1] : c'est alors que les
arbres se montrent dans toute leur beauté, chargés de branches, de rameaux et de feuilles.

D'après ce qui vient d'être exposé sur l'accroissement des
tiges, et ce que j'ai dit ailleurs sur les boutons, il me reste
peu à dire sur les branches dont l'accroissement est exactement le même que celui du tronc : ce qu'il y a de plus remarquable, est leur disposition et leur direction constantes et
régulières. Les unes sont alternes, d'autres opposées, éparses
ou verticillées, et très-ordinairement le même ordre se retrouve dans les rameaux; mais il n'en est pas toujours de
même de leur direction : il arrive quelquefois que les branches
sont horizontales ou presque verticales, tandis que les rameaux sont pendans ou redressés, étalés ou très-rapprochés;
enfin, la disposition et la direction des branches sont telles,
qu'elles nous font reconnaître, même de loin, les différens
arbres qui forment, par leur agréable variété, l'ornement des
paysages. Qui pourrait, en effet, méconnaître, à sa longue
et belle cîme pyramidale, le peuplier d'Italie, tandis que,
par un contraste frappant, les souples et nombreux rameaux
du saule-pleureur pendent tous vers la terre? les uns, tels

---

[1] Quelle est donc cette cause secrette, inconnue, qui arrête les arbres
dans leur accroissement, bornant les uns à une hauteur de quinze ou
vingt pieds, permettant aux autres de parvenir jusqu'à celle de cent
pieds et plus? Faudra-t-il la chercher dans l'abondance et la force de la
sève proportionnée à la grandeur relative que l'arbre doit acquérir, ou
bien à une organisation originelle et particulière qui en détermine et en
fixe le développement. Questions jusqu'alors insolubles, quoique l'expérience nous apprenne qu'il est souvent au pouvoir de l'art de modifier les
proportions naturelles des plantes ligneuses. C'est ainsi que, la serpe en
main, le cultivateur est parvenu à convertir en nains plusieurs de nos
arbres fruitiers, ou bien à donner à d'autres une plus grande élévation,
en retranchant les branches inférieures, opérations qui, à la vérité, dé-
naturent l'individu, mais en même temps le rendent plus propre aux
services que l'on veut en retirer. Il se rencontre également dans la nature
une foule de circonstances qui changent le port des plantes, quelquefois
au point de les rendre méconnaissables.

que le cèdre du Liban, étalent horizontalement leurs branches robustes, comme autant d'arbres implantés sur un tronc gigantesque ; dans les autres, les branches, dirigées vers le ciel, forment, avec le tronc, des angles plus ou moins ouverts.

Le double accroissement des tiges ligneuses en longueur et en grosseur peut également s'appliquer aux tiges herbacées, avec cette différence que celles-ci croissent avec bien plus de rapidité, ayant à parcourir, dans le court espace d'une même saison, tous les périodes de leur existence. Comme il n'y a point d'interruption dans leur développement, elles n'ont et ne peuvent avoir qu'une seule couche, un tissu cellulaire plus abondant. Si ces plantes duraient plusieurs années, cette couche passerait, comme dans les arbres, à l'état ligneux, ainsi qu'il arrive en effet aux arbrisseaux et sous-arbrisseaux.

Les tiges offrent entre elles des différences importantes qui peuvent fournir de très-bonnes notes pour la distinction des espèces, et qui entrent même comme caractères dans plusieurs grandes familles naturelles, telles que celles des plantes monocotylédones et dicotylédones. Ces différences dépendent : 1°. de leur consistance et de leur durée ; 2°. de leur direction ; 3°. de leur forme ; 4°. de leur composition.

1°. Considérées dans leur consistance, elles sont *herbacées*, lorsqu'elles sont tendres et ne durent pas plus d'un an : on les nomme *plantes annuelles :* le pavot, le mouron ; *sous-ligneuses*, lorsque leur base subsiste pendant l'hiver, porte des bourgeons, que le reste de la tige périt dans l'année, ainsi que les branches : ce sont les plantes *bisannuelles vivaces :* la giroflée des murs, la douce-amère (*solanum dulcamara*) ; elles sont *ligneuses*, quand leur partie herbacée se convertit en bois d'une année à l'autre. Lorsqu'elles s'élèvent peu, et poussent des branches dès leur base, ce sont des *arbustes ;* plus d'élévation et de force en font des *arbrisseaux.* Lorsqu'elles subsistent pendant de longues années, qu'elles s'élèvent fort haut, qu'elles ne se divisent en branches qu'à une certaine hauteur, ce sont des *arbres ;* leur tige porte le nom de *tronc.* Ces trois sortes de tiges ligneuses passent de l'une à l'autre par des nuances si insensibles, qu'il est presque impossible de les bien caractériser. On distingue la tige *solide* ou pleine, de la tige *fistuleuse*, creuse ou tubulée dans son intérieur : elle est *spongieuse* quand elle est remplie d'une substance très-poreuse, ou qu'elle est revêtue d'une écorce molle, flexible, élastique, comme celle du liége.

2°. Considérées suivant leur direction, les tiges sont *verticales* ou *dressées*, lorsqu'elles s'élèvent perpendiculairement au plan de l'horizon; *obliques*, lorsqu'elles s'écartent de la ligne perpendiculaire; *inclinées*, *courbées*, lorsqu'elles forment une courbe ou un arc plus ou moins marqué; *penchées*, quand leur sommet s'incline vers la terre; *ascendantes*, lorsque, coudées à leur base, elles se relèvent ensuite vers le ciel; *couchées*, quand elles sont étendues sur la terre sans y jeter de racines; *rampantes*, lorsque, étendues sur la terre, elles s'y enracinent; *traçantes* ou *stolonifères*, lorsqu'elles jettent çà et là des drageons, qui s'enracinent et produisent de nouvelles tiges; *grimpantes*, quand, trop faibles pour se soutenir par elles-mêmes, elles cherchent un appui, et s'élèvent le long des corps qui les avoisinent : elles sont *radicantes*, quand elles s'y attachent par des racines (le lierre); *entortillées* ou *volubiles*, lorsqu'elles montent en spirale sur les corps qui leur servent d'appui : elles sont *droites*, lorsque, quelle que soit leur direction, elles s'allongent en ligne droite; *flexueuses*, quand elles sont courbées en zigzag; *tortueuses*, quand elles sont courbées irrégulièrement dans différentes directions.

3°. Les tiges présentent dans leur forme un grand nombre de caractères, la plupart faciles à distinguer, sans qu'il soit nécessaire de les définir; je ne citerai que ceux qui pourraient offrir quelques difficultés. Les tiges sont *grosses*, *moyennes*, *grêles*, *effilées*, *filiformes*, *capillaires*, *cylindriques*, *comprimées*, à *demi-cylindriques*, *anguleuses*, à *deux tranchans* ou à deux angles opposés, *triangulaires*, *quadrangulaires* ou *tétragones;* à cinq, six ou plusieurs angles : elles sont *striées* ou rayées, lorsqu'elles sont marquées de petites lignes longitudinales, peu profondes; *cannelées* ou sillonnées, quand ces lignes sont beaucoup plus profondes et plus larges : elles sont *lisses*, ou également unies partout; *âpres*, chargées de points rudes, saillans, accrochans; *velues*, quand elles sont couvertes de poils un peu fermes; *pubescentes*, ces poils sont faibles, courts et mous; *cotonneuses* ou *tomenteuses*, quand ces poils sont fins, entrelacés, d'un aspect blanchâtre.

4°. La composition des tiges porte particulièrement sur leurs divisions en branches et en rameaux. La tige est *simple*, lorsqu'elle n'a aucune ramification, ou qu'elle n'en a que de très-faibles : elle est *fourchue* ou *bifurquée*, quand elle se divise à son sommet en deux branches simples; elle est *dichotome* ou plusieurs fois *bifurquée*, lorsque ses deux premières divisions se divisent elles-mêmes une ou plusieurs fois.

Les *branches* et les *rameaux* se distinguent en partie par les mêmes caractères que ceux que nous venons d'exposer pour les tiges; ils se distinguent encore par leur attache et leur direction sur ces mêmes tiges. Ils sont *épars*, placés sans aucun ordre déterminé; *opposés*, lorsqu'ils naissent par paires de deux points opposés; *alternes*, situés l'un audessus de l'autre, à des distances à peu près égales; *distiqués* ou rangés en deux séries opposées, *croisés* (*decussati*), quand, étant opposés, les paires se croisent à angles droits; *verticillés*, lorsqu'ils forment, par leur insertion, un anneau autour de la tige.

Comparés dans leur direction avec la tige, les rameaux sont *fastigiés* (*fastigiati, appressi*), lorsqu'ils sont appliqués contre la tige, et parviennent presque tous à la même hauteur; quelquefois ils affectent une forme pyramidale; *dressés*, quand ils s'en écartent peu; *ouverts, très-ouverts, divergens*, quand ils forment un angle presque droit avec la tige; *divariqués*, lorsqu'ils s'étalent en différens sens, et *diffus*, lorsqu'ils n'ont aucune direction déterminée; enfin ils sont *réfléchis* ou *recourbés*, formant une courbe plus ou moins marquée; *pendans*, quand ils tombent perpendiculairement vers la terre. Dans quelques espèces, les rameaux sont terminés par une épine au lieu de l'être par un bouton.

Nous avons observé dans les tiges des plantes *monocotylédones* un ordre d'organisation différent de celui des plantes *dicotylédones*. On les a distinguées par des noms particuliers; la tige des graminées porte celui de *chaume* (pl. 4, fig. 5) : c'est un long tuyau creux ou rempli de moelle dans son centre, divisé de distance en distance par des nœuds épais, solides, de chacun desquels part une feuille roulée en gaîne à sa partie inférieure. L'intervalle d'un nœud à l'autre se nomme *entre-nœud*. Ces chaumes sont simples ou ramifiés ; les rameaux sont axillaires et ont le même point d'insertion que les feuilles. Dans la plupart des *cypéroïdes*, les chaumes sont dépourvus de nœuds (*enodes*).

La tige des palmiers [1], que l'on désigne plus vulgairement sous le nom de tronc, parce qu'en effet elle offre souvent les grandes proportions des arbres dicotylédons les plus vigoureux, est distinguée par le nom de *stipe*, caractérisée par un mode particulier de végétation (voyez page 65). La tige des *yucca*, des *aloès*, des *dracœna*, prend aussi le nom de stipe, quoique modifiée autrement que celle des palmiers. Outre son accroissement en longueur par les fibres centrales, elle croît aussi en grosseur par le développement de celles de la circonférence, d'après les observations de M. du Petit-Thouars. Les tiges des *smilax*, des *tamus*, des *dioscorea*, quoique appartenant à des plantes monocotylédones, se rapprochent de celles des dicotylédones ; elles augmentent en longueur et en grosseur, se ramifient, et sont revêtues d'une écorce. Que de subtilités employées pour ramener ces sortes de tiges aux principes établis pour celles des monocotylédones ! On est tout étonné que la nature ne veuille point se soumettre à des coupes aussi tranchées que nos divisions, et qu'elle se permette de mettre toutes nos méthodes en défaut. Je renvoie le lecteur aux savantes dissertations publiées à ce sujet.

Des difficultés plus nombreuses encore se présentent lorsqu'il s'agit de fixer l'idée qu'on doit se former d'une *hampe*. Elle semble tenir le milieu entre le pédoncule et la tige : elle diffère du premier, en ce qu'elle part immédiatement du collet de la racine, de la seconde, en ce qu'elle porte les fleurs et non les feuilles ; elle offre beaucoup d'embarras dans son application. Les uns n'admettent la hampe que pour les plantes monocotylédones. Elle est facile à reconnaître dans la jacinthe, la tulipe, le narcisse, le muguet, etc. On a été la chercher également dans le bananier, parce qu'on a remarqué que la tige de cette belle plante n'était formée que par les bases élargies des feuilles roulées sur elles-mêmes, et que cette tige apparente était traversée inté-

---

[1] Voyez pl. 4, fig. 7, tronc d'un palmier d'Amérique, entouré par la tige d'une plante grimpante qu'on soupçonne être un *bauhinia*. Il est placé sur l'escalier de la galerie botanique au Jardin du roi.

rieurement dans toute sa longueur, à partir du collet de sa racine, par un long pédoncule qui ne devient visible qu'à l'extrémité de la tige, d'où il pend entre les feuilles, et se termine par une grappe de fleurs (voyez pl. 4, fig. 4, où ce pédoncule est représenté dépouillé des feuilles qui l'entourent). On cite encore, pour exemple de la hampe, le plantain, le pissenlit, etc. ; d'autres refusent de l'y reconnaître, prétendant que ces plantes ont une véritable tige, et que c'est d'elle, et non du collet de la racine, que part cette hampe. J'abandonne ces discussions qui m'écarteraient trop de mon principal objet, persuadé d'ailleurs que quelque nom que l'on donne aux soutiens des fleurs, il ne sera pas moins facile de les reconnaître.

Je suis très-porté à donner le nom de *souche* aux prétendues racines allongées et presque ligneuses des fougères : ce sont de véritables tiges enracinées qui coulent entre deux terres, fournissent des pousses annuelles, se développent par leur extrémité antérieure, d'où s'élèvent des feuilles sessiles ou pétiolées, ainsi qu'il s'en élève de distance en distance de leur surface supérieure (pl. 4, fig. 8). On trouve, dans l'Amérique méridionale, des fougères, qui, au lieu d'une souche ou tige souterraine, offrent une tige verticale, arborescente, assez semblable au stipe des palmiers; elle paraît formée par la réunion des nombreux pétioles dont les fibres se dirigent vers les feuilles : elle présente, dans son ensemble, des masses de bois compactes, ou des lames ligneuses bizarrement contournées (pl. 2, fig. 4).

Quelques auteurs ont encore considéré comme tige, dans les liliacées, etc., ce plateau orbiculaire et souterrain qui sépare les véritables racines, de cette partie, qui, sous la forme d'un oignon ou d'une bulbe, fournit les feuilles et les fleurs (pl. 4, fig. 2, 3, 9); mais n'est-ce pas abuser des termes, que de signaler comme tige cette portion de la plante, qui souvent n'a pas plus d'épaisseur qu'une feuille de papier, tandis que la plante entière s'élève à la hauteur de plusieurs pieds; dès lors la tige du lis, bien garnie de feuilles dans toute sa longueur, ne sera plus qu'une hampe, et le plateau qui soutient l'oignon, la véritable tige. Dans ce cas, pour prouver l'existence de la hampe qui ne doit point supporter de feuilles, on dira sans doute que ces feuilles ne sont que des écailles foliacées, des bractées ou des spathes, ou bien

on aura recours aux avortemens. Ainsi tout s'arrange selon
le système que l'on adopte; on a, pardessus, l'avantage de
présenter des idées nouvelles, et de plus la persuasion d'avoir
beaucoup fait pour la perfection de la science, et surtout
pour cet amour de la renommée, qui trop souvent nous
aveugle dans nos opinions. Je ne m'appesantirai pas davantage sur ces détails, et je ne présente ici ces réflexions que
pour faire sentir combien, à force de vouloir subtiliser sur
les mots, on jette de doutes, de difficultés et d'embarras,
dans l'étude des productions de la nature.

CHAPITRE DOUZIÈME.

Des boutons.

Jusqu'alors nous n'avons vu que des troncs nus, des branches et des rameaux sans parure : l'étude de leur organisation intérieure, à la vérité, nous a dédommagés de ce que nous perdions à l'extérieur ; elle était nécessaire pour nous initier dans cette suite d'opérations qui vont s'offrir successivement à nos regards. Avant d'en développer toute la grandeur, il faut encore nous arrêter sur les parties des plantes qui en renferment les élémens.

Les rameaux sont nus ; leurs feuilles ont disparu au retour des frimas ; mais de nombreux boutons les remplacent et doivent les renouveler : ce sont eux qui maintenant vont fixer notre attention ; c'est dans leur intérieur que nous allons découvrir la source de cette brillante parure que chaque année voit naître et périr. Un bouton est le berceau d'une nouvelle plante : isolé, il produirait un individu séparé ; mais destiné à rester sur la plante-mère, à moins que l'art du cultivateur ne vienne l'en arracher, il ne lui est pas accordé de la quitter. Elle le nourrit, le développe, le fortifie, jusqu'à ce que lui-même soit devenu une partie intégrante de la plante, et qu'il puisse contribuer à en soutenir et propager l'existence. En effet, sans les boutons, l'arbre le plus robuste ne tarderait pas à périr : ce sont eux qui, tous les ans, réparent avec avantage les pertes des années précédentes ; c'est par eux que l'arbre prolonge son existence pendant une longue suite de siècles, que tous les ans il reprend, quoique sillonné par les rides de la vieillesse, tous les attributs de la jeunesse, et qu'il donne naissance à une postérité presque audessus de tout calcul humain.

On doit se rappeler qu'il a été dit plus haut que les boutons étaient produits par les prolongemens médullaires qui se rendent du centre de la tige dans l'écorce, où ils conservent toute leur force vitale, quoique oblitérés dans la partie

ligneuse qu'ils traversent. Tout est bouton dans les plantes,
je veux dire qu'il n'est presque aucune de leurs parties qui
ne puisse en produire lorsqu'elles y sont, en quelque sorte,
forcées par les circonstances : ils sortent de toutes les portions de l'écorce, ainsi que des feuilles ; il s'en trouve même
dans les fleurs, sous le nom de *bulbes* : j'en ai parlé ailleurs ;
mais, dans les plantes qui ne sont nullement contrariées
dans leur développement, les boutons ont une place déterminée ; ils croissent assez généralement à l'extrémité des rameaux et dans l'aisselle des feuilles.

Quoique tous les boutons se ressemblent par leur organisation intérieure, qu'ils renferment, ainsi que les semences,
l'embryon d'une nouvelle plante, il est cependant plusieurs
de leurs parties qui restent quelquefois sans développement.
Les uns ne produisent que des feuilles ; d'autres des rameaux,
des feuilles, et par suite des fleurs ; d'autres enfin semblent uniquement réservés pour la production des fleurs et
des fruits. Tel est l'ordre ordinaire de la nature ; mais, lorsqu'il est troublé par des mutilations, il arrive que tel bouton
qui aurait fourni un rameau, ne donne que des feuilles ; tel
qui aurait produit des fleurs, se développe en feuilles et en
rameaux, et réciproquement ; d'autres enfin, qui, séparés avec
adresse de la plante-mère, poussent des racines, et fournissent un individu isolé.

Dans l'ordre naturel, on distingue trois sortes de boutons,
les *boutons à bois*, quand ils produisent des branches et des
feuilles, les *boutons à feuilles*, lorsqu'ils ne produisent que
des feuilles ; enfin, les *boutons à fleurs* ou *à fruits*, quand
il n'en sort que des fleurs nues, ou seulement accompagnées
de quelques feuilles. Il ne faut pas confondre ces boutons
avec ceux que l'on nomme *boutons de fleurs* ; ceux-ci s'en-
tendent des fleurs prêtes à s'épanouir : c'est ainsi que l'on dit
un bouton d'œillet, de rose, etc. Il est encore essentiel de
distinguer le *bouton terminal* et les *boutons latéraux*. Le
premier, comme nous l'avons vu, est destiné au prolongement de la tige ou des anciens rameaux ; les autres doivent
fournir de nouvelles branches : d'où résultent quelques modifications qu'il est bon d'observer.

Le bouton terminal s'établit à l'extrémité des tiges et des
rameaux : il est uniquement destiné à leur prolongation ; il
dépend de l'étui médullaire distendu par le gonflement de

la moelle intérieure arrêtée momentanément dans son prolongement : c'est alors que se forment les premiers rudimens des feuilles appliquées les unes sur les autres, et les principes à peine apparens de la nouvelle tige, le tout renfermé dans des écailles de structure et de formes différentes. Les extérieures sont ordinairement dures, sèches, luisantes, comme vernissées, enduites de sucs résineux, et tellement emboîtées l'une dans l'autre par leurs bords, que l'humidité ne peut y pénétrer; les écailles intérieures sont molles, succulentes, souvent velues, et enveloppées d'une bourre cotonneuse.

Les boutons latéraux, destinés à former de nouvelles branches, ne diffèrent des précédens que par leur position : ils sont ordinairement beaucoup plus petits, placés dans l'aisselle des feuilles, d'abord peu apparens dans certaines espèces, où ils restent enfermés dans la substance même de la branche, et recouverts par la base du pétiole, ainsi qu'il arrive pour le platane, le ptéléa, etc.

Les boutons à fleurs ont tant de rapports avec les précédens, qu'il ne faut que quelques circonstances pour qu'ils produisent des feuilles avec une nouvelle tige : ils n'en sont presque jamais privés; mais leur tige est très-courte, sans prolongement, et ne supporte que quelques feuilles, comme dans la plupart de nos arbres fruitiers.

L'œil exercé du cultivateur distingue aisément les boutons à fleurs à leur grosseur, à leur forme arrondie, à leur sommet obtus, tandis que ceux à bois et à feuilles sont plus petits, plus allongés et pointus. Les boutons ne se développent que lentement, et ordinairement d'une année à l'autre; ils percent, déchirent l'écorce qui forme à leur base un petit bourrelet en anneau. Lorsqu'ils commencent à se montrer, les cultivateurs les désignent sous le nom d'*œil* : ils grossissent dans le courant de l'été, et deviennent des *boutons* proprement dits; ils persistent après la chute des feuilles, passent l'hiver à l'abri du froid dans leur fourrure cotonneuse, garantis de l'humidité par leurs écailles coriaces et vernissées. Ils n'attendent, pour se développer, que les influences du printemps : le moment arrive, et le bouton prend alors le nom de *bourgeon* (pl. 5, fig. 24); bientôt il s'entr'ouvre, et c'est alors que s'exécute le *bourgeonnement*, opération qui correspond à celle de la germination pour les se-

mences ; la partie inférieure du bouton se gonfle ; les écailles
s'écartent ; l'air et la lumière pénètrent dans leur intérieur ;
les jeunes feuilles se déploient, verdissent et se fortifient ;
les écailles extérieures, quittes de leurs fonctions, se dessèchent et tombent ; les intérieures persistent un peu plus
long-temps, parce qu'elles peuvent encore protéger les jeunes
feuilles dans leur enfance ; quelquefois même, sous le nom
de *stipules*, elles les accompagnent pendant toute la durée
de leur existence.

Les boutons ne sont pas toujours constitués tels que je
viens de les représenter ; il en est qui n'ont point d'écailles,
qui continuent leur végétation sans interruption, et produisent des feuilles et des rameaux ; ce sont surtout ceux des
arbres des pays chauds, ceux dont la végétation est très-ra-
pide et vigoureuse. Il en est de même des rameaux que l'on a
fortement raccourcis à l'époque de la pousse ; il en sort de
nouvelles branches produites par des boutons sans écailles ;
dans d'autres, le bouton est simplement protégé par la base
des pétioles (pl. 5, fig. 26), par les stipules (pl. 5, fig. 25) ;
mais établir en principe que les deux écailles extérieures ne
sont qu'un avortement d'autres parties, c'est abuser des
termes. Quand la nature crée des écailles, elle n'a pas voulu
créer des feuilles, quoiqu'il puisse arriver quelquefois que,
par une végétation trop abondante, ou autre circonstance,
ces écailles produisent des feuilles.

Dans les plantes herbacées, il n'existe point de boutons
proprement dits, ou plutôt point d'écailles qui les enveloppent. La pousse de ces plantes n'éprouvant aucune interruption, dès que le bouton paraît, il se développe aussitôt
en rameau ou en feuilles ; les autres sont des boutons à
fleurs. Les boutons qui croissent sur les racines portent le
nom de *turions*. J'en ai traité en parlant des racines.

Avant de quitter les boutons, arrêtons-nous encore un
instant sur l'état où ils se présentent à l'époque du bourgeonnement. Si nous pénétrons dans leur intérieur, nous y verrons
les jeunes feuilles prêtes à se développer, nous offrir une disposition très-remarquable et variée selon les espèces, que
Linné a nommée *vernatio* ou *foliatio* : elles sont ou roulées
sur elles-mêmes, ou placées diversement les unes à l'égard
des autres. Dans le peuplier, le nerprun, les bords des feuilles
sont roulées en dedans ; dans le laurier-rose, le romarin, ils

sont roulés en dehors ; les côtés d'une même feuille pliée en deux se rapprochent parallèlement l'un de l'autre dans le cerisier, le tilleul, l'amandier ; ou bien la feuille est plusieurs fois plissée et repliée sur elle-même, comme dans le bouleau. Chaque feuille, dans le bananier, est roulée sur elle-même, tellement que l'un de ses bords représente un axe autour duquel le reste du limbe décrit une spirale ; dans les fougères, les feuilles sont roulées, du sommet à leur base, en volute ou en crosse ; ailleurs elles sont plissées en éventail, c'est-à-dire dans leur longueur : telles sont celles du groseillier, de la vigne ; dans l'aconit, le pain de pourceau (*cyclamen*), elles sont plissées de haut en bas. En considérant la position des feuilles entre elles, on les trouve, comme dans le hêtre, plissées moitié sur moitié, et appliquées côte à côte les unes contre les autres. Dans le lychnis dioïque, la saponaire, les bords d'une feuille sont compris alternativement entre les bords d'une autre feuille opposée ; dans les iris, les glayeuls, les feuilles se recouvrent de manière que les deux bords de la feuille intérieure sont embrassés par ceux de l'extérieure ; dans le troëne, les feuilles opposées et pliées moitié sur moitié se touchent par leurs bords sans s'embrasser ; elles sont en regard.

Ces observations peuvent fournir de très-bons caractères naturels, même pour la distinction des familles. Il est sur les boutons beaucoup d'autres observations d'une très-grande importance pour les agriculteurs, que je n'ai point dû mentionner ici, mais que l'on trouvera dans les ouvrages qui traitent de l'agriculture. Ainsi Linné, considérant que le même degré de chaleur nécessaire pour le bourgeonnement de quelques espèces d'arbres, l'était également pour la germination de plusieurs semences, a imaginé très-ingénieusement de former, sous le nom de *Calendrier de Flore*, un tableau dans lequel il a donné, pour le climat de la Suède, la liste des graines dont la germination avait lieu à la même époque que le bourgeonnement de certains arbres, conseillant aux agriculteurs de diriger leurs travaux d'après ces observations. C'est ainsi, par exemple, qu'il a montré que le temps le plus favorable pour semer l'orge était, en Suède, celui du bourgeonnement du bouleau.

CHAPITRE TREIZIÈME.

Les feuilles.

Nous avons laissé les boutons entr'ouverts, les feuilles prêtes à sortir de leur berceau; déjà la sève engourdie se ranime dans ses canaux; encore quelques instans d'une température humide et douce, et nous verrons ces arbres, que les frimas avaient dépouillés de leur parure, la reprendre au retour des zéphirs, et les animaux retrouver dans les forêts l'ombre et la fraîcheur; nous verrons un dôme de verdure se former, comme par enchantement, audessus de nos têtes. La renaissance des feuilles est peut-être, de tous les phénomènes de la nature, celui qui a le plus d'influence sur la plénitude de l'existence dans tous les êtres animés; celui qui toujours inspire avec le plus de force l'étonnement et l'admiration; chacun en attend, avec l'annonce des beaux jours, le brillant cortége des fleurs, et les fruits qu'elles produisent et les richesses qu'elles promettent; enfin les feuilles se montrent, et la nature, renouvelée, offre à nos regards le plus imposant, comme le plus brillant des spectacles. Si elles n'ont point le coloris séduisant et le parfum des fleurs, elles sont plus durables, plus nombreuses; leur couleur, d'un vert gai, ami de l'œil, repose agréablement la vue. Soutenues la plupart par une queue mince, légère et flexible, elles se jouent au gré de l'air, qu'elles purifient en l'aspirant, qu'elles renouvellent en le rejetant. Mais les feuilles ne sont pas seulement destinées à faire l'ornement de nos forêts, à nous procurer des ombrages, ou à récréer nos regards par la variété de leurs formes : elles ont des usages plus directs, des fonctions plus importantes à remplir dans l'acte de la végétation. Nous allons les suivre sous ces différens rapports.

1°. *Attributs et fonctions des feuilles.*

Les feuilles peuvent être considérées comme les dernières divisions des rameaux, ou plutôt comme des expansions particulières de leur écorce ; mais elles sont bornées dans leurs dimensions ; leur grandeur et leur forme sont tellement déterminées, qu'une fois développées, les feuilles ne peuvent plus croître en longueur ni en épaisseur : elles sont disposées de manière à multiplier les surfaces, afin de présenter a l'air un contact plus étendu avec le moins de matière possible, en sens inverse des racines, qui multiplient leurs chevelus pour s'enfoncer dans la terre avec plus de facilité. Par cette disposition, les feuilles ouvrent à l'air un très-grand nombre de pores, dont les uns pompent dans ce fluide les élémens propres à la perfection de la sève (voyez chap. 8, pag. 77), tandis que d'autres donnent passage aux matières expulsées par la transpiration.

La feuille est le développement des prolongemens médullaires, puisqu'elle est produite par un bouton, qui, lui-même, leur doit son origine ; elle a pour base un faisceau fibreux, qui tantôt s'étend, presque dès sa naissance, en une lame mince et plate (dans ce cas la feuille est *sessile*) ; plus souvent il se prolonge en une sorte de queue, qui porte le nom de *pétiole* (alors la feuille est *pétiolée*). Les fibres, très-rapprochées dans le pétiole, s'écartent à son sommet, et forment, par leur écartement et leurs divisions, le *squelette* de la feuille (pl. 2, fig. 7). On a donné le nom de *nervures* et de *veines* à leurs nombreuses ramifications : à mesure qu'elles s'étendent, le tissu cellulaire, resserré d'abord entre les fibres, s'accroît, se dilate, et prend le nom de *parenchyme*. La surface extérieure des cellules qui le composent, se dessèche à l'air, et forme, tant en dessus qu'en dessous, l'*épiderme* de la feuille, pellicule d'une extrême finesse, percée d'une multitude de pores corticaux.

Ainsi organisées, il ne restait plus que de donner aux feuilles la position la plus avantageuse pour qu'elles pussent s'acquitter avec facilité de leurs importantes fonctions : elles vont, sous ce nouveau rapport, nous offrir des faits infiniment intéressans, et qui ont été en partie exposés par Bonnet avec une ingénieuse sagacité. Les feuilles, placées la plupart dans une position horizontale, présentent à l'air libre leur surface supérieure, et à la terre leur face inférieure. Cette position est tellement essentielle, que, si l'on courbe les rameaux d'une plante quelconque de manière que la face inférieure des feuilles soit tournée vers le ciel, bientôt

toutes ces feuilles se retourneront et reprendront leur première situation. Si l'on place, dans une cave ou dans un ca-
binet, de petites branches garnies de feuilles, dont l'extrémité soit plongée dans des vases pleins d'eau, les feuilles
présenteront leur face supérieure aux fenêtres ou aux sou-
piraux. Dans plusieurs espèces de plantes herbacées, telles
que les mauves, les feuilles suivent le cours du soleil : le
matin, on les voit présenter leur face supérieure au levant;
vers le milieu du jour, elles regardent le midi, et, le soir,
elles sont tournées vers le couchant. Pendant la nuit ou par
un temps pluvieux, ces feuilles sont horizontales; leur face
inférieure regarde la terre. Si nous observons les feuilles de
l'*acacia*, nous verrons encore que, lorsque le soleil vient à
les échauffer, toutes leurs folioles tendent à se rapprocher
par leur face supérieure; elles forment alors une espèce de
gouttière tournée vers le soleil. Pendant la nuit, ou dans un
temps humide, ces mêmes folioles se renversent en sens contraire, et se rapprochent par leur face inférieure; elles forment alors une gouttière tournée vers la terre.

Quoique nous ignorions encore le mécanisme de ces mouvemens, leur fin principale n'a point échappé à l'observation. Les feuilles sont destinées, comme les racines, à la
nutrition des plantes; elles pompent dans l'atmosphère des
sucs nourriciers, qu'elles transmettent aux autres parties du
végétal : la rosée qui s'élève de la terre paraît être le principal fond de cette nourriture aérienne; les feuilles lui présentent leur surface inférieure garnie d'une infinité de
petits tuyaux toujours prêts à l'absorber; et, ce qu'il est
bien essentiel de remarquer, afin que les feuilles ne se nuisent
pas dans cette fonction, elles sont arrangées sur les branches
avec un tel art, que celles qui précèdent immédiatement
ne recouvrent pas celles qui suivent : tantôt elles sont placées alternativement sur deux lignes opposées et parallèles;
tantôt elles sont distribuées par paires qui se croisent à
angles droits; d'autres fois, elles montent le long de la tige
ou des branches sur une ou plusieurs spirales; enfin, la surface inférieure des feuilles, surtout dans celles des arbres,
est ordinairement moins lisse, moins lustrée, d'une couleur
plus pâle que la surface opposée; elle est couverte d'aspérités,
ou garnie de poils avec des nervures plus relevées, plus
propres à arrêter les vapeurs et à en favoriser l'absorption,

tandis que la surface supérieure, lisse, vernissée, sans nervures saillantes, semble être plus particulièrement destinée
aux excrétions, et à s'imbiber des fluides calorique et lumineux.

Bonnet a confirmé une partie de ces conjectures par des
expériences. Des *feuilles* égales et semblables prises sur le
même arbre, placées par leur surface inférieure dans des
vases pleins d'eau, s'y conservent vertes des semaines et
même des mois entiers, tandis que celles que l'on place par
leur surface supérieure, périssent en peu de jours. C'est
surtout à l'approche de la nuit, que la surface inférieure des
feuilles commence à s'acquitter d'une de ses principales
fonctions, celle d'admettre par ses pores la nourriture qui
doit réparer la déperdition causée par l'action du soleil.
Pendant le jour, surtout lorsqu'elles sont exposées aux
rayons du soleil, les plantes perdent par la transpiration
plus qu'elles n'acquièrent alors; c'est le moment des excrétions, et ce sont encore les feuilles qui sont chargées particulièrement de cette fonction. Plusieurs ont prétendu qu'elle
s'opérait uniquement par leur surface supérieure, mais des
expériences bien faites paraissent établir que la surface inférieure des feuilles sert aussi à la transpiration insensible.

Constamment fixées à la terre, les plantes languiraient,
ainsi que les animaux, si elles restaient immobiles : leur vie
ne se soutient, ne se fortifie que par une alternative de mouvement et de repos. Les feuilles, toujours agitées par l'air,
sont encore les organes du mouvement : ainsi, pour l'exécuter avec plus de facilité, elles sont la plupart attachées
aux tiges par de longues queues minces et flexibles. L'expérience prouve que les plantes acquièrent d'autant plus de
solidité et de force, que cette espèce d'exercice est plus vio-
lent. Les plantes des Alpes, exposées à l'action continuelle
des vents, celles du Cap de Bonne-Espérance, où les tempêtes sont très-fréquentes, ont plus de fermeté et de roideur.

Enfin les feuilles, si utiles pour la conservation des
plantes, le sont encore pour celle de notre propre existence.
Tandis que l'air atmosphérique est continuellement altéré et
vicié par notre respiration, par les décompositions putrides,
par les vapeurs qui s'élèvent du sein de la terre, et qui portent dans les organes de la vie la destruction et la mort,
les feuilles des arbres le purifient, le rendent plus salubre,

en absorbant toutes ses parties non respirables, en décomposant et en laissant échapper de leurs pores, surtout lorsqu'elles sont frappées par le soleil, une grande abondance d'air vital ou d'oxigène, si précieux pour l'entretien de notre santé.

2°. *Veille et sommeil des feuilles. Phénomènes particuliers dans quelques-unes.*

Les feuilles, pendant la durée de leur vie, présentent la plupart un phénomène particulier qui n'a point échappé au génie observateur de Linné : il a remarqué qu'elles prenaient pendant la nuit, quelquefois même à l'ombre, et dans des temps pluvieux ou humides, une position différente de celle qu'elles affectent pendant le jour ; il a considéré cette position comme un état de délassement, et, le comparant aux attitudes particulières que prennent les animaux lorsqu'au déclin du jour ils veulent se livrer au repos, il l'a nommé *sommeil des plantes :* c'est vers la fin du jour, c'est au milieu de la nuit, et surtout lorsque le temps est nébuleux, que les feuilles nous offrent ce spectacle intéressant. Linné l'ayant remarqué pour la première fois sur le *lotus ornithopodioïdes*, soupçonnant qu'un tel fait ne pouvait être isolé, en perd le repos ; il s'arrache au sommeil, et va, pendant le silence de la nature, observer les plantes de son jardin ; chaque pas qu'il fait lui découvre une foule de merveilles inconnues jusqu'alors. Nul autre phénomène ne fut confirmé en aussi peu d'instans, par un plus grand nombre de faits remarquables. Le premier, il nous a appris que la position des feuilles, pendant la nuit, changeait la physionomie des plantes à un tel point, qu'elles devenaient très-difficiles à reconnaître d'après leur port ; que cette contraction était plus frappante dans les jeunes plantes que dans les adultes : il a démontré que l'absence de la lumière, bien plus que le froid, était la principale cause de ce phénomène, puisque les feuilles se contractaient, pendant la nuit, dans les serres chaudes, comme en plein air ; enfin il a observé que cette contraction faisait prendre aux feuilles des positions différentes, suivant que ces feuilles étaient simples ou composées, et il pense que le but de la nature, dans cette diversité de moyens qu'elle emploie, est de mettre les jeunes pousses à l'abri des injures de l'air.

Linné distingue quatre positions différentes dans les feuilles simples : 1°. elles sont *connieventes*, ou sommeillent face à face, lorsque, étant opposées, elles s'appliquent si étroitement par leur face supérieure, qu'elles paraissent ne former qu'une seule feuille, comme dans l'arroche des jardins; 2°. elles sont *enveloppantes*, lorsque, étant alternes, elles s'appliquent contre la tige, comme pour protéger le bouton de leur aisselle, comme celles du *sida abutilon;* 3°. elles sont *environnantes*, ou en entonnoir, lorsque, étendues horizontalement, elles se redressent, se roulent en cornet, entourent les jeunes pousses et les bourgeons, comme dans la mauve du Pérou; 4°. elles sont *abritantes*, ou protectrices, quand, portées sur de longs pétioles, elles s'abaissent, pendent vers la terre, et forment une espèce de voûte ou d'abri audessus des fleurs inférieures, comme dans l'*impatiens noli tangere*.

Les feuilles ailées ou composées sont bien plus susceptibles de changemens de position : Linné les a signalées par les caractères suivans : 1°. elles sont *dressées*, ou *face contre face*, quand leurs folioles se redressent, et s'appliquent deux à deux l'une sur l'autre, comme les feuillets d'un livre, telles que celles du baguenaudier; 2°. en *berceau*, lorsque, étant ternées, les trois folioles se redressent, se réunissent seulement à leur sommet, forment entre elles une cavité, et laissent entre leur base un intervalle, une sorte de berceau, qui cache et abrite les fleurs, comme dans le trèfle; 3°. *divergentes*, lorsque, dans les feuilles ternées, les folioles sont réunies à leur base, ouvertes ou écartées à leur sommet, comme dans le mélilot; 4°. *pendantes*, quand les folioles se renversent ou se courbent pour garantir les bourgeons ou les fleurs, comme dans le lupin; 5°. *retournées*, quand le pétiole commun se redresse un peu, et que les folioles s'abaissent en tournant sur elles-mêmes, de manière qu'elles s'appliquent l'une sur l'autre par leur face supérieure, quoiqu'elles pendent vers la terre, comme dans les casses : ce retournement est d'autant plus singulier, qu'on ne pourrait l'opérer artificiellement pendant le jour, sans courir le risque de briser les vaisseaux des pétioles particuliers; 6°. *imbriquées*, lorsque les folioles s'appliquent le long du pétiole commun, le cachent entièrement en se recouvrant les unes les autres, telles que les tuiles d'un toît,

(117)

comme dans la sensitive ; 7°. enfin elles sont *rebroussées*,
quand les folioles sont imbriquées en sens inverse des précédentes, dirigeant leur sommet vers la base du pétiole commun, comme dans le *galega caribœa*.

Ainsi les plantes, lorsqu'elles se montrent à nous parées,
pendant le jour, de tout leur éclat, ou dans l'obscurité de la
nuit, repliées sur elles-mêmes, nous intéressent sous tous
les rapports par une suite de phénomènes inattendus, et
nous séduisent de plus en plus par les charmes de leur étude.
De quelle admiration elles nous pénètrent, lorsque nous
parcourons, quelques heures après le coucher du soleil, ces
jardins peuplés de plantes de tous les climats ! A voir leurs
feuilles pendantes, leurs fleurs fermées ou renversées, nous
sommes portés à croire qu'elles éprouvent, comme tous les
êtres sensibles et actifs, le besoin du repos ; mais nous
avons vu que ce changement de position n'était qu'une précaution prise par la nature pour les garantir de l'humidité
des nuits.

Parmi les plantes à feuilles composées, il n'en est point dont
le changement de position soit plus rapide, plus marqué que
dans la sensitive : il n'est point borné aux folioles ; il s'observe également dans les pétioles et les jeunes rameaux : le
seul attouchement suffit en tout temps pour l'opérer. M. Decandolle est parvenu à changer l'heure du sommeil de cette
plante, en la plaçant dans un caveau obscur qu'il éclairait
avec des lampes pendant la nuit. Les feuilles, trompées en
quelque sorte par cette lumière artificielle, s'épanouissaient
comme à la lumière du jour, et, plongées dans l'obscurité
pendant le jour, elles se fermaient comme elles ont coutume
de le faire pendant la nuit ; mais quelques physiciens ont
observé que cette sensitive, placée dans un lieu très-obscur,
veille et sommeille souvent aux mêmes heures que lorsqu'elle est dans son état naturel ; et M. Decandolle n'a pu
changer les heures du *mimosa leucocephala*, ni celles de
l'*oxalis incarnata* et de l'*oxalis striata*, quoiqu'il eût
soumis ces plantes à la même épreuve que la sensitive : d'où
il est à présumer qu'il existe, pour le sommeil des plantes,
quelque autre cause que l'absence de la lumière : autrement
il suffirait, pour le produire, de les mettre dans un endroit
obscur.

Ce n'est pas seulement pendant la nuit que les feuilles

prennent des positions différentes, on en voit plusieurs exécuter également pendant le jour, même à une vive lumière, par un temps sec et chaud, des mouvemens qui paraissent quelquefois indépendans de l'état de l'atmosphère, et qu'on ne peut attribuer qu'à une sorte d'irritabilité difficile à expliquer. Nous avons vu plus haut, et chacun sait qu'il suffit d'approcher la main de la sensitive, pour lui voir incliner toutes ses feuilles vers la terre : d'autres mouvemens particuliers ont lieu pour plusieurs autres plantes. Il en est une du Bengale, cultivée dans nos serres, l'*hedysarum gyrans :* ses feuilles sont composées de trois folioles; la terminale est très-grande, les deux latérales fort petites. Ces dernières, soutenues par un pétiole particulier articulé, ont un mouvement de torsion brusque, irrégulier, et tournent continuellement sur leur charnière; elles se meuvent en même temps de haut en bas, et se rapprochent ou s'éloignent de la grande foliole : quelquefois l'une s'agite, tandis que l'autre se repose. M. Mirbel remarque que cette irritabilité est indépendante de la plante-mère; que la feuille, détachée de la tige, continue à en donner des marques; que même chaque foliole, fixée par son pédicelle sur la pointe d'une aiguille, se balance encore, et qu'enfin le pétiole, isolé, laisse apercevoir un reste d'irritabilité. Le même mouvement, mais bien moins sensible, se retrouve dans l'*hedysarum vespertilionis*, lorsque ses feuilles ont trois folioles, ce qui arrive quelquefois.

Nos rossolis d'Europe (*drosera rotundifolia* et *angustifolia*), petites plantes qui croissent dans les marais tourbeux, ont leurs feuilles arrondies ou ovales, chargées et bordées de poils glanduleux : lorsqu'on les irrite, ces poils se courbent, et la feuille prend la forme d'une bourse à jetons. Une plante de l'Amérique septentrionale, connue sous le nom vulgaire d'*attrape-mouche* (*dionœa muscipula*, Lin.) (pl. 12, fig. 7), exécute un mouvement très-rapproché de celui des rossolis, mais bien plus remarquable à cause de la constitution de ses feuilles : elles sont divisées à leur sommet en deux lobes réunis par une charnière le long de la nervure du milieu. Lorsqu'un corps quelconque, tel qu'un insecte, par exemple, vient à toucher la face supérieure de ces lobes, ils se ferment aussitôt en se rapprochant l'un de l'autre, croisent les cils qui les bordent, et, par ce moyen, retiennent l'insecte captif. Tant que celui-ci se débat et se meut, les lobes, plus irrités encore, restent constamment fermés : on les romprait plutôt que de les forcer à s'ouvrir ; mais lorsque, épuisé de fatigues, l'insecte cesse de se mouvoir, alors les lobes s'ouvrent, et le prisonnier recouvre sa liberté.

Les Indes nous offrent une plante bien plus étonnante encore, le *nepenthes* (pl. 12, fig. 8). La nervure du milieu qui traverse les feuilles, se prolonge bien au delà du sommet en forme de vrille, se contourne, se redresse, et se termine par une urne longue de trois à quatre pouces, sur environ un pouce de diamètre, surmontée d'un couvercle à charnière, qui s'ouvre et se ferme à différentes époques, selon l'état de l'atmosphère. Cette urne se remplit d'une eau douce et limpide que distille la paroi interne du vase ; alors l'urne se ferme assez ordinairement : elle s'ouvre dans le courant du jour, et la liqueur diminue de plus de moitié ; mais cette perte est réparée pendant la nuit, et le lendemain l'urne est pleine de nouveau et fermée par son opercule. Les *sarracenia* d'Amérique présentent à peu près les mêmes phénomènes (pl. 12, fig. 6) : leurs feuilles ont la forme d'un long tube conique ou ventru, souvent rempli d'eau, surmonté d'un large opercule redressé ou rabattu, selon les circonstances atmosphériques. Des mouvemens analogues se retrouvent dans les fleurs ; j'en parlerai en traitant de ces dernières.

3°. *Durée et chute des feuilles.*

Si les feuilles n'eussent été créées que pour servir d'embellissement à la nature champêtre, et récréer la vue de l'homme, elles ne quitteraient, que remplacées par d'autres, l'arbre qu'elles décorent ; mais la plupart disparaissent pendant six mois de l'année, et leur chute en automne nous attriste autant que leur retour nous a réjouis au printemps. Le spectacle n'est plus le même ; leurs couleurs sont plus variées, plus nuancées ; elles sont d'un rouge éclatant dans le sumac, le cornouiller, etc. ; d'un beau jaune dans plusieurs espèces d'érables, panachées dans d'autres, d'un jaune pâle dans la plupart. Le vert, lorsqu'il persiste, devient plus foncé, presque noir ; les feuilles du noyer brunissent ; elles bleuissent dans le chèvrefeuille : mais, au milieu de cette variété de couleurs, qui paraîtrait devoir encore plaire à l'œil, règne un certain ton de tristesse et de mélancolie, qui annonce que dans peu vont disparaître ces derniers ornemens de la nature végétale, et que nous entrons dans la saison des brouillards, des frimas et des vents. Toutes ont perdu cette fraîcheur de jeunesse, ce ton de santé et de force qui leur donnait, sur leur pétiole, une position si gracieuse : maintenant flétries, décolorées, leur forme est changée; le contour de leur limbe s'affaisse, son centre s'élève, leur pétiole fléchit. Tristement inclinées vers la terre, le moindre vent les abat; le froid, l'humidité hâtent encore leur destruction : mais consolons-nous; le bouton est à côté de la feuille décolorée, et la terre a reçu dans son sein la semence échappée de ses valves. Après avoir nourri les fruits jusqu'au moment de leur maturité, les feuilles se précipitent avec eux sur la terre pour les couvrir encore de leurs débris, protéger les jeunes pousses, et augmenter ensuite, par leur entière décomposition, la fertilité du sol sur lequel elles reposent. Ainsi cette apparente destruction est, dans l'ordre des choses, une nouvelle source de fécondité.

La nature a donc eu, dans la création des feuilles, un autre but que celui d'en faire une décoration champêtre : elle les a destinées, comme organes alimentaires, à fournir aux fleurs et aux fruits, ainsi qu'à toute la plante, les sucs nourriciers qu'elles épurent. Viennent-elles à manquer à l'époque de la floraison, ou avant celle de la maturation, le végétal languit, les fruits, à demi mûrs, se flétrissent et tombent; mais quand ceux-ci sont arrivés au moment de la maturité, surtout si elle a lieu en automne, le cercle de la végétation annuelle étant achevé, et la même abondance de nourriture n'étant plus nécessaire, les feuilles perdent alors leurs brillans attributs; leurs pores se resserrent et s'obstruent; leurs fonctions s'exécutent mal; la sève, qui les entretenait, suspendue dans ses canaux, ne leur parvient presque plus : dès lors elles cessent d'exister, parce qu'elles cessent d'être nécessaires. Au reste, la maturité des fruits n'est pas toujours l'époque de la chute des feuilles : souvent, surtout quand ceux-ci mûrissent de bonne heure, comme dans l'orme, les feuilles persistent bien plus long-temps, parce que le végétal a encore besoin d'elles, qu'il continue ses développemens à peu près jusqu'à l'automne; mais je ne crois pas qu'on puisse citer l'exemple d'aucun arbre qui se dépouille de ses feuilles avant la maturité, au moins très-avancée, de ses fruits. Cette observation ne pourrait-elle pas servir à expliquer, du moins en partie, la persistance des feuilles dans les arbres qu'on a nommés *arbres verts*. Il est rare que leurs fruits mûrissent dans la même saison: on sait que, dans les orangers, ils restent plus d'un an sur l'arbre; que les fruits des pins, des sapins, etc., ne donnent leurs semences que la seconde année. Ces plantes ont donc besoin pendant plus long-temps du service des feuilles : ils les gardent.

À la vérité, il est des plantes dont les fleurs se montrent avant le développement des feuilles; mais aucune, à ma connaissance, ne donne de fruits avant d'avoir produit des feuilles : au reste, tout ce qui vient d'être dit sur la chute et la renaissance des feuilles, ne peut s'appliquer qu'à celles des végétaux ligneux. Quant aux feuilles des plantes herbacées, on sait qu'elles périssent avec la plante, et que celle-ci ne meurt qu'après avoir produit ses fruits : l'époque de leur maturité et de la dissémination des graines détermine celle de la durée du végétal.

4°. Formes, dispositions et autres caractères des feuilles.

Les feuilles, par leur admirable diversité, offrent au botaniste une foule de caractères qui sont d'un très-grand secours pour reconnaître, dans chaque genre, la différence des espèces, surtout lorsque nous avons appris par l'observation à n'employer que ceux de ces caractères qui sont tranchans et point susceptibles de variations : ils sont fournis par l'insertion, la forme, la consistance, la durée, la disposition, la structure et autres attributs des feuilles.

1°. Les feuilles, considérées d'après leur *insertion*, leur *disposition* et leur *direction*, sont *radicales* lorsqu'elles sortent immédiatement du collet de la racine (pl. 6, fig. 1); *caulinaires*, lorsqu'elles s'insèrent sur la tige et les rameaux (pl. 6, fig. 2, 3, 4, etc.); *alternes*, placées une à une par échelons autour de la tige (pl. 6, fig. 4, 5); *éparses*, lorsqu'elles sont très-nombreuses et disposées sans ordre autour de la tige (pl. 6, fig. 3); *distiquées*, lorsque, étant alternes, elles sont rangées sur deux côtés opposés de la tige (pl. 6, fig. 6); *imbriquées*, quand elles sont éparses et qu'elles se recouvrent en partie les unes les autres, comme les tuiles d'un toît (pl. 6, fig. 2); *fasciculées*, lorsqu'elles s'insèrent plusieurs ensemble sur un même point (pl. 6, fig. 11); *opposées*, disposées par paires, sur deux points diamétralement opposés (pl. 6, fig. 7); *croisées*, lorsque, étant opposées, les paires se croisent à angles droits, comme dans quelques espèces de véronique, de millepertuis, d'euphorbe, etc.; *verticillées*, disposées en anneau autour de la tige, et formant une espèce d'étoile, étant plus de deux à chaque verticille (pl. 6, fig. 8, 9, 10, 11).

Quant à leur direction, elles sont *dressées* lorsque, étant perpendiculaires à l'horizon, elles forment avec la tige un angle très-aigu; *appliquées*, encore plus rapprochées; *ouvertes*, *horizontales*, selon leur degré d'éloignement de la tige; *relevées*, à peu près horizontales ou inclinées, se redressant à leur partie supérieure : elles sont encore *courbées en dedans*; *réfléchies*, ou courbées en dehors; *pendantes*, quand elles sont entièrement abaissées vers la terre; *nageantes*, quand elles se soutiennent sur l'eau; *submergées*, quand elles y sont tout à fait plongées.

D'après leur insertion, les feuilles sont *pétiolées*, soutenues par une queue que l'on nomme *pétiole* (pl. 7, fig. 12, 18); *sessiles*, lorsque, privées de pétiole, elles s'insèrent immédiatement sur la tige (pl. 6, fig. 6, 10); *peltées* ou *ombiliquées*, insérées sur le pétiole, non par leur bord, mais par un point souvent rapproché du centre de leur disque (pl. 8, fig. 3, 8); *conjointes*, ou *soudées par leur base* (*connata*), lorsque, étant opposées, elles se réunissent par leur base (pl. 8, fig. 10); *décurrentes*, leur base se prolonge sur la tige ou sur les rameaux (pl. 8, fig. 6); *amplexicaules*, lorsque, étant sessiles, elles embrassent la tige par leur base (pl. 8, fig. 8); *perfoliées*, la tige traverse leur disque (pl. 8, fig. 11); *engaînantes* ou *vaginales*, leur base forme une espèce de tuyau qui entoure la tige, telles que celles des graminées (pl. 7, fig. 9).

2°. Les feuilles, considérées d'après leur *structure* et leur *figure*, sont *orbiculaires* ou *rondes*; leur contour approche de la forme d'un cercle (pl. 8, fig. 1, 9); *arrondies*, quand elles ne sont pas exactement rondes (pl. 8, fig. 2); *oblongues*, c'est-à-dire un peu plus longues que larges, comme celles du *carlina vulgaris*; *elliptiques*, deux fois plus longues que larges, et arrondies aux deux extrémités, comme dans le *convallaria maïalis*; *ovales*, plus larges à leur base qu'à leur sommet (pl. 7, fig. 15); en *ovale renversé*, plus larges au sommet qu'à la base (pl. 7, fig. 14); *paraboliques*, quand elles se rétrécissent insensiblement vers le sommet, et se terminent par un bord arrondi (pl. 7, fig. 17); *cunéiformes*, rétrécies en coin à leur base, élargies et obtuses à leur sommet (pl. 10, fig. 1); *spatulées*, larges et arrondies au sommet, allongées et rétrécies vers leur base (pl. 7, fig. 10); *lancéolées*, allongées et rétrécies vers le sommet (pl. 7, fig. 12); *linéaires*, étroites, allongées, et presque égales dans toute leur longueur (pl. 7, fig. 5); *subulées* ou en *alène*, linéaires, puis rétrécies en une pointe très-aiguë (pl. 7, fig. 4); en *épingle* ou *aciculaires*, menues, roides, aiguës, comme celles de plusieurs pins; *capillaires*, menues et très-flexibles, comme dans l'asperge; *filiformes*, *sétacées*, selon leur degré de finesse.

D'après leur forme, les feuilles sont *cylindriques*, allongées, et arrondies en cylindre dans toute leur longueur, comme celles de la soude cultivée; *demi-cylindriques*, comme celles du pin sauvage; *fistuleuses*, creuses, comme celles de l'ail, de l'oignon (tabl. 7, fig. 6); *comprimées*, aplaties latéralement, ayant plus d'épaisseur que de largeur, comme plusieurs *mesembrianthemum*; *ensiformes* ou en *glaive*, tranchantes aux deux bords, très-aiguës au sommet (pl. 7, fig. 7); *acinaciformes* ou en *sabre*, aplaties, l'un des bords épais, l'autre mince, tranchant, recourbé en arrière; en *doloir*, charnues, presque cylindriques à la base, plates au sommet, un des bords épais et rectiligne, l'autre élargi, circulaire et tranchant, comme le *mesembrianthemum dolabriforme*; en *langue*, allongées, convexes en dessous, obtuses au sommet; *gibbeuses*, charnues, relevées en bosse aux deux faces, comme dans le *crassula cotylédon*; *deltoïdes*, courtes, à trois faces, amincies aux deux bouts (tabl. 7, fig. 11); *trigones*, allongées en prisme à trois faces, le jonc fleuri (*butomus umbellatus*); *tétragones*, allongées en prisme à quatre faces.

En considérant les formes des feuilles à leur *base*, elles

sont en *cœur* lorsque, plus longues que larges, elles sont partagées à leur base en deux lobes arrondis (pl. 7, fig. 16, 17, 18); *obliquement en cœur* (pl. 8, fig. 12); en *rein*, quand les lobes sont larges, très-écartés (le cabaret, *asarum europæum*); en *croissant* ou en *demi-lune*, lorsque les lobes sont très-étroits, et la feuille beaucoup plus large que longue (*hydrotyle lunata*); en *fer de flèche* ou *sagittées*, quand elles se prolongent en deux lobes aigus, peu écartés (pl. 9, fig. 2); *hastées*, quand les lobes sont très-écartés, rejetés en dehors (pl. 9, fig. 1).

Considérées quant à leur sommet, les feuilles sont *obtuses*, arrondies au sommet (pl. 7, fig. 17); *émoussées* ou *retuses*, terminées par une très-légère et large échancrure (pl. 10, fig. 4); *échancrées* (pl. 10, fig. 1); *tronquées*, terminées brusquement par une ligne transversale (pl. 9, fig. 3); *mordues*, terminées par une ligne irrégulière, comme si le sommet avait été coupé avec les dents (*caryota urens*); *aiguës*, terminées en pointe sans prolongement (pl. 7, fig. 14); *acuminées*, quand la pointe est produite par le rétrécissement prolongé de la feuille vers le sommet (pl. 7, fig. 15); *cuspidées*, terminées par une pointe dure ou piquante (pl. 7, fig. 4, et pl. 6, fig. 12); *mucronées*, surmontées d'une pointe grêle, isolée (pl. 7, fig. 5); *oncinées*, terminées par une pointe en crochet, *statice mucronata ; tridentées*, ou terminées par trois dents, quelquefois par quatre ou par cinq; en *cœur renversé*, partagées à leur sommet en deux lobes arrondis, *oxalis acetosella*.

Considérées quant à la forme de leur contour, les feuilles sont *entières* ou *très-entières* lorsque leur bord ou leur circonférence ne présente aucune incision (pl. 7, fig. 13, 17); *crénelées*, quand leur bord est divisé en dents ou crénelures arrondies et obtuses (pl. 8, fig. 9); *dentées*, lorsque ces mêmes dents sont aiguës et droites (pl. 7, fig. 18): elles sont *dentées en scie* lorsque ces dents dirigent leur pointe vers le sommet de la feuille (pl. 7, fig. 12); *denticulées*, quand les dents sont extrêmement courtes (*lactuca virosa*); *sinuées* ou *goudronnées*, quand le bord forme de légères sinuosités, des espèces d'ondulations (pl. 8, fig. 1, 9); *anguleuses*, lorsque leur bord a plusieurs angles saillans, en nombre indéterminé (pl. 9, fig. 3); *panduriformes* ou en *violon*, lorsque, étant oblongues, elles ont de chaque côté,

vers le milieu, une échancrure arrondie, *rumex pulcher ;*
ciliées, bordées de poils comme les cils des paupières, *jun-
cus pilosus; calleuses,* entourées de petits durillons, *saxifraga cotyledon; cartilagineuses,* lorsque leur bord est
distingué par une substance plus dure, plus sèche que celle
de la feuille, comme dans plusieurs crassules et saxifrages ;
épineuses, leur bord est garni de pointes dures et piquantes,
les chardons, le houx ; *déchirées,* leur bord est partagé par
des découpures inégales et difformes (pl. 9, fig. 6); *rongées,* lorsque, étant sinuées, leurs échancrures en ont
d'autres plus petites et inégales, comme dans la jusquiame
dorée; *lyrées* ou en lyre, quand les lobes latéraux sont petits, en comparaison du lobe terminal, qui est très-ample
(pl. 9, fig. 7); *lobées,* les incisions pénètrent à peu près
jusqu'à la moitié du disque au plus, et forment des découpures élargies : elles sont *bilobées, trilobées,* à deux ou
trois lobes, etc. (pl. 9, fig. 9, 10, 11). On les dit *fendues,*
quand les lobes sont très-étroits : elles sont *pinnatifides,*
quand leurs découpures sont très-profondes, un peu étroites,
lancéolées, et qu'elles s'étalent en forme d'aile (pl. 9, fig. 8).

3°. Les feuilles, considérées d'après leur composition,
sont *simples* lorsque le pétiole n'est terminé que par une
seule feuille (dans les planches 7, 8, 9, toutes les feuilles
sont simples); elles sont *composées* lorsque le même pétiole porte plusieurs feuilles très-distinctes, auxquelles on
a donné le nom de *folioles* (dans les planches 10, 11, les
feuilles sont composées). Dans ces sortes de feuilles, les
folioles sont *digitées* lorsqu'elles terminent le pétiole commun, comme autant de digitations, au lieu d'être disposées
sur ses deux côtés (tabl. 10, fig. 5) : dans ce cas, elles sont
binées, ternées, quaternées, etc. D'après le nombre de
folioles que le pétiole porte à son extrémité (pl. 11, fig. 6,
7, et pl. 10, fig. 1, 5), elles sont *conjuguées* quand leur
pétiole, très-simple, porte une seule paire de folioles opposées (pl. 11, fig. 6); *bijuguées, trijuguées, quadriju-
guées,* etc., à deux, trois, quatre paires de folioles opposées (pl. 10, fig. 4, feuille bijuguée); *pédiaires* lorsque
le pétiole se divise en deux à son extrémité, et que plusieurs
folioles naissent sur le côté intérieur de ses divisions, comme
dans l'ellébore noir : elles sont *ailées, pinnées* ou *empen-
nées* lorsqu'un grand nombre de folioles sont rangées en

forme d'aile des deux côtés et le long d'un pétiole commun (pl. 10, fig. 2, 3, 6, 7); *ailées avec une impaire*, terminées par une foliole impaire (pl. 10, fig. 6); *ailées sans impaire*, terminées par deux folioles opposées, sans impaire (pl. 10, fig. 3); *ailées à pétiole en vrille* (pl. 10, fig. 2); *ailées avec interruption* : les folioles sont alternativement grandes et petites, comme dans la filipendule.

Il arrive encore que le pétiole commun se divise, à son sommet ou latéralement, en plusieurs autres pétioles partiels ou *pétiolules*, qui seuls portent les folioles ; alors les feuilles sont *recomposées* ou plusieurs fois composées : telle est la rue des jardins. Quand les pétioles partiels sont terminaux, les feuilles sont dites *bigéminées*, si le pétiole se bifurque, et si chaque pétiole partiel soutient une paire de folioles, telles sont celles de l'acacie ongle de chat ; *biternées* quand le pétiole commun se divise en trois autres, partiels et terminaux, munis chacun de trois folioles, telles sont encore celles de l'*epimedium alpinum ;* mais quand les pétioles partiels partent, non du sommet, mais des côtés du pétiole commun, les feuilles sont *bipinnées*, ou deux fois ailées, si les pétioles partiels portent des folioles disposées sur deux rangs (pl. 12, fig. 1); enfin les feuilles sont *surcomposées*, ou plus de deux fois composées (pl. 12, fig. 2); *tripinnées*, ou trois fois ailées, telles que celles de l'*aralia spinosa.*

On peut encore considérer les feuilles d'après leur superficie : on distingue leur *face supérieure* tournée vers le ciel, et leur *face inférieure* tournée vers la terre. Sous ces nouveaux rapports, les feuilles sont *nues* et *lisses* lorsque leur surface est unie, sans inégalités, sans poils ni glandes; *colorées*, quand leur couleur diffère de la verte ; *nerveuses*, quand elles ont des côtes ou nervures saillantes qui s'étendent de la base au sommet sans se ramifier, le plantain, le cornouiller; *veinées*, munies de petites nervures très-ramifiées, l'airelle veinée; *sillonnées*, marquées de petites excavations nombreuses et parallèles ; *ridées*, quand les portions de leur surface renfermées entre les ramifications des nervures sont elevées et forment des rides, la primevère, la sauge des prés : *bullées*, lorsque les rides sont concaves en dessous : le basilic à feuilles bullées; *ponctuées*, parsemées de petits points concaves ou saillans, le millepertuis, le

diosma; mamelonées, chargées de points vésiculeux, charnus, ou de tubercules nombreux, la glaciale; *glanduleuses*,
ou chargées de glandes à leur base, dans leurs dentelures
ou sur leur dos, le saule, la viorne, etc.; *visqueuses*,
gluantes, comme celles du seneçon visqueux; *pubescentes*,
couvertes d'un duvet fin, court, un peu lâche, le sorbier;
velues, quand les poils qui les couvrent sont serrés et fréquens, la bétoine velue; *pileuses*, lorsque ces poils sont longs
et lâches; *soyeuses*, quand ces poils sont mous, couchés,
entassés et luisans, et qu'ils leur donnent un aspect soyeux
et satiné, la potentille soyeuse; *cotonneuses* ou *tomenteuses*,
chargées de poils abondans, entrelacés les uns dans les
autres; *lanugineuses*, si les poils entrelacés sont moins doux
et d'une couleur moins blanche, les molènes; *rudes, scabres,
raboteuses*, quand leur superficie est parsemée d'aspérités;
hispides, hérissées, couvertes de poils roides, séparés,
rudes au toucher, la viperine, etc.

Les feuilles fournissent encore beaucoup d'autres caractères dont je n'ai point parlé, mais qu'il suffit de nommer
pour les comprendre. Au reste, je dois prévenir qu'il ne faut
pas attacher un sens trop rigoureux aux définitions des
formes et autres caractères des feuilles; il en est peu qui
offrent exactement les mêmes formes, quoique désignées par
les mêmes expressions : elles s'en éloignent plus ou moins,
même sur l'espèce à laquelle on les attribue. Il devient donc
impossible de les caractériser avec une précision mathématique : ainsi, quand on dit que des feuilles sont ovales, lancéolées, orbiculaires, etc., on ne fait qu'indiquer les formes
dont elles se rapprochent le plus. Quand elles semblent
tenir le milieu entre deux formes, on l'indique par une
double expression, comme *ovales-oblongues, ovales-lancéolées*, etc.; souvent aussi on emploie le mot de *presque*
(*sub*), *presque en cœur, presque ovales*, etc., quand ces
formes ne sont pas très-prononcées.

Tout ce qui vient d'être exposé sur les feuilles ne se rapporte qu'à leur lame, excepté en partie ce qui regarde leur
situation, leur direction. J'ai déjà dit qu'on distinguait deux
parties dans les feuilles, le *pétiole*, qui manque quelquefois,
et la *lame*, qui en est l'épanouissement. Le pétiole ou
queue de la feuille renferme, sous une enveloppe de tissu
cellulaire, des trachées, de fausses trachées, des vaisseaux

poreux, réunis sous la forme d'un faisceau de fibres comprimées, très-serrées, qui ensuite s'étalent, se divisent, et constituent la lame ou la feuille proprement dite : ce sont ces
mêmes fibres très-étalées qui forment, dans la feuille, les nervures et les veines, ainsi que toutes ces petites ramifications
disposées en réseau. Les caractères du pétiole ne sont point
à négliger pour la distinction des espèces. Les pétioles sont
simples ou *composés*, *cylindriques* ou *renflés; tubulés*,
quand ils offrent un tube continu qui engaîne la tige, comme
dans les *cypéracées; engaînans*, quand leur gaîne est ouverte latéralement dans toute sa longueur : les *graminées*, etc.
(pl. 7, fig. 9); *bordés* ou *ailés*, lorsqu'ils sont garnis latéralement d'expansions foliacées plus ou moins larges (pl. 11,
fig. 5); *articulés*, offrant, à leur point d'attache ou à leurs
divisions, un bourrelet ou un étranglement, une marque
quelconque, qui leur donne l'apparence de pièces soudées à
la suite les unes des autres, *robinia pseudo-acacia; cirri-
formes*, contournées en vrille, *clematis orientalis; cirri-
fères*, portant des vrilles, *smilax horrida; stipulifères*,
chargés de stipules; *glandulifères*, munis de glandes.

CHAPITRE QUATORZIÈME.

*Organes accessoires. Les stipules, les vrilles, les épines,
les aiguillons, les poils et les glandes.*

Des organes accessoires naissent sur les branches, sur les
rameaux, parmi les feuilles, et même quelquefois font partie
de ces dernières : ce sont les stipules, les épines, les aiguillons, les poils, les vrilles et les glandes. Quoique leurs fonctions ne soient pas aussi bien connues que celles des feuilles,
elles en ont cependant qui ne peuvent échapper à l'observation : elles seront indiquées dans la description que je vais
donner de ces différens organes.

1°. *Les stipules.*

Les *stipules*, organisées comme les feuilles, leur ressemblent, mais n'en sont pas : elles s'en distinguent par leur position, leur forme, très-souvent par leur petitesse et leurs
fonctions : ce sont de petites folioles, ou plutôt des appendices foliacées. Organes protecteurs des feuilles, elles les accompagnent dans leur berceau, les enveloppent dans le bouton, et les garantissent du contact trop immédiat de l'air
extérieur; elles se développent et sortent avec elles, mais
leur existence est ordinairement de courte durée; leurs fonctions remplies, elles périssent. Il en est cependant qui vivent
beaucoup plus long-temps : il est à croire qu'alors elles sont
encore, sous d'autres rapports, utiles au végétal, soit en cou-
vrant à l'extérieur et alimentant les nouveaux boutons placés
dans leur aisselle, soit en remplissant les mêmes fonctions
que les feuilles, qu'elles remplacent quelquefois, comme dans
le *lathyrus aphaca*. Elles n'existent que dans les plantes dicotylédones, très-rarement dans les monocotylédones [1].

---

[1] Comme on a établi en principe que les plantes monocotylédones ne
devaient point avoir de stipules, et qu'il faut forcer la nature à se soumettre à nos systèmes, on a dit, pour le fragon (*ruscus*), que la petite

6°. Livraison.

Les stipules offrent, dans leur structure et leur forme, les mêmes caractères que les feuilles : on les distingue encore par leur position ou leur point d'attache. Elles sont *cauliaires* lorsqu'elles sont placées sur la tige, et qu'elles n'adhèrent aux feuilles que par un point à peine sensible : on les a encore nommées *extrafoliacées*, ou hors de l'insertion des feuilles (pl. 6, fig. 13). Elles sont *latérales*, placées sur la tige des deux côtés, à la base du pétiole (pl. 6, fig. 15); *tubulées*, quand elles forment autour de la tige un tube qui se termine très-souvent en un limbe plane, élargi, comme dans la plupart des *polygonum* (pl. 6, fig. 17); *pétiolaires*, quand elles sont attachées sur le pétiole (pl. 6, fig. 14); *marginales*, lorsqu'elles sont décurrentes ou courantes le long de chaque côté du pétiole, dont elles se séparent à leur sommet, sans se réunir à la lame de la feuille, comme dans la ronce, le rosier (pl. 6, fig. 16); *intermédiaires*, quand elles naissent sur la tige entre des feuilles opposées, comme dans les rubiacées. Si elles font partie d'un verticille, quelques auteurs les regardent comme des feuilles avortées : au reste, il est à remarquer qu'on ne considère assez généralement comme *stipules vraies*, que celles qui sont insérées sur la tige ou le rameau, et que l'on désigne sous le nom de *stipules fausses* celles qui sont insérées sur le pétiole. Les autres caractères des stipules étant exprimés par les mêmes noms que ceux des feuilles, je ne m'étendrai pas davantage sur cet article.

stipule écailleuse, placée à la base extérieure de la feuille, était, dans cette plante, la véritable feuille, et que l'organe pris jusqu'alors pour la feuille n'était qu'un rameau transformé, sur lequel naissent souvent des fleurs, comme dans le fragon. C'est pour faire connaître cette heureuse découverte qu'on a figuré (pl. 6, fig. 12) un rameau de fragon sous l'apparence d'une feuille, sortant de l'aisselle de la véritable feuille. L'occasion était trop belle pour ne point donner à ce grand phénomène un nom particulier : on a imaginé celui de *phillode*. Il est heureux pour la science que des observateurs éclairés veuillent bien rectifier les erreurs de nos sens ! On a dit de même, pour l'asperge, autre plante monocotylédone, que ces stipules en forme d'écailles, de l'aisselle desquelles sortent les feuilles, représentaient évidemment les feuilles engaînantes des monocotylédones, et que ces faisceaux de filets qu'on croyait être les feuilles, étaient des rameaux qui prenaient l'apparence de feuilles.

2°. *Les vrilles ou mains.*

Les *vrilles* ou *mains* (pl. 5, fig. 21, et pl. 8, fig. 10)
sont encore des organes accessoires qui ont avec les feuilles
de très-grands rapports, sinon de formes, du moins d'organisation. Il n'est pas accordé à toutes les plantes de diriger
leur ascension vers le ciel : les unes, dépourvues de tout
moyen pour s'élever, sont destinées à ramper sur la terre;
beaucoup d'autres, trop faibles pour conserver une position
verticale, éprouveraient le même sort, si la nature ne les eût
pourvues d'organes, à l'aide desquels elles parviennent souvent, malgré leur faiblesse, à rivaliser en hauteur avec la
plante qui leur sert d'appui, quelquefois même à la surpas-
ser. Leurs fleurs, dont, faute de protecteur, l'éclat eût été
souillé dans la poussière, tombent en guirlandes du sommet
des arbres, et même, dans certaines espèces, portent à croire
qu'elles sont produites par l'arbre qui les soutient. Pour
leur procurer cet avantage, il n'a fallu qu'une légère modification dans les pétioles; il a suffi à la nature de donner une autre direction à leur développement. Dans ce cas,
au lieu de s'étaler en une lame qui forme la feuille proprement dite, le pétiole se prolonge en longs filets contournés
en spirale. Avec ce secours, la plante s'accroche aux corps
qui l'avoisinent, s'élève graduellement, et se soutient à un
degré d'élévation bien supérieur à sa faiblesse; aussi, par
une sorte d'instinct, ou mieux par une attraction particulière, voyons-nous ces plantes se pencher, se diriger vers les
corps qui peuvent leur servir d'appui.

Cette modification du pétiole en vrille n'exclut pas toujours son développement en feuille, comme on le voit dans
la clématite, dont les pétioles, d'abord roulés en vrilles,
s'épanouissent ensuite en une feuille ailée; dans d'autres,
le pétiole traverse la feuille dans toute sa longueur sous la
forme d'une grosse nervure, et se termine en vrille, surtout
dans les feuilles ailées, comme dans les gesses, les orobes, etc.
(pl. 10, fig. 2) : les pédoncules eux-mêmes, dans certaines
espèces, remplissent les fonctions des vrilles, comme dans
la vigne, la courge, etc. Ces pédoncules, par la force de la
végétation, produisent quelquefois des fleurs et même des
fruits avortés; enfin les tiges ou les rameaux, s'ils ne sont

pas de véritables vrilles, y suppléent dans beaucoup de plantes, comme dans les liserons, par la faculté qu'ils ont de soutenir leur faiblesse, en se contournant autour des corps qu'ils peuvent saisir; s'ils n'en rencontrent pas, ils viennent au secours les uns des autres, s'entortillent, se soutiennent réciproquement, et acquièrent, par leur réunion, une force d'ascension, que leur faiblesse leur refuse, tant qu'ils restent isolés.

Les vrilles sont *simples*, *bifides* ou *rameuses;* elles sont *pétiolaires* lorsqu'elles sont formées par les pétioles; *pédonculaires*, quand elles le sont par les pédoncules; *foliaires*, formées par le prolongement d'un pétiole qui traverse la feuille dans sa longueur; *axillaires*, quand elles sortent de l'aisselle des feuilles; ou bien elles sont *opposées* aux feuilles, comme dans la vigne; *roulées en dedans* ou *roulées en dehors*. Cette direction est sujette à varier, ainsi qu'elle a été remarquée dans la vigne. Ses vrilles se divisent en deux parties; souvent l'une est roulée en un sens, l'autre en un autre, ce qui arrive principalement lorsqu'une branche, un échalas ou un sarment solide se trouve par hasard placé dans la bifurcation d'une vrille. Cette double direction semble être déterminée par le corps qui se trouve entre les deux branches de la vrille, et offre une nouvelle preuve de l'influence des corps étrangers sur ce mouvement de direction.

D'après ce qui vient d'être exposé sur la production des vrilles, on a dû voir qu'elles présentaient un fait très-curieux dans le développement du pétiole, non en feuilles, mais en longs filets contournés en spirale. Il est encore à remarquer que ce phénomène n'a lieu que pour les plantes à tige faible, et qui ne pourraient, sans ce secours, obtenir une position verticale. Quelle est donc cette puissance invisible qui arrête les développemens du pétiole en feuille pour le prolonger en vrilles? Toute simple que paraisse cette modification, tout admirable qu'elle soit par sa simplicité, la cause n'en est pas moins, pour nous, un de ces mystères inexplicables, auquel on a fait jusqu'alors trop peu attention.

3°. *Les épines, les aiguillons.*

Quand on voit des fleurs aussi brillantes que la rose, des

fruits aussi savoureux que la framboise, ensanglanter, par leurs puissans aiguillons, la main téméraire disposée à les cueillir, on serait tenté de croire que la nature, en leur donnant des armes offensives, a voulu les garantir des entreprises auxquelles les exposait leur beauté ou leur pulpe savoureuse : telle était l'idée de Linné, qui, au milieu de ses ingénieuses conceptions, s'est peut-être un peu trop abandonné aux causes finales [1]. Quoique les défenses qui hérissent un grand nombre de plantes en rendent la conquête plus difficile, il est à croire qu'elles ont des rapports plus directs avec l'économie végétale : elles ne sont cependant pas d'une nécessité tellement absolue, que leur retranchement puisse nuire à l'individu, nous les voyons tous les jours disparaître dans plusieurs des plantes que l'on cultive. Il n'en résulte aucun accident : on a cependant prétendu que, dans quelques espèces, les individus dépouillés à dessein de leurs défenses avaient éprouvé quelque altération.

Les *épines* et les *aiguillons* ont souvent à l'extérieur une telle ressemblance, qu'il est presque impossible de les distinguer ; cependant ils diffèrent essentiellement par leur insertion et leur nature, et ne doivent pas être confondus. Les épines font partie du corps ligneux, et ne peuvent en être enlevées sans faire éprouver au bois un déchirement très-apparent ; l'aiguillon au contraire est une production corticale, s'enlève avec l'écorce sans qu'on puisse en retrouver aucune trace sur le bois ; l'épine est ligneuse et a beaucoup de rapports avec les rameaux ; l'aiguillon est herbacé, quoique dur ; c'est un tissu cellulaire très-compacte : il se rapproche beaucoup des poils ; cependant ces deux organes se confondent souvent, et n'ont pas de limites bien certaines, surtout lorsque les épines sont placées sur les parties herbacées, telles que les pétioles, les pédoncules, les péricarpes, etc. Il est des rameaux et même des pétioles, des pédoncules qui se terminent par de fortes pointes épineuses, très-dures, très-piquantes : je ne sais si elles doivent être considérées comme des *épines proprement dites* : elles ne s'offrent ici que comme la pointe durcie, oblitérée de ces différens organes. On peut en dire autant de ces grosses nervures qui se prolongent hors des feuilles et forment des épines,

[1] Voyez, dans le chapitre seizième, une note sur les causes finales.

comme dans le houx : dans ce cas, l'épine ne serait pas ici un organe particulier, mais seulement l'extrémité aiguë et durcie d'un autre organe. Si ces rameaux restent courts, sans développement, ils ont alors l'apparence d'une simple épine, d'une épine très-souvent droite, subulée, et non crochue ou recourbée, qui reste nue ou produit quelques feuilles : de là vient très-probablement qu'on a dit que l'épine se convertissait en rameau, qu'elle n'était qu'un rameau avorté.

Les épines sont *simples* lorsqu'elles n'offrent aucune ramification (pl. 5, fig. 15); *rameuses* (pl. 5, fig. 16); *fasciculées* (pl 5, fig. 17); *stipulaires*, ou représentant des stipules (pl. 5, fig. 19 et 20); *subulées* ou en alène; *aciculaires*, grêles, très aiguës, effilées comme des aiguilles; *courbées*, en crochet, en hameçon, etc. On trouve dans les aiguillons à peu près les mêmes caractères différentiels que dans les épines : ils sont droits, courbés en dedans ou en dehors, coniques, subulés, sétacés, etc. (voyez pl. 5, fig. 10, 11, 12, 13, 14).

4°. *Les poils.*

Le passage des aiguillons aux *poils* est si insensible, qu'il est très-difficile d'en déterminer les limites. Les plus longs poils de la bourrache à base élargie ne diffèrent presque point de certains aiguillons; en général, les poils sont beaucoup plus mous, plus déliés, plus flexibles : il est très-probable qu'ils remplissent les fonctions de vaisseaux excrétoires; plusieurs, peut-être tous, sont creux, et donnent passage a des liqueurs particulières, de nature différente, visqueuses, acides, caustiques, etc. Cette douleur cuisante qu'excite la piqûre de l'ortie, n'est pas l'effet de la pointe acérée des poils, mais celui de la liqueur brûlante qu'ils versent dans la plaie.

Les poils ont des formes très-variées : la plupart sont placés sur une glande en mamelon; d'autres sont glanduleux à leur sommet (pl. 5, fig. 5). Les uns sont simples, cylindriques ou coniques (pl. 5, fig. 2); d'autres sont articulés, moniliformes ou en chapelet (pl. 5, fig. 3) : il en est de rameux (pl. 5, fig. 1 et 5), de fasciculés ou en étoile (pl. 5, fig. 4); en goupillon, en navette, en massue, etc.

Les poils sont séparés les uns des autres ou entrelacés.

Parmi les premiers, on distingue les *poils follets*, mous, épars, très-fins : on a nommé *pubescentes* les parties des plantes qu'ils occupent ; lorsqu'ils sont très-doux, plus courts et plus serrés, ils forment le *duvet*. On leur donne le nom de *soies* lorsqu'ils ont plus de roideur, moins de flexibilité, et qu'on les compare aux soies du sanglier ; dans un autre sens, on dit qu'une partie est *soyeuse* lorsqu'elle est revêtue de poils couchés, luisans, doux au toucher. Quand les poils sont *entrelacés*, entremêlés les uns dans les autres, on les dit *cotonneux* : alors ils sont doux, fins et courts ; *lanugineux*, quand ils ont moins de finesse, plus de longueur ; *tomenteux* ou en bourre, lorsqu'ils ont encore plus de grosseur ; *veloutés*, s'ils offrent l'apparence d'une étoffe de velours ; *floconeux*, quand ils sont réunis en petits flocons, comme dans plusieurs molènes (*verbascum*) ; *arachnoïdes*, allongés et croisés, comme les fils d'une toile d'araignée (*sempervivum arachnoïdeum*). On conçoit qu'il y a entre ces diverses sortes de poils des nuances qui se fondent les unes dans les autres. On donne le nom de *cils* aux poils qui bordent les parties des plantes, et que l'on compare aux cils des paupières.

Les poils font la parure des feuilles, comme ils font celle de la robe des animaux ; ils coupent l'uniformité de la verdure, souvent en relèvent l'éclat par d'agréables contrastes, et se nuancent de couleurs assez variées : on en voit de blancs, de gris, de noirs, de jaunes, de bruns, de pourpres, etc. Chacune de ces couleurs a des teintes différentes : elles sont sombres ou luisantes, d'un jaune de safran ou de soufre, d'un jaune d'or mat ou poli, d'un blanc de lait ou de neige, etc.

C'est avec une palette aussi riche que la nature varie et embellit les paysages. Ici, elle nous offre une plante rustique tout hérissée de longs poils grisâtres ; là, brillent des arbrisseaux au feuillage soyeux, argenté, etc. Les poils naissent plus particulièrement sur les plantes des sols arides, sur celles des hautes montagnes, sur celles des climats chauds, exposées à l'action d'une vive lumière. Il en est qui quittent le végétal à mesure qu'il vieillit, ou lorsqu'il est cultivé ; d'autres persistent, malgré le changement de sol, de température et d'exposition. Une étude suivie sur la nature et les fonctions des poils pourrait amener des observations très-importantes. Sont-ils chargés de sécrétions particulières, de fonctions excrétoires? Sont-ils destinés à garantir la plante des froids trop vifs, ou de l'action d'une chaleur trop forte? autant de questions difficiles à résoudre.

5°. *Les glandes.*

Les *glandes* (pl. 5, fig. 6, 7, 8) paraissent être le même organe que les poils, mais sous une modification un peu différente. Nous avons déjà vu que plusieurs d'entre elles étaient prolongées par un poil auquel elles servaient de base, que d'autres étaient supportées par d'autres poils qui leur servaient de pivot, mais plus ordinairement elles se présentent sous la forme de petits corps globuleux, destinés à séparer certaines liqueurs particulières, selon la nature de chaque végétal. Les glandes ont, dans les feuilles du millepertuis, du myrte et de l'oranger, une telle transparence, que ces feuilles, en les opposant à la lumière du soleil, paraissent percées d'un grand nombre de petits trous : cette huile aromatique très-inflammable, qui s'échappe, sous le nom de *zest*, de l'écorce des oranges et des citrons, est produite par les glandes qui abondent dans cette écorce. On a quelquefois confondu avec les glandes certaines productions d'une nature différente. Ainsi les *glandes écailleuses* de Guettard, éparses sur les feuilles des fougères, sont les tégumens de leur fructification, d'après l'observation de M. Desfontaines : les *glandes miliaires* du même Guettard ont été reconnues par M. Decandolle pour être des pores corticaux. Il est d'autres sécrétions solides, en forme de bosselures ou de globules, éparses sur les feuilles des arroches, des labiées, etc., qui paraissent différer des glandes, mais dont la nature n'est pas encore connue.

Personne jusqu'alors n'a plus étudié les glandes que Guettard. D'après le beau travail qu'il a publié à ce sujet, on est étonné de leur variété, de leur nombre, de leur symétrie : elles offrent un spectacle digne de fixer l'attention. Dans certaines feuilles, vues à la loupe, on découvre une très-grande quantité de points d'une belle couleur d'or, d'ambre ou de soufre; dans d'autres, ce sont des corps globuleux avec ces mêmes couleurs, ou offrant celles de la nacre

ou de l'opale; plusieurs autres présentent des vésicules amon-
celées, dont la couleur est opalisée.

Parmi les glandes les plus saillantes, rangées méthodique-
ment par Guettard, je ne citerai que les plus remarquables,
telles que 1". les *glandes vésiculaires :* ce sont des vésicules,
pleines d'huile essentielle, logées dans le tissu de l'enveloppe
herbacée ou du parenchyme; elles sont transparentes dans
les orangers, les myrtes, etc. 2°. Les *glandes globulaires,*
entièrement sphériques : elles n'adhèrent à l'épiderme que
par un point; elles forment une poussière brillante sur le
calice, la corolle et les anthères de beaucoup de labiées, etc.
3°. Les *glandes utriculaires* ou *ampullaires,* sous la forme
de petites ampoules, occasionées par la dilatation de l'épiderme, et remplies d'une lymphe incolore, comme celles de
la glaciale. 4°. Les *glandes en mamelon* ou *papillaires :*
elles couvrent ordinairement, dit M. Mirbel, la surface inférieure des feuilles des labiées qui ont une odeur piquante;
elles paraissent sous la forme de mamelons, et sont logées
dans des fossettes, ce qui fait que Kroker les compare, pour
l'aspect, aux papilles de la langue de l'homme; elles sont
composées de plusieurs rangs de cellules placées circulairement. C'est, je pense, ajoute M. Mirbel, à cette espèce de
glande qu'il faut rapporter les mamelons qui brillent comme
des pointes de diamant sur les deux faces des feuilles du
rhododendrum punctatum. 5°. Les *glandes lenticulaires,*
petites taches oblongues ou arrondies, éparses sur la surface
de l'écorce de plusieurs plantes, telles que le *psoralea glandulosa,* etc. 6°. Les *glandes urcéolaires* ou *à godet,* formées de petits tubercules charnus, creusés à leur centre,
d'où distille très-souvent une liqueur visqueuse, telles on
les observe à la base des feuilles du peuplier, sur le pétiole
de beaucoup d'arbres fruitiers, etc. 7°. Les *glandes florales
nectarifères* ou les *nectaires :* elles sont renfermées dans les
fleurs, contiennent une liqueur mielleuse, et font partie de
cet organe que Linné a nommé *nectaire.* Il en sera question
lorsque je parlerai des fleurs.

CHAPITRE QUINZIEME.

Organes de la reproduction. Les fleurs ; inflorescence.

Tout cet appareil d'organes qui vient de passer sous nos yeux, ces racines informes, ces nombreux chevelus enfoncés dans le sein de la terre ; ces branches, ces rameaux destinés à placer le végétal au milieu des fluides alimentaires ; ces feuilles, organes d'absorption et de sécrétion ; ces milliers de pores sans cesse aspirans ; enfin, cet assemblage de tubes, de cellules, d'utricules, dans lesquels se balancent les fluides générateurs, tous ces attributs merveilleux qui développent, entretiennent et conservent la végétation, nous ont fait connaître la grandeur de la puissance créatrice dans cette suite d'opérations admirables.

Mais toutes merveilleuses qu'elles nous paraissent, elles ne sont cependant que les simples décorations d'un spectacle que des préparatifs aussi imposans nous annoncent devoir être majestueux et sublime. Avant de nous en occuper, arrêtons-nous encore un instant sur ces premiers produits de la végétation, sur cette belle mécanique vivante, qui doit mettre en jeu de nouveaux organes sous les formes les plus brillantes.

Quand même la végétation en resterait là, que d'avantages n'offrirait-elle pas déjà à l'homme et aux autres animaux ! Combien elle embellirait la face de la terre ! Ce gazon naissant, ce vert nuancé des prairies, le sombre asile des forêts rétabli par le retour des feuilles, toute la nature champêtre dans un état de fraîcheur et de jeunesse, d'abondans pâturages pour les troupeaux, des plantes potagères et des racines succulentes offertes aux besoins de l'homme : tels sont les biens précieux que nous assure la végétation nouvelle. Dans la plénitude de son bonheur, l'homme s'en tiendrait avec reconnaissance à ces bienfaits, s'il n'en connaissait pas, s'il n'en attendait pas de plus grands ; mais le Créateur, prodigue de ses dons, les lui a promis : son but n'est pas encore rempli, et tous ces attributs de la végétation n'ont

été produits que pour le développement et l'entretien de
ceux qui vont se montrer dans peu à nos regards étonnés ; en
un mot, les feuilles n'existent que pour les fleurs, celles-ci
pour les fruits, et ces derniers pour les semences ; source
inépuisable d'abondance et de reproduction.

Déjà l'air que nous respirons est plus pur, la lumière du
ciel plus sereine, nos sens plus actifs ; c'est dans cet état de
bien-être qu'une scène magique se développe tout à coup à
nos yeux par l'apparition des fleurs : les fleurs ! qui ne peuvent être comparées à aucun des autres êtres, mais qui
servent elles-mêmes de comparaison pour tout ce qui brille
par les formes, les grâces et la beauté ! En considérant tout
ce que les fleurs ont de séduisant, il semble que plus les
organes sont chargés de fonctions importantes, plus la nature se complaît à les embellir. « La nature, dit l'éloquent
Philibert, étale avec faste, dans les végétaux, les organes
destinés à la reproduction : couleurs séduisantes, parfums
suaves, élégance dans les contours, délicatesse dans le tissu,
grâces dans le développement et le port : tous ces attributs,
souvent prodigués aux fleurs les plus communes, font, du
temps de la floraison, c'est-à-dire de la génération des plantes,
un moment de parure, de triomphe et d'éclat, et l'époque la
plus brillante de leur vie. »

Le nom de fleurs donné à ces riches productions du règne
végétal a été pris long-temps dans un sens trop indéterminé : il doit être fixé. Sans nous arrêter à donner ici une
définition rigoureuse des fleurs, qu'on a jusqu'alors essayée
assez inutilement, il nous suffira de dire ce qu'elles sont,
c'est-à-dire de faire connaître les parties tant essentielles
qu'accessoires qui les composent. Séduit par leur éclat, le
vulgaire a particulièrement appliqué le nom de fleurs à ces
feuilles brillantes de beauté, qui n'en sont que les enveloppes, et que l'on désigne plus ordinairement sous le nom
de *pétales*. Quand ceux-ci manquent, on dit alors que les
fleurs manquent ; idée erronée, puisqu'il n'est pas une seule
plante qui ne produise des fleurs, je veux dire des organes
propres à la régénération des individus : il faut en excepter
plusieurs cryptogames, tels que les byssus, les conferves,
les champignons, etc., dont le mode de fécondation n'est
pas encore parfaitement connu ; quant aux autres plantes,
il est hors de doute que l'essence de la fleur consiste dans

les organes sexuels, désignés, pour les mâles, sous le nom
d'*étamines*; pour les femelles, sous celui de *pistil*. Ces précieux organes sont très-souvent réunis dans la même fleur,
on la nomme alors *hermaphrodite*; d'autres fois, les mâles
sont placés dans une fleur, les femelles dans une autre, sur
le même individu : ce sont des fleurs *monoïques*; ou sur des
individus séparés, alors elles sont *dioïques*. Très-ordinairement la nature a protégé ces organes par une double enveloppe : une extérieure, qui porte le nom de *calice*; une
autre intérieure, celui de *corolle*; mais il arrive quelquefois
que l'une des deux et même toutes les deux manquent dans
certaines espèces : d'où il suit que la fleur est *complette* ou
incomplette; *complette*, lorsqu'elle est pourvue d'un calice,
d'une corolle, d'étamines et de pistils; *incomplette*, lorsque
l'une de ces parties manque. Mais, avant de faire connaître
les caractères de ces différens organes, il faut considérer la
position des fleurs sur les plantes qui les produisent, ainsi
que quelques autres organes accessoires qui les accompagnent. Cette disposition a été nommée *inflorescence*.

De l'inflorescence.

L'*inflorescence* est donc la disposition des fleurs sur le
végétal. Ces fleurs sont ou sessiles, c'est-à-dire placées immédiatement sur les tiges, les rameaux ou à leur extrémité,
ou bien elles sont soutenues par un support auquel on a
donné le nom de *pédoncule*. Comme l'inflorescence dépend
en grande partie de cet organe, il faut commencer par le
faire connaître avec ses accessoires.

Le *pédoncule* est la queue des fleurs et par suite des
fruits, comme le pétiole est celle des feuilles; mais dire que
le pédoncule est aux fleurs ce que le pétiole est aux feuilles,
c'est seulement indiquer la forme extérieure d'un organe,
très-différent d'ailleurs de celui auquel on le compare : en
effet, le pétiole, comme nous l'avons vu, est un faisceau de
fibres très-serré, mêlé de tissu cellulaire. Ces fibres s'écartent entre elles à l'extrémité du pétiole, se divisent en ramifications, qu'on a nommées *nervures* et *veines*; le tissu cellulaire, plus dilaté, en occupe l'intervalle. Ainsi se forme la
lame ou la feuille proprement dite, qui n'est en réalité que
la dilatation de l'extrémité du pétiole. Il n'en est pas de même

du pédoncule : celui-ci donne naissance à des organes très-différens ; il est ordinairement plus ou moins renflé ou élargi à son sommet : ce renflement est un réceptacle qui soutient et d'où sortent les parties de la fructification, alimentées par les sucs qui leur parviennent au moyen des vaisseaux contenus dans le pédoncule. Ces sucs ne peuvent plus être les mêmes que ceux qui coulent dans les pétioles, ou, s'ils sont tels, il est très-probable qu'ils changent de nature dès qu'ils arrivent dans le réceptacle : c'est de là qu'ils pénètrent dans les organes de la fructification, où l'on trouve des substances d'une nature particulière, et qui très-ordinairement n'existent pas dans les autres parties des plantes, telles que le pollen des anthères, la pulpe des fruits, l'arome des pétales, la liqueur mielleuse du nectaire, etc. Il ne peut donc y avoir identité d'organes dans les parties des plantes qui fournissent des produits différens ; mais la modification de ces organes à peine perceptibles échappera toujours à nos sens, même aidés des meilleurs instrumens d'optique. Il suit de ces considérations que, quoique le pédoncule ne soit pas toujours apparent, comme dans les fleurs sessiles, son existence n'en est pas moins réelle, et qu'alors il semble se confondre avec le réceptacle de la fleur.

Le pédoncule varie par sa forme ; il est cylindrique, cannelé ou anguleux, trigone ou tétragone, filiforme ou capillaire, renflé ou aminci vers son sommet, géniculé, roide ou flexible, incliné ou pendant ; en spirale, comme dans le *vallisneria* ; très-long, médiocre ou très-court, simple, composé, dichotome, à plusieurs divisions : les premières prennent le nom de *pédoncules partiels* ; les dernières, celles qui se terminent par une fleur, celui de *pédicelles*. Lorsque le pédoncule part immédiatement de la racine, il porte le nom de *hampe* : j'en ai parlé en traitant des tiges. La partie du pédoncule qui supporte les fleurs sessiles ou pédicellées, se nomme *axe* ; on le nomme *spadice*, lorsqu'il est enveloppé d'une spathe, comme dans l'*arum*. La situation et la direction des pédoncules constituent l'*inflorescence*, qui exige des développemens particuliers.

La nature réunit dans ses productions l'élégance des formes à l'utilité des organes, et ce que nous regardons comme un simple agrément, est souvent, dans la plante, la disposition la plus favorable pour la conduire au but de sa création, et je suis persuadé que la distribution des pédoncules et de leurs ramifications est telle, qu'elle ne pourrait être autrement dans chaque espèce sans nuire à son développement. Nous chercherions en vain à rendre raison de cette belle variété de formes, la nature ne nous a pas toujours confié son secret ; il nous arrive quelquefois de le deviner, plus souvent il nous échappe ; du moins nous est-il accordé de jouir, sans étude et sans fatigues, de ces modèles gracieux que nous fournissent les pédoncules dans leur arrangement sur les plantes : ce sont des grappes, des épis, des bouquets, des aigrettes, des panaches, des pyramides, des girandoles, des guirlandes, etc., que l'art n'aurait jamais pu imaginer, s'il n'en eût trouvé le type dans les végétaux. Mais ces expressions trop générales devaient être caractérisées avec plus de précision : on a essayé de le faire par les définitions ; elles sont utiles sans doute, mais elles ne pourront jamais faire sentir ces nuances délicates par lesquelles l'inflorescence passe d'une forme à une autre ; et je préviens de ne point attacher un sens trop rigoureux aux caractères que je vais exposer.

Les fleurs sont sessiles ou pédonculées, solitaires ou géminées, ou ternées, etc.; aggrégées, quand elles sont réunies en paquets ; on les dit encore agglomérées : elles sont alternes ou opposées ; unilatérales, quand elles sont toutes placées du même côté ; distiquées, c'est-à-dire placées sur deux rangs opposés ; radicales, caulinaires, terminales, éparses, axillaires, dressées, pendantes, inclinées, etc. Tous ces termes n'ont pas besoin de définition ; d'ailleurs plusieurs ont déjà été expliqués. Cette disposition des fleurs forme l'inflorescence simple.

Dans l'inflorescence composée, on distingue : 1°. le *chaton* (pl. 14, fig. 1) [1]. Les fleurs sont placées le long d'un axe commun, séparées les unes des autres par des écailles ou bractées qui tiennent lieu de calice, et sur lesquelles très-souvent les fleurs sont attachées. On donne encore le nom de chaton aux fleurs des pins (pl. 14, fig. 2), quoiqu'il y ait des différences très-remarquables, comme je le dirai en traitant des familles naturelles : dans les fleurs, où

---

[1] J'ai suivi, dans la distribution des différentes sortes d'inflorescence, l'ordre adopté par M. Mirbel.

les sexes sont séparés, le chaton des fleurs mâles est souvent très-différent de celui des fleurs femelles. Il est beaucoup plus court, plus ramassé dans ces dernières; plus grêle, plus allongé pour les fleurs mâles (pl. 14, fig. 5 et 6). Le chaton est simple ou composé de ramifications très-courtes, solitaire ou aggloméré, sphérique, ovale, cylindrique, grêle, épais, compacte; interrompu, quand les fleurs sont réunies par petits groupes séparés et distans. Voyez les fleurs du bouleau, du saule, du noisetier, et celles de la plupart de nos arbres indigènes.

2°. L'*épi* (pl. 14, fig. 4, 6). Les fleurs sont sessiles ou presque sessiles, disposées le long d'un axe commun, ordinairement remarquable par sa roideur dans une position verticale; l'épi est simple ou ramifié; les rameaux sont ordinairement très-courts, serrés contre l'axe commun, chargés de fleurs sessiles. L'épi est digité lorsqu'il se divise jusqu'à sa base en rameaux simples; ces rameaux sont ou étalés ou rapprochés en faisceau, fasciculés, interrompus et disposés par verticilles autour de l'axe commun : le plantain, le froment, le seigle, etc.

3°. La *grappe* (pl. 14, fig. 3 et 10), peu différente de l'épi, s'en distingue par les fleurs toutes pédicellées, réunies sur un axe ou un pédoncule commun, souple, point ramifié, souvent incliné ou pendant; les fleurs sont solitaires à l'extrémité de chaque pédicelle : le *prunus padus*, le *cytisus laburnum*, etc.

4°. Le *thyrse* (pl. 15, fig. 1). Lorsque la grappe est médiocrement ramifiée, que ses ramifications sont courtes, que les fleurs sont réunies en petits groupes distincts, qu'elles forment par leur ensemble une sorte de pyramide plus souvent redressée que pendante, comme dans le marronnier d'Inde; cette inflorescence prend le nom de thyrse.

5°. La *panicule* (pl. 15, fig. 7). Très-rapprochée du thyrse, elle offre, dans ses ramifications plus allongées, des divisions plus ou moins nombreuses, souvent très-étalées, variables dans leur ensemble; lâches, lorsque les ramifications sont éloignées les unes des autres; divariquées, quand elles s'écartent dans tous les sens et forment des angles très-ouverts; serrées, lorsqu'elles sont serrées contre l'axe; feuillées, quand elles sont entremêlées de feuilles : la plupart des graminées, la patience, le gypsophila, etc.

(145)

, 6°. Le *corymbe* (pl. 15, fig. 2). Les ramifications du pé-·
doncule partent de différens points, et parviennent tous à
peu près à la même hauteur. Le corymbe est simple quand
les pédicelles, sans ramifications, partent immédiatement
du pédoncule commun; il diffère alors très-peu de la grappe:
il se rapproche de la panicule lorsqu'il est composé, c'est-à-
dire lorsque les pédicelles se divisent en ramifications disposées dans le même ordre que les pédoncules, comme dans
la millefeuille. Quand les fleurs s'élèvent exactement à la
même hauteur et qu'elles forment un plan horizontal, on
les dit *fastigiées*.

7°. La *cyme* (pl. 15, fig. 3). Les fleurs sont en cyme
lorsque les divisions du pédoncule commun partent tous du
même point, comme dans les ombelles, et que les divisions
secondaires partent de points différens, et arrivent à peu
près à la même hauteur, comme dans le cornouiller et le
sureau.

8°. Le *faisceau* (pl. 15, fig. 5). Les fleurs sont tellement rapprochées, si serrées, les pédoncules si courts,
qu'elles paraissent réunies en tête, quoiqu'elles soient en
effet disposées en cyme, en corymbe ou en panicule : tel est
l'œillet barbu.

9°. L'*ombelle* (pl. 15, fig. 4). Disposition des fleurs
très-remarquable : les pédoncules partent tous du même
point, arrivent à la même hauteur, divergent et s'écartent
comme les rayons d'un parasol ouvert. L'ombelle est simple
quand elle n'est formée que d'un seul ordre de rayons; elle
est composée lorsque chaque rayon porte à son sommet de
petites ombelles ou ombellules; elle est sessile quand les
fleurs ne sont point soutenues par des pédoncules, comme
dans le chardon roland (*eryngium*). L'ensemble de toutes
les parties d'une ombelle composée, forme l'ombelle univer-
selle ou générale : l'ombelle partielle ou ombellule est formée par les pédicelles ou les seconds rayons, placés à l'extrémité des premiers. L'ombelle est radiée ou irrégulière
lorsque les fleurs de la circonférence sont différentes de
celles du centre, ordinairement plus grandes, irrégulières,
à pétales inégaux, comme dans la coriandre.

Les ombelles et les ombellules sont très-souvent entourées à leur base de petites folioles ou bractées auxquelles
on a donné le nom d'*involucre* ou de *collerette*; celles qui

accompagnent les ombellules se nomment *involucelles*. Les ombelles sont nues quand elles sont dépourvues d'involucre.

On a encore donné le nom d'*ombellées* ou de fausses ombelles aux fleurs dont la disposition approche des véritables ombelles, mais qui n'en ont pas les autres caractères, telles que le jonc fleur, (*butomus*).

10°. Le *verticille* (pl. 15, fig. 6). Les fleurs, dans le verticille, sont disposées en anneau autour d'un axe commun, comme dans la plupart des labiées; elles sont à demi verticillées quand elles n'entourent qu'à moitié l'axe qui les porte, comme dans l'oseille (*rumex acetosa*, Lin.).

On distingue encore les *fleurs en tête* ou *capitées* quand elles sont ramassées en boule, sessiles ou pourvues de pédicelles très-courts (pl. 16, fig. 1) : elles forment une sorte d'épi très-court, non développé; elles sont *agglomérées* quand ces têtes se divisent en plusieurs petits groupes rapprochés.

Les fleurs sont dites *composées* lorsqu'elles sont réunies plusieurs ensemble sur un réceptacle commun, entourées d'un involucre que Linné a nommé *calice commun*. On distingue les fleurs composées proprement dites et les fleurs aggrégées : les premières (pl. 16, fig. 3 et 4) sont remarquables par la disposition de leurs anthères, réunies en forme de gaîne ou de cylindre, au travers duquel passe le pistil : ces fleurs sont des fleurons ou des demi-fleurons; il en sera question à l'article *corolle*; les fleurs aggrégées ou fausses-composées (pl. 16, fig. 2) se distinguent par leurs étamines non réunies en cylindre, et par plusieurs autres caractères : la scabieuse.

Il est encore quelques inflorescences remarquables, telles que celles du figuier (pl. 16, fig. 5), dont les fleurs nombreuses sont placées le long des parois internes d'un réceptacle commun, presque entièrement fermé, ombiliqué à son sommet. La même disposition existe pour les fleurs du *dorstenia* (pl. 16, fig. 6), mais leur réceptacle est plane, élargi ou un peu concave, point fermé; dans d'autres plantes, les fleurs sont placées sur le disque des feuilles ou à leurs bords, comme dans le *xylophilla* (pl. 16, fig. 7). Dans les fougères, les organes de la reproduction naissent en paquets sur le dos des feuilles, le long des nervures ou à leur extrémité (pl. 16, fig. 8); dans les mousses, ces mêmes organes ont un autre caractère, qui sera exposé ailleurs (pl. 16, fig. 9).

L'inflorescence éprouve quelquefois des accidens qui en troublent la disposition ou changent la forme des corolles : ils sont occasionés par des circonstances locales, plus ordinairement par la surabondance des sucs nourriciers, qui donnent lieu à des fleurs prolifères, semi-doubles, doubles ou pleines. Une fleur est *prolifère* lorsque de son centre naît une seconde fleur semblable à la première, ou un bourgeon garni de feuilles : l'œillet, la renoncule bulbeuse, la rose, l'anémone en offrent des exemples. Cette prolification se fait ordinairement par le pistil dans les fleurs simples ; dans les fleurs aggrégées, elle part du réceptacle. On voit dans la scabieuse de nouveaux pédoncules sortir de ses bords et se terminer par des fleurs : il en est de même dans quelques fleurs composées, dans la paquerette, le souci, quelques *hieracium*, etc. Dans les ombellifères, du centre de l'ombellule naissent d'autres petites ombelles : au reste, ces sortes d'accidens sont très-variés. On voit quelquefois sur les arbres fruitiers une petite branche, garnie de feuilles et même de boutons, sortir d'une poire imparfaite, sans pepin ; on a vu également, dit M. Durande, sortir d'un gros grain de raisin un autre petit grain avec une branche chargée d'une feuille. Dans la scrofulaire aquatique, les fleurs n'offrent quelquefois que des étamines avortées, tandis que le pistil devient le support d'une petite touffe de feuilles : plusieurs de ces accidens sont dus à des piqûres d'insectes qui ont détourné le cours de la sève ou dérangé l'organisation intérieure.

La fleur *semi-double* acquiert plusieurs rangs de pétales si elle est polypétale, ou bien il y a deux ou trois corolles l'une dans l'autre lorsqu'elle est monopétale ; ce qui est plus rare : elle conserve le pistil avec quelques étamines parfaites, ce qui suffit pour les rendre fécondes.

La fleur *double* ou *pleine* renferme un bien plus grand nombre de pétales que la précédente : il n'y reste plus d'étamines fertiles ; la plupart des filamens sont convertis en pétales ou n'ont point d'anthères. Ces fleurs, si brillantes dans nos parterres, sont des monstres, de véritables eunuques qui n'ont d'éclat qu'aux dépens de leur postérité. On désigne encore par le nom de *fleurs doubles*, les composées radiees lorsque tous les fleurons se transforment en demi-fleurons, ou les demi-fleurons en fleurons; mais ici la dénomination est impropre, comme l'observe très-judicieusement M. Mirbel : les corolles ne font que changer de forme sans se multiplier.

CHAPITRE SEIZIÈME.

*Le réceptacle, les nectaires, les bractées, les involucres,
la cupule et la spathe.*

1°. *Du réceptacle.*

Le pédoncule se termine par un organe particulier, le *réceptacle ;* son importance a été en grande partie méconnue :
on s'est presque borné à ne le considérer que comme le point
d'insertion des parties intérieures de la fleur, et, sous ce rapport, on l'a concentré au fond du calice, en donnant à
celui-ci une extension qu'il n'a pas toujours. Cette idée a
conduit à distinguer le réceptacle en *complet* et en *incomplet*.
Il est complet lorsqu'il porte immédiatement toutes les parties de la fleur renfermées dans le calice ; il est incomplet
lorsqu'il ne porte que l'ovaire et par suite le fruit : les autres
parties de la fleur, telles que la corolle et les étamines, s'insèrent alors sur l'ovaire (ou plutôt sur l'orifice du réceptacle), comme dans les ombelles, ou, sur le calice (c'est-a-
dire sur les parois du réceptacle), comme dans la ronce, le
poirier, etc. : d'où vient qu'en d'autres termes on distingue
le réceptacle du fruit d'avec celui de la fleur.

Cette différence, plus apparente que réelle, dans l'insertion
des parties intérieures des fleurs, a fourni des divisions systématiques, et des caractères pour la formation des genres. En
considérant le fond du calice comme constituant seul le réceptacle, on a dit que le calice était inférieur et l'ovaire *supérieur* lorsque le pistil était attaché sur le réceptacle et non
adhérent avec le tube calicinal ; que l'ovaire était *inférieur* et
le calice supérieur lorsque cet ovaire était couronné par le
limbe du calice. Dans le premier cas, l'ovaire est *libre*, en ce
qu'il ne fait point corps avec le calice ; dans le second cas, il
est *adhérent*, il fait corps avec le calice, et se confond par la
suite avec le péricarpe : c'est dans ce sens que Tournefort a
dit qu'alors le calice devenait le fruit. Cette distinction est
importante et mérite d'être conservée, mais en même temps

il faut rendre le calice et le réceptacle à leurs fonctions, et renfermer l'un et l'autre dans leurs véritables limites, ainsi que je vais essayer de le faire.

Le calice n'a essentiellement d'autre fonction que celle de venir au secours de la corolle pour protéger avec elle les organes de la fécondation, et la garantir elle-même, avant son développement, des intempéries de l'atmosphère : il ne nourrit, il n'entretient aucun autre organe : mais combien sont grandes, combien sont importantes les fonctions du réceptacle ! C'est là qu'aboutissent ces sucs nourriciers qui doivent compléter la grande merveille de la végétation dans la production des fleurs et des fruits ; c'est là que vont paraître successivement ces organes sexuels destinés à la fécondation des semences ; ces précieux embryons qui n'attendent, pour se convertir en véritables fruits, que la liqueur qui doit les rendre féconds ; c'est là, en un mot, que se perfectionnent et mûrissent ces fruits de toute espèce. sans cesse alimentés par le sein d'où ils sont sortis. Il faut donc s'attacher à bien saisir cette différence qui sépare le calice, cette enveloppe ordinairement sèche, aride, souvent de peu de durée, du réceptacle, qui est, dans un grand nombre de plantes, épais, charnu, visqueux. tapissé de glandes nombreuses, vrai foyer de chaleur et de vie : d'où il suit, selon moi, qu'il faudrait rapporter au réceptacle les portions prétendues du calice auxquelles sont attachés, dans plusieurs familles, les étamines et les pétales (voyez *calice*).

C'est pour avoir méconnu les fonctions et les bornes de ces deux organes, que l'on a avancé que, dans beaucoup de plantes, comme dans la famille des rosacées, les étamines et la corolle étaient insérées sur le calice : elles peuvent bien y être soudées en partie (en prenant pour calice la portion supérieure du réceptacle) ; mais leur base plonge nécessairement dans le réceptacle, qui, seul, peut les alimenter. Quand on a dit que, dans les ovaires inférieurs, le calice était adhérent avec l'ovaire, on l'a confondu avec une portion du réceptacle : ici, comme dans les autres espèces, le calice est toujours libre, entier ou à plusieurs divisions. La partie qu'on a regardée comme son tube, remplit, dans ces ovaires adhérens, les fonctions du réceptacle, et lui appartient : cette partie est onctueuse, couverte de glandes à son intérieur ; elle alimente les étamines et les pétales.

Le réceptacle est très-varié dans ses formes : tantôt il est plane, étroit, élargi, quelquefois à peine sensible; d'autres fois il est épais et pulpeux, convexe ou concave ; creux et fermé, comme dans les figuiers; à demi ouvert, comme dans les *ambora*; large et aplati, comme dans les *dorstenia*; replié sur lui-même et presque retourné, comme dans les *arctocarpus* : tantôt il est campanulé, mais libre, détaché de l'ovaire, portant à sa partie supérieure et glanduleuse les étamines et les pétales : cette portion se dessèche quelquefois et tombe avec le calice, qui, dans cet état d'aridité, en est alors peu distingué, comme dans l'abricotier, le prunier, etc.; d'autres fois le réceptacle est adhérent et fait corps avec l'ovaire, dont il devient le péricarpe quand cét ovaire est passé à l'état de fruit. Quelques modernes ont donné au réceptacle proéminent le nom de *gynophore*, le distinguant, par cette expression, comme un organe particulier, quand il n'est en effet qu'une simple modification, un développement du même organe destiné aux mêmes fonctions, comme dans la fraise, la framboise, etc. On a ajouté le *podogyne*, autre expression créée par la passion du néologisme; mais celui-ci n'appartient pas au réceptacle, il est le pédicelle d'un ovaire rétréci à sa base. J'en parlerai ailleurs.

2°. *Des nectaires.*

En traitant du réceptacle, je me suis particulièrement attaché à faire connaître ses fonctions, persuadé que d'elles seules dépend la modification d'un organe : ce sont ces mêmes fonctions qui doivent en déterminer les limites, comme elles en déterminent l'organisation. A la vérité, l'organisation échappe souvent à nos recherches; elle est presque méconnue lorsqu'elle n'est point annoncée par les formes extérieures; mais n'est-on pas toujours fondé à en soupçonner l'existence, dès qu'il y a un changement quelconque dans les liqueurs que produit un organe, ou dans les parties qu'il développe? Ces deux conditions se rencontrent dans le réceptacle : c'est de lui que sortent ces nouveaux organes qui doivent concourir à compléter l'œuvre de la fécondation, tels que les étamines, les pistils, et cette enveloppe qui les protége, la corolle; c'est pour elles qu'il distille ces liqueurs précieuses qu'ordinairement nous ne retrouvons

(152)

plus dans les autres parties de la plante, qui forment le pollen des étamines, la pulpe savoureuse des fruits, l'arome des pétales, etc. : aussi n'est-il pas ordinairement de parties plus abondantes en glandes excrétoires ; elles s'y rencontrent sous toutes sortes de formes, deviennent une nouvelle preuve des fonctions particulières confiées au réceptacle, et de la surabondance de ses sucs nourriciers. On a donné à ces glandes le nom de *nectaires*, dont Linné avait un peu trop étendu le sens, mais qui, réduit à sa véritable signification, ne pourra plus s'appliquer à certains appendices de la corolle, ni à des filamens d'étamines avortées.

Tout porte à croire que c'est dans ces corps nectarifères qu'achèvent de se préparer les sucs fournis par le réceptacle, et destinés au développement des parties de la fructification. M. de Clairville a exposé à ce sujet des idées propres à jeter quelque lumière sur ces organes jusqu'alors trop peu connus [1]. Les nectaires sont donc des corps charnus, glanduleux, ordinairement placés sur le réceptacle, mais qu'on trouve aussi sur les autres parties des fleurs, et qui distillent des sucs différens de ceux sécrétés par les glandes des pétioles et des feuilles.

La forme des nectaires est très-variable : ordinairement ce sont des glandes, ou séparées et placées entre les filamens des étamines, comme dans les crucifères, etc., ou réunies en un bourlet, en une sorte d'anneau à la base de l'ovaire, comme dans les personnées, les bignones, etc. Le nectaire, dans les rosacées, se présente sous la forme d'une lame épaisse, charnue, onctueuse, qui, au moment de la floraison, tapisse la surface intérieure du réceptacle prolongé en tube. Dans l'élégant parnassia, c'est un bouquet de glandes, partagé en cinq grandes écailles pétaliformes, divisées en six ou douze lanières très-fines, surmontées chacune d'une glande : quelquefois les nectaires sont de simples pores occupés par un suc mielleux, ou bien les divers appendices concaves de la corolle, les tubes, les éperons, au fond desquels on trouve une glande, comme dans la fumeterre bulbeuse, etc.

En étudiant les fonctions de ces glandes nectarifères, il me semble que nous avons découvert la source féconde du

---

[1] *Le botaniste sans maître*, pag. 136 ; ouvrage bien conçu, bien écrit, et qui fait suite aux Lettres de J.-J. Rousseau sur la botanique.

parfum et de la suavité de nos fruits. Depuis l'instant où, faibles embryons, ils ont reçu dans l'ovaire le souffle de la vie par la fécondation, ils n'ont cessé d'être abreuvés et perfectionnés par ces sucs alimentaires ; mais leur surabondance est encore un autre bienfait qui ne doit point échapper à notre observation. Nous avons vu ce superflu se répandre en dehors, se réunir dans de petites cavités, dans des pores, des rainures, etc., sous la forme d'une liqueur douce et sucrée, qui se fait sentir aisément au palais de l'homme, et qui pourrait tenter sa sensualité, s'il lui était plus facile d'en disposer ; mais comment pourrait-il convertir ces sucs à son usage ? quels instrumens inventera-t-il pour enlever ces parcelles à peine perceptibles ? comment ensuite parviendra-t-il, même avec le secours de la chimie, à les mélanger, à les élaborer de manière à les réduire en une substance presque homogène ? Ce que l'homme n'a pu faire, un faible insecte, une simple mouche l'exécute tous les jours : c'est à elle, à elle seule que la nature abandonne le superflu des sucs nourriciers du fruit ; elle l'a en conséquence douée d'organes propres à exploiter ces biens précieux, auxquels son existence est attachée ; elle lui a donné un suçoir très-délié pour pénétrer dans les moindres replis des fleurs ; un estomac pour élaborer ce mélange de sucs divers, et les réduire en une substance homogène ; elle y a ajouté la faculté de les dégorger, et de les déposer dans des alvéoles pour alimenter la larve ou la jeune abeille près de sortir de l'œuf, tandis que l'industrie de l'homme est ici bornée à dérober et à s'approprier, au milieu des aiguillons qui le menacent, les magasins de cette petite troupe ailée.

N'examinons pas ici le droit de conquête, mais convenons que l'étude de la nature est l'objet le plus digne de nos contemplations, surtout lorsque, étendant la pensée, on cherche à saisir ces rapports admirables qui rendent les êtres dépendans les uns des autres. Nous venons de voir combien de simples glandes, à peine observées, nous sont devenues intéressantes : plus haut, nous les avons vues alimenter dans les fruits cette chair savoureuse qui les enveloppe ; maintenant nous y trouvons les sources fécondes d'où découle cette substance sucrée si délectable, que les anciens lui attribuaient une origine céleste. On aurait peine à concevoir son extrême abondance, si des milliers d'ouvriers n'étaient continuellement occupés à l'extraire de ses réservoirs, et à en former des magasins si considérables, qu'ils suffisent à l'immense consommation que l'on en fait tous les jours, et que l'homme peut augmenter à volonté, en multipliant le nombre de ses abeilles [1].

3°. *Des bractées, des involucres, des cupules et de la spathe.*

La conservation des fleurs est si importante, les organes qu'elles renferment si essentiels, que la nature a multiplié les précautions, doublé les défenses, pour les garantir des accidens auxquels les expose leur délicatesse : tel, sans doute, a été son but dans la formation des *bractées*, petites folioles particulières placées soit à la base des pédoncules et des pédicelles, soit presque immédiatement sous le calice, ou le long des pédoncules. Quelquefois elles diffèrent peu des feuilles, excepté par leur petitesse ; plus souvent elles ont une forme particulière. Considérées avant l'épanouissement des fleurs, les bractées les enveloppent à l'extérieur,

[1] Vouloir tout expliquer par les causes finales, c'est souvént substituer au but de la nature les écarts d'une imagination exaltée par la grandeur des phénomènes que nous offrent les œuvres de la création ; c'est nous écarter de la véritable route de l'observation, pour nous jeter dans le vaste champ des conjectures. Dans l'examen des organes des plantes, nos premières recherches doivent se porter sur les fonctions qu'ils y exécutent, puis sur les rapports que leurs produits peuvent avoir avec 'es autres êtres de la nature. A la vérité, ces dernières considérations ne tiennent point essentiellement à l'étude des végétaux, mais elles l'embellissent et lui donnent un bien plus grand intérêt. C'est ici qu'il faut être très-réservé dans l'application que l'on fait de ces rapports avec l'emploi que l'homme a su faire des végétaux ou de leurs produits. Par exemple, n'est-ce pas tomber dans l'excès, que de prétendre que la vigne n'a été créée que pour nous procurer une boisson agréable ; le froment, que pour nous fournir un aliment quotidien ; que le quinquina n'existe que pour guérir la fièvre, etc.? A la vérité, l'industrie humaine a su tirer parti de toutes les productions naturelles, et les convertir à son usage ; mais la plupart n'ont pas avec l'homme un rapport tellement immédiat, que son existence soit attachée exclusivement à l'une plutôt qu'à l'autre. Il n'en est pas de même de l'abeille dont je viens de parler : il est très-probable que, sans le nectaire des fleurs, sans le pollen des anthères, l'abeille ne pourrait exister, que les instrumens dont elle est pourvue, ainsi que son organisation, sont relatifs aux opérations qu'elle doit exécuter. Comme la nature est très-abondante dans ses productions, elle peut en abandonner le superflu aux animaux : tel aussi a été son but ; ce qui en reste est plus que suffisant pour la reproduction des espèces.

comme nous l'avons vu pour les stipules avant le développement des feuilles : si elles sont plusieurs et placées alternativement, elles s'écartent à mesure que le pédoncule s'allonge, remplacent alors les feuilles qui lui manquent, et
en remplissent les fonctions : elles ont la même organisation.
Dans ce cas, ce sont de véritables feuilles, mais distinguées
des autres par leur situation et souvent par leur forme : on
leur donne quelquefois le nom de *feuilles florales*.

On peut en général distinguer trois sortes de bractées :
1°. les *bractées proprement dites ;* 2°. les *involucres ;* 3°. les
cupules.

Les *bractées* proprement dites (pl. 13, fig. 8) sont celles
qui ont, avec les feuilles, le plus de ressemblance : elles ne
sont distinguées comme telles, qu'autant qu'elles sont placées sur le pédoncule ; autrement elles doivent être rangées
parmi les feuilles. Dans les fleurs qui sont privées de bractées, comme il arrive surtout aux fleurs sessiles, solitaires,
axillaires, etc., les dernières feuilles, celles qui accompagnent les fleurs, remplissent assez ordinairement, avant
l'épanouissement des boutons de fleurs, les mêmes fonctions
que les bractées.

On distingue les bractées, comme les feuilles, d'après
leur forme, leur situation, leur nombre, leur durée, leur
couleur, etc. : elles sont *embriquées* lorsqu'elles sont placées
entre les fleurs, avec lesquelles elles forment, par leur rapprochement, un épi serré ou une tête, comme dans la bru-
nelle, l'origan, etc. ; elles sont en *chevelure* ou en *toupet*
quand, placées à l'extrémité d'un épi de fleurs, elles présentent une touffe de feuilles en forme de couronne ou de
chevelure, comme dans la lavande stœchas, le basilic, la
fritillaire impériale, l'ananas, etc. On dit qu'elles sont
colorées quand elles sont tachetées, ou que leur couleur est
différente de la couleur verte, comme dans l'ormin, le mé-
lampire des champs : dans quelques-unes, les couleurs sont
si vives, qu'on est tenté de les prendre pour des fleurs. On
voit assez fréquemment, dans les pédoncules ramifiés, des
bractées générales et des bractées particulières : ces dernières
pourraient être nommées *bractéoles*.

Les bractées prennent le nom d'*involucre* lorsqu'elles
sont disposées en forme de verticille ou d'anneau, soit immédiatement sous les fleurs, soit à quelque distance, autour

du pédoncule : tel est l'involucre du *clematis calycina*, celui de l'*anemone pulsatilla*, *nemorosa*, etc., l'enveloppe de la fleur du *passiflora fœtida* (pl. 13, fig. 6) : le calice commun des fleurs composées est encore un véritable involucre (pl. 13, fig. 7). Quelquefois l'involucre semble tellement faire partie du calice à la base duquel il adhère, qu'on lui a donné le nom de *calicule* ou de second calice, comme dans la plupart des mauves. Le calice est *caliculé* dans l'œillet, à cause des petites écailles qui entourent sa base. Les plus remarquables des involucres sont ceux qui accompagnent les fleurs en ombelles : ils sont situés à la base des rayons tant des ombelles que des ombellules; ils prennent plus particulièrement le nom de *collerette* (pl. 13, fig. 9 et 10).

Enfin, on a rangé à la suite des bractées, et comme leur appartenant, les *cupules*, que plusieurs auteurs avaient d'abord considérées comme des calices : elles sont ordinairement d'une seule pièce, renferment une ou plusieurs fleurs femelles, et persistent avec le fruit : telle est la cupule du gland (pl. 13, fig. 1), celle du noisetier (pl. 13, fig. 2), celle du châtaignier (pl. 13, fig. 3). « On peut être surpris au premier coup d'œil, dit M. Mirbel, de voir ranger parmi les feuilles florales la cupule, qui, en général, n'a aucune ressemblance avec les feuilles; mais il est facile de justifier ce rapprochement en montrant les transitions. Ce que nous nommons cupule dans le noisetier, ressemble tout à fait à deux feuilles unies ensemble par leurs bords. La cupule du chêne est composée de petites écailles ou bractées soudées par leur partie inférieure; elle ne diffère pas beaucoup de certains involucres. Dans l'*ephedra*, les gaînes placées à chaque articulation, et qui sont évidemment des feuilles *opposées-conjointes*, se rapprochent au voisinage du fruit, et composent une suite de cupules emboîtées les unes dans les autres : on arrive donc par nuances jusqu'à la cupule du pin, du sapin, etc. Le règne végétal offre une multitude de transformations semblables, qui rendent toujours les analogies difficiles à saisir. » Ces observations sont sages; mais, d'après ce que j'ai dit du réceptacle, et ce que je dirai plus bas du calice, je suis très-porté à ne considérer la cupule que comme une modification particulière du réceptacle (voyez *calice*).

C'est sans doute par suite de ces transformations, de ces rapports successifs, que l'on a encore placé parmi les bractées les écailles calicinales des fleurs à chaton, et ces enveloppes particulières aux plantes monocotylédones, qui, sous la forme d'une feuille membraneuse roulée en cornet, contiennent une ou plusieurs fleurs, ainsi qu'on le voit dans les narcisses, les *arum*, les palmiers, etc. (pl. 13, fig. 4, 5) : on leur a donné le nom de *spathe*. Linné les avait rapprochées du calice.

La spathe est tantôt d'une seule pièce, *univalve*, comme dans le dattier, l'*arum ;* tantôt de deux pièces, *bivalve*, comme dans plusieurs espèces d'ail ; à plusieurs pièces, *multivalve*, le *caryota :* quelquefois elle se déchire, au lieu de s'ouvrir régulièrement, comme dans plusieurs espèces de narcisse. Dans ses formes, la spathe ressemble ou à une feuille allongée, roulée à sa base, ou à un cornet obliquement évasé ; quelquefois à une oreille d'âne, à une sorte de bourse, à un petit sac, etc.

La balle des graminées (pl. 13, fig. 11, 12, 13) a été également associée aux spathes, dont elle est en effet très-rapprochée ; mais comme les valves qui la composent remplissent plus immédiatement les fonctions du calice et de la corolle, j'en parlerai lorsqu'il sera question de la famille des *graminées*.

CHAPITRE DIX-SEPTIÈME.

Des enveloppes florales.

Le calice.

Comment signaler le *calice*, cette enveloppe extérieure des fleurs, produite par le prolongement de l'écorce, destinée à protéger la corolle et les organes sexuels? Si le calice présentait constamment les mêmes caractères; si la corolle existait dans toutes les fleurs, cette définition n'aurait aucune difficulté, et le calice serait toujours facile à reconnaître: mais beaucoup de fleurs sont sans corolle, et, dans ce cas, il n'existe qu'une seule enveloppe. Sera-t-elle désignée comme calice ou comme corolle? La question est d'autant plus difficile à résoudre, que ces deux organes paraissent chargés des mêmes fonctions. Sous ce rapport, on aurait pu les indiquer sous les noms d'enveloppe extérieure et d'enveloppe intérieure, ainsi qu'on l'a fait depuis, mais en termes de l'art, par les expressions de *périgone*, ou de *périanthe* simple et *périanthe* double. Quand le périanthe est double, on rappelle alors les noms de calice et de corolle; mais, comme ce sont deux organes différens, il restera toujours à décider auquel des deux appartient le périanthe simple: c'est donc éluder la difficulté et non la résoudre; c'est, sous une même dénomination, réunir, confondre deux organes qui doivent être séparés. Nous avons vu ailleurs, par un abus opposé, les modifications du même organe désignées comme autant d'organes différens: conservons donc le nom de calice avec les attributs qui lui ont été assignés par Linné, mais seulement pour celui qu'il a nommé *périanthe*. Cet homme célèbre a cru devoir rapprocher du calice l'involucre des ombelles, la spathe des fleurs monocotylédones, les écailles des fleurs en chaton, celles des graminées, la coiffe des mousses, le volva des champignons. Ces organes, quoique destinés en partie aux mêmes fonctions que le calice, ont plus de rapports, les trois premiers avec les bractées; les autres à un ordre de plantes avec lesquelles ils seront mentionnés. J'exposerai plus bas, en traitant de la *corolle*, les différences qui existent entre elle et le calice proprement dit.

Le calice n'a ni les grâces ni les formes agréables et variées de la corolle : c'est ordinairement une enveloppe grossière, un simple épanouissement de l'écorce à l'extrémité du pédoncule, qui souvent se divise en plusieurs segmens. Ne méprisons pas ces formes rustiques du calice, elles conviennent à ses fonctions. C'est par la puissance et la force qu'on protège et défend, et non par l'élégance des formes ou le prestige du luxe. Comme enveloppe extérieure de la fleur, le calice doit offrir plus de résistance aux dangers du dehors; sa constitution répond à son emploi : on trouve cependant quelques calices qui rivalisent en élégance et en beauté avec la corolle, et qui, même quelquefois, attirent seuls l'attention : tel est celui de notre bel hortensia, du fuchsia, etc.

C'est encore abuser des termes que de donner, presque indifféremment aux enveloppes extérieures de certaines fleurs le nom de calice ou d'involucre, surtout quand cette enveloppe extérieure est double, comme dans la plupart des malvacées, ou qu'elle entoure plusieurs fleurs, comme dans les composées. On évitera cette erreur en observant avec soin les fonctions et les attributs de ces deux organes en apparence si rapprochés. L'*involucre* est une enveloppe destinée à protéger la fleur en bouton lorsque toutes ses parties sont encore dans un état de faiblesse tel, qu'un air un peu trop froid, un brouillard humide, ou un rayon de soleil trop ardent occasioneraient sa perte : à la vérité, le calice existe déjà, mais il n'a pas encore acquis la vigueur d'un défenseur. Si, au moment de leur apparition, vous dépouillez ces sortes de fleurs de leur involucre, vous les verrez presque toutes s'altérer ou périr.

L'involucre est placé sur le pédoncule, souvent, à la vérité, vers son sommet, mais il n'en est pas l'épanouissement terminal; il ne fait point partie du réceptacle comme le calice. Dès que le bouton de fleur est fortifié, l'involucre s'écarte, il cesse ses fonctions; s'il persiste, ce n'est plus que comme auxiliaire des feuilles, dont il n'est qu'une modification. Dans les fleurs qui s'ouvrent et se ferment, selon l'état de l'atmosphère, assez généralement l'involucre ne participe pas à ces mouvemens, tandis que le calice se rabat sur la corolle. Le calice est une partie intégrante de la fleur; il la protége dans son développement, continue ses services tant qu'elle a besoin de son secours, et les étend même jusqu'aux fruits quand cela est nécessaire; il termine toujours le pédoncule, entoure souvent le réceptacle par sa base, ou semble même en faire partie, comme je l'ai dit ailleurs.

D'après cet exposé, on conçoit que c'est confondre les expressions, bouleverser les idées, que de donner le nom d'involucre au calice commun des composées, au double calice des malvacées; on concevra encore que c'est également faute d'entendre les termes ou d'en bien déterminer le sens, que l'on a donné aux balles, glumes ou écailles des fleurs dans les graminées, le nom de feuilles avortées, d'involucre ou de bractées. Ces écailles, dans cette famille de plantes, remplissent évidemment les fonctions de calice et de corolle; elles n'abandonnent pas les fleurs après leur épanouissement; elles restent même beaucoup plus long-temps que les enveloppes dans les autres fleurs. Dans combien d'espèces ne voit-on pas les deux écailles intérieures qui représentent la corolle, persister sur la semence, et former autour d'elle une sorte de péricarpe? Ces cupules, qui accompagnent les fruits du noisetier, du chêne, du châtaignier, me paraissent appartenir plutôt au réceptacle qu'aux involucres, parmi lesquels on les a placées.

Mais, dira-t-on, pourquoi l'involucre, cet organe protecteur du bouton, n'existe-t-il pas dans toutes les fleurs? Je demanderai à mon tour pourquoi y a-t-il des fleurs privées de calice ou de corolle, quelquefois de l'un et de l'autre? Un bon observateur ne fera jamais cette question, ou plutôt il en cherchera la réponse dans la nature. il verra qu'elle donne un protecteur aux parties les plus faibles; qu'elle abandonne à leurs propres forces celles auxquelles, dès leur naissance, elle a donné plus de vigueur; qu'en un mot, elle varie ses procédés à l'infini, et qu'il faut se défier de ces généralités établies d'après quelques observations particulières.

Les termes qui désignent les formes variées du calice, ou sont faciles à entendre, ou bien ils ont été déjà expliqués ailleurs : c'est pourquoi je me bornerai à un très-petit nombre. Je dois seulement rappeler ici que la portion de certains calices, sur laquelle s'insèrent les étamines et la corolle, et que j'ai dit appartenir au réceptacle, est citée par la plupart des auteurs comme partie inférieure et tubulée de ces mêmes calices : d'où vient alors l'expression de calice supérieur et de calice inférieur ; mais, d'après ce qui a été dit plus haut, ces expressions doivent être supprimées, et appliquées seulement à la corolle dans le même sens, ainsi qu'à l'ovaire, sans qu'il soit question du calice. La nature, il est vrai, n'a pas toujours mis entre ces deux organes, le réceptacle et le calice, des limites extérieures que l'œil puisse saisir, mais elle l'a fait pour leurs fonctions ; l'un soutient et nourrit, l'autre défend et protége : il n'en faut pas davantage à l'observateur.

Le calice est *monophylle* ou d'une seule pièce lorsque ses divisions ne s'étendent pas jusqu'à la base, comme dans l'œillet (pl. 21, fig. 4), la primevère, dans les fleurs labiées (pl. 19, fig. 8) ; il est *polyphylle* ou composé de plusieurs pièces ou folioles lorsque ses divisions s'étendent jusqu'à la base, ou jusqu'au réceptacle, avec lequel il est souvent confondu, comme je l'ai dit plus haut, et, dans ce cas, le calice paraît monophylle. Parmi les calices polyphylles, les uns n'ont que deux folioles, comme le pavot, la fumeterre, la balsamine ; d'autres en ont trois, l'alisma, le tradescantia, la ficaire ; d'autres quatre, le chou, la rave et toutes les crucifères (pl. 19, fig. 6) : on en trouve cinq dans le lin, les renoncules, etc. ; six dans l'épine-vinette, etc. Le calice est *entier* lorsqu'il n'offre à son limbe aucune division, ni lobes, ni dentelures, comme dans le *fissilia* ; il est *rongé* quand le bord est inégal ; *crénelé, denté, incisé, bifide, trifide*, etc.

On distingue encore, 1°. le calice *propre*, qui ne renferme qu'une seule fleur : il est *simple* lorsqu'il n'est composé que d'une seule enveloppe ; *double*, quand il offre deux ou plusieurs enveloppes remarquables, toutes distinguées de la corolle, comme dans la plupart des malvacées. Quelques-uns rangent l'enveloppe extérieure parmi les bractées ou les involucres. 2°. Le calice *commun*, aujourd'hui plus généralement considéré comme un involucre, renferme plusieurs fleurs, toutes placées sur le même réceptacle, comme dans la scabieuse, le chardon, la laitue, etc. : il est simple quand il n'est composé que d'une seule pièce, comme celui de l'œillet d'Inde (*tagetes*), ou d'un seul rang d'écailles, mais qui ne se recouvrent pas les unes les autres, comme dans le salsifis : ce calice est *caliculé* quand il est garni à sa base extérieure de quelques petites écailles courtes. On nomme calice *imbriqué* celui qui est composé d'écailles ou de folioles disposées sur plusieurs rangs, et qui se recouvrent les unes les autres comme les tuiles d'un toit, l'artichaut, le chardon, etc.

Je dois prévenir, en terminant cet article, qu'aujourd'hui le calice n'est plus *qu'une feuille avortée, gênée dans son développement*. On aurait bien dû nous dire par quelle cause, par quel accident cette feuille se trouvait *gênée dans son développement*, et ce qu'il faut entendre par *avortement*. J'ai toujours cru que cette expression s'appliquait à tout organe qui, par un accident quelconque, n'était pas ce qu'il devait être : or, le calice est une enveloppe florale dont la position, la forme, les fonctions sont bien déterminées, en un mot c'est un *calice* et non une feuille manquée, pas plus que le pied n'est une main avortée, malgré les grands rapports qui existent entre ces deux organes. Au reste, nous verrons les avortemens jouer un grand rôle dans la nomenclature des modernes; nous verrons les balles des graminées converties également en *bractées avortées*, etc.; et les bractées que seront-elles ? Sans doute des feuilles avortées. Enfin l'amour des termes nouveaux est porté aujourd'hui à un tel excès, que, par une contradiction remarquable, après avoir fait une feuille du calice, on ne veut pas que ses divisions, lorsqu'elles sont profondes ou séparées, soient des *folioles :* on y a substitué le nom de *sépales*, dans la crainte sans doute d'être trop bien entendu en continuant à parler français. Ainsi on a des calices ou des *feuilles avortées monosépales, polysépales, bisépales, trisépales*, etc., expressions qui du moins ont l'avantage de mettre en harmonie les *sépales* avec les *pétales:* ainsi se perfectionne tous les jours le langage scientifique, et des grâces toutes nouvelles s'introduisent dans la langue française !

CHAPITRE DIX-HUITIÈME.

La corolle.

Tout ce que j'ai dit de ce charme séduisant attaché aux fleurs peut s'appliquer particulièrement à la corolle : c'est surtout pour elle que la nature a broyé les couleurs les plus éclatantes de sa palette, qu'elle a dessiné les formes les plus gracieuses ; mais, au milieu de ces brillans attributs, elle n'est en réalité que l'enveloppe immédiate d'organes plus importans. Ces belles formes que nous admirons ne lui ont point été données uniquement pour briller à nos regards, elles ont une destination plus relative au but de la végétation. Après avoir protégé dans le bouton les organes sexuels, la corolle s'entr'ouvre, se déploie, et devient la tenture élégante du lit nuptial : les noces terminées, cette décoration disparaît, se flétrit, ou, si elle persiste encore quelque temps, il est à croire qu'elle ne prolonge sa durée que pour concentrer dans l'intérieur de son tube, ou réfléchir, par le poli de ses pétales, ces flots de lumière, qui se réunissent, comme dans un foyer de chaleur, sur les ovaires fécondés, et en accélèrent le développement.

Quelques auteurs sont portés à croire que le calice et la corolle ne sont qu'une modification du même organe : je ne puis être de cet avis, et je vais présenter quelques observations qui tendront à prouver que ces deux organes sont nonseulement bien distincts, mais qu'il est encore possible, lorsqu'un seul existe, de reconnaître auquel des deux il appartient : pour cela, revenons un instant sur nos pas. Qu'est-ce qu'un calice ? C'est, avons-nous dit, une enveloppe produite par le prolongement de l'écorce. Le calice est dans ses rapports tellement rapproché des feuilles, que quelquefois il en affecte les formes, et n'en diffère que par une modification particulière : d'où suit une observation très-importante ; savoir que, dans les fleurs doubles, dans ce luxe de végétation qui bouleverse, confond, dénature toutes les parties des fleurs, le calice reste simple, ne se convertit

jamais en pétales ; que tout au plus ses divisions s'élargissent, se déforment, ou se prolongent en folioles assez semblables aux feuilles ; qu'il conserve sa couleur verte et sa rudesse.

Sous des formes beaucoup plus aimables, la corolle se
présente avec des caractères qui en font un organe bien distinct, et qui aident à la reconnaître même quand elle existe
seule. Je ne citerai pas ses formes plus variées, ses couleurs
plus brillantes, ses parfums, sa contexture plus délicate.
Quoique ces attributs ne se rencontrent que très-rarement
dans les calices, nous en trouverons de plus tranchés dans la
nature des pétales et dans leur rapprochement avec les filets
des étamines. Rien n'annonce qu'ils aient aucun rapport
avec les calices, dont les divisions ne se changent pas plus
en pétales, que les pétales en feuilles ; nous voyons au contraire, dans les fleurs doubles, les étamines et même les pistils prendre la forme des pétales, et quelques-uns, dans
cette métamorphose, porter encore à leur sommet une anthère stérile : nous en trouvons une autre preuve dans les
fleurs des malvacées, dont les filamens, soudés en un tube
cylindrique autour du pistil, font corps avec la corolle, et
ne sont qu'un prolongement de sa base ; ailleurs, ces filamens sont greffés sur les pétales, jamais sur le calice,
comme je l'ai fait voir plus haut. Dans les giroflées, les renoncules, les œillets, les pavots, les rosiers à fleurs doubles, etc., les calices se montrent uniquement avec leurs
divisions, tandis que les pétales se multiplient à l'infini aux
dépens des étamines.

Une fois reconnu que la corolle seule se double, nous
sommes forcés de regarder comme telle l'enveloppe florale
de la tulipe, des narcisses, des jacinthes, etc., et, en général, celle de toute cette famille des monocotylédones, dont
les fleurs, malgré leur éclatante beauté, ont été, par plusieurs auteurs, rangées parmi les calices. Dans ces mêmes
fleurs et dans beaucoup d'autres, les nectaires, les appendices particuliers dépendans des pétales, se multiplient
comme eux : l'ancolie nous offre, dans son cornet éperonné,
plusieurs autres cornets renfermés les uns dans les autres.
Cette surabondance de végétation produit fréquemment des
monstruosités singulières, mais qui n'affectent jamais que
les corolles. Ces particularités me paraissent assez tranchantes pour nous faire reconnaître, dans un très-grand

nombre de fleurs à une seule enveloppe, la nature de cette enveloppe, soit, dans les unes, d'après la multiplication des pétales, soit, par analogie, dans celles qui ne se doublent pas. Je suppose que le lis ne se rencontre jamais double, lui refuserai-je une corolle quand je vois à côté la tulipe et la jacinthe se doubler? Dirai-je que l'anémone n'a point de corolle quand j'aperçois, au lieu de cinq pièces, une superbe rose composée d'un nombre infini de pétales disposées par zones nuancées des plus vives couleurs?

On peut encore faire entrer en considération la position respective des étamines, ou alternes avec les pétales, ou placées en opposition avec eux. On sait que, dans beaucoup de familles, ces dispositions sont constantes, et que, quand les étamines alternent avec les pétales, ces derniers alternent également avec les divisions du calice, et qu'alors les étamines se trouvent en opposition avec les divisions calicinales. Ces indications trompent rarement, surtout lorsqu'on étudie les plantes d'après leurs rapports naturels ; mais elles ne sont applicables qu'aux plantes dont toutes les parties sont en nombre déterminé, et lorsque ce nombre est égal dans chacune de ces parties : je ne parle pas de plusieurs autres signes de reconnaissance qui m'entraîneraient dans de trop longs détails, mais qu'il sera facile d'apercevoir par l'habitude de l'observation. Ainsi, en réunissant toutes les observations antécédentes, il faudra, malgré l'opposition des étamines avec les pétales, admettre comme corolle, dans la famille des protéacées, l'enveloppe de chaque fleur, puisque, d'une part, cette enveloppe porte l'étamine, et que, de l'autre, elle est insérée sur le réceptacle, toutes ces fleurs étant d'ailleurs entourées d'une enveloppe générale, à laquelle on donne tantôt le nom de calice commun, tantôt celui d'involucre, selon la nécessité où l'on se trouve de la coordonner avec le système que l'on veut établir. J'en dirai autant de la famille des laurinées, dont les étamines sont soudées à la base de chaque pétale, ainsi que des plantaginées, dont la corolle monopétale adhère par sa base avec les filamens des étamines : ajoutons-y les nictaginées et les plumbaginées ; mais, dans les polygonées, les atriplicées et les amarantacées, leur enveloppe est un véritable calice d'après les principes que j'ai exposés plus haut.

Tournefort a posé en principe que le calice était destiné

pour la conservation de l'ovaire, soit qu'il l'enveloppe sans y adhérer, soit qu'il fasse corps avec lui et en devienne le péricarpe : il a fait de cette distinction les sous-divisions de plusieurs de ses classes. En conséquence de cette idée, il donne, dans les enveloppes simples, le nom de calice à toutes celles qui adhèrent avec l'ovaire : il en est résulté que, dans la famille des liliacées, la brillante enveloppe des fleurs porte le nom de calice ou de corolle, selon qu'elle est adhérente ou non adhérente avec l'ovaire. Il a été plus loin : entraîné par les conséquences de ce principe, il distingue deux parties dans les enveloppes adhérentes : la partie inférieure, qui fait corps avec l'ovaire et qu'il nomme calice ; la partie supérieure, qu'il appelle corolle, quoiqu'elle ne paraisse être que la continuation du même organe.

Cette manière de voir de Tournefort paraîtra peut-être contradictoire, au moins très-inexacte, à quiconque ne s'arrêtera qu'aux apparences. Comment, dira-t-on, le même organe peut-il être en même temps calice et corolle, calice à sa base, corolle à la partie qui domine l'ovaire ? Si la base de cette enveloppe est considérée comme un calice adhérent, la partie supérieure et libre de cette enveloppe n'en est-elle pas évidemment le limbe, et peut-elle recevoir une autre dénomination ?

Tournefort a vu bien différemment, et ne s'est point arrêté à cette idée superficielle. Dans cette enveloppe unique, il a remarqué deux parties bien distinctes, lesquelles, quoique réunies, remplissent deux fonctions différentes : c'est du moins, quoiqu'il ne le dise pas ouvertement, l'interprétation que j'ose donner de son idée, et qui résulte naturellement de ses principes. La partie inférieure, destinée pour la conservation de l'ovaire, persiste, s'accroît, se développe avec lui, et en devient le péricarpe ; la partie supérieure, plus spécialement réservée pour la défense des organes sexuels, se dessèche et périt peu après la fécondation : la première remplit donc évidemment la fonction de calice dans le sens de Tournefort, et la seconde celle de corolle. Elles devaient donc être distinguées par l'expression, comme elles le sont par leur position, leur durée et leur destination ; elles forment donc réellement deux organes sous l'apparence d'un seul. On a vu que mon opinion est très-rapprochée de celle de Tournefort, et qu'elle n'en diffère qu'en ce que je regarde comme portion du réceptacle celle qu'il prend pour un calice.

L'attention qu'il faut donner aux formes de la corolle pour la distinction des plantes est peut-être ce qu'il y a de plus attrayant dans une étude où tout est jouissance. Tournefort, en choisissant la corolle pour le fondement de sa méthode, et mettant par ce moyen la science à la portée de tous les esprits, a peut-être plus fait pour sa propagation que les plus savans botanistes dans la profondeur de leurs recherches. Dès qu'on sait plaire en instruisant, on peut être assuré du succès de ses leçons : celles qui tiennent à une science aussi attachante seront toujours écoutées tant qu'on ne sortira pas des bornes de l'observation, et que l'homme ne viendra pas nous offrir ses systèmes pour l'œuvre de la nature. Dans cette analyse de la corolle, tandis qu'au milieu d'une atmosphère parfumée des doigts délicats en séparent toutes les pièces, la vue ne peut se détacher de ces formes gracieuses, de ces tons de couleurs si agréablement nuancés ; et quand, au milieu de ces jouissances qui semblent n'affecter que les sens, on parvient à connaître le jeu et la destination de toutes ces pièces, c'est alors que ce que nous ne regardions que comme une agréable distraction, pénètre notre ame d'une profonde admiration pour la grandeur des œuvres du Tout-Puissant. Arrêtons-nous d'abord aux simples formes de la corolle, nous verrons ailleurs qu'elles n'ont point été dessinées au hasard.

La corolle est *monopétale* (d'une seule pièce) ou *polypétale* (de plusieurs pièces, à plusieurs pétales) ; *régulière*, lorsque toutes ses divisions ou tous les pétales sont semblables ; *irrégulière*, lorsqu'une ou plusieurs de ses divisions ou de ses pétales ne ressemblent pas aux autres. La corolle est monopétale, quelle que soit la profondeur de ses divisions, quand elles sont réunies en un seul corps, ne le seraient-elles qu'à leur base : la corolle de la mauve, quoique divisée presque jusqu'à sa base, est autant monopétale que celle du liseron, qui est entière dans toute sa longueur.

On distingue deux parties dans la corolle monopétale : 1°. le *tube*, qui est sa partie inférieure, tantôt extrêmement court, tantôt très-allongé : on donne le nom d'*orifice* ou de *gorge* à son ouverture supérieure ; 2°. le *limbe*, qui comprend toute la partie dilatée à partir de l'orifice jusqu'au bord.

Les formes les plus remarquables des corolles régulières sont, 1°. celles en forme de cloche, les *campanulées*, lorsque, dilatée dès sa base, la corolle n'a point de tube sensible et qu'elle s'évase en offrant la forme d'une cloche, comme celle de la campanule, du liseron, etc. (pl. 19, fig. 4, 5). 2°. Les *infundibuliformes* ou en entonnoir : le tube est étroit, insensiblement dilaté; le limbe presque campanulé, comme dans le tabac, etc. (pl. 21, fig. 15). 3°. Dans les *hypocratériformes* ou en forme de plateau, le tube est étroit, plus ou moins allongé, point dilaté à son orifice; le limbe plane ou un peu concave, comme dans le phlox, le jasmin, etc. 4°. Dans la corolle *en roue*, le tube est très-court, le limbe plane, à plusieurs divisions ou à plusieurs lobes : la morelle, la pomme de terre (*solanum*). Quand les divisions du limbe sont allongées, aiguës, on dit que la corolle est en molette d'éperon, comme dans la bourrache, ou en étoile, comme dans le caille-lait (*galium*); enfin la corolle est *tubulée* lorsqu'elle est constituée par un tube allongé, cylindrique, terminé par un limbe très-court, presque nul.

Parmi les corolles monopétales irrégulières on distingue, 1°. les *labiées* ou en lèvres : le tube se prolonge en un limbe irrégulier, divisé en deux parties dissemblables, écartées et placées l'une audessus de l'autre, que l'on nomme *lèvres*. La lèvre supérieure imite souvent un casque; elle en porte le nom; l'inférieure porte celui de *barbe*. L'écartement de ces deux lèvres est l'*ouverture* (*rictus*); l'évasement du tube est la *gorge;* l'éminence qui se trouve quelquefois dans cet évasement se nomme le *palais* (pl. 19, fig. 8). 2°. Les *personnées,* en masque ou en gueule : l'orifice du tube est large et renflé; les deux lèvres, rapprochées à leur base, sont fermées par une dilatation proéminente, le mufle de veau (*antirrhinum*); quelquefois le tube est muni d'un prolongement semblable à un ergot de coq ou à un éperon.

Les pièces qui composent la corolle polypétale se nomment *pétales*. Dans chaque pétale on distingue l'*onglet*, qui est la partie par laquelle le pétale tient à la fleur : assez ordinairement les pétales sont plus ou moins rétrécis à leur base. Dans ce cas, on dit que le pétale est *onguiculé :* quand ce rétrécissement n'est presque pas sensible, le pétale est sessile; mais, même dans ce cas, il n'a pas moins un onglet constitué par son point d'attache. La partie supérieure et ordinairement plus élargie du pétale se nomme *lame* : elle correspond au limbe de la corolle monopétale.

La corolle polypétale prend un nom particulier d'après la forme et la disposition des pétales : 1°. on la dit *cruciforme* lorsqu'elle est composée de quatre pétales réguliers, placés en croix, comme dans le chou, la giroflée, etc. (pl. 19, fig. 6). 2°. Elle est *rosacée* quand les pétales, au nombre de cinq, ont des onglets très-courts, et sont disposés comme dans la rose à fleurs simples, le fraisier, la renoncule, etc. (pl. 20, fig. 2). 3°. La corolle est *caryophillée* quand ces cinq pétales réguliers sont pourvus d'onglets très-longs, renfermés dans un calice tubulé : l'œillet, le lychnis, le silené, etc. (pl. 15, fig. 5). 4°. On a donné le nom de *papilionacée* à toute corolle composée de cinq pétales très-irréguliers, et qui ont reçu des noms particuliers (pl. 20, fig. 4). Le pétale supérieur, ordinairement plus grand et relevé, se nomme l'*étendard* ou le *pavillon;* les deux latéraux forment les *ailes;* les deux inférieurs, ou séparés, ou soudés ensemble par leur bord antérieur, portent le nom de *carène*, dont ils ont la forme : telles sont les fleurs des pois, des haricots et de la plupart des légumineuses.

On peut encore ajouter à ces formes la corolle *ligulée* ou le *demi-fleuron*, composé d'un tube grêle, très-court, dont le limbe se prolonge d'un seul côté en une sorte de languette, comme dans la chicorée, le pissenlit, etc. (pl. 19, fig. 1). Le *fleuron :* c'est une corolle monopétale, régulière, infundibuliforme, ayant cinq divisions à son limbe (pl. 19, fig. 2) : elle ne porte ce nom qu'autant qu'elle appartient aux fleurs composées, syngénèses, ainsi que le demi-fleuron : d'où vient que ces sortes de fleurs, réunies dans un calice commun, se nomment *flosculeuses* lorsqu'elles sont uniquement composées de fleurons (pl. 16, fig. 3); *semi-flosculeuses*, quand elles n'ont que des demi-fleurons; *radiées*, lorsque leur disque ou centre est occupé par des fleurons, et leur circonférence par des demi-fleurons (pl. 16, fig. 4).

Telles sont les formes les plus générales de la corolle, parmi lesquelles il y a beaucoup d'intermédiaires qui ne peuvent être rigoureusement désignées que par des descriptions particulières : Tournefort y ajoute les fleurs *liliacées*, monopétalées, à six divisions, ou composées de six pétales. Elles n'ont point de calice; presque toutes appartiennent aux monocotylédones, telles que le lis, l'ornithogale, les iris, etc. (pl. 21, fig. 6); les autres corolles, tant monopétales que polypétales, qui ne peuvent être classées ou rapprochées des formes que nous venons d'indiquer, sont *anomales*, telles que la violette, la capucine, le pied d'alouette, les orchis, etc. (pl. 20, fig. 8).

La corolle, considérée d'après son insertion, est placée sous l'ovaire : alors elle est *hypogyne*, comme dans la giroflée, le liseron, etc.; autour de l'ovaire, *périgyne*, sur la paroi interne du calice (du tube du réceptacle, selon moi), comme dans le myrte, le rosier, la campanule : elle est placée au sommet de l'ovaire, *épigyne*, dans les ombellifères, les rubiacées et dans toutes les fleurs syngénèses. Ces différentes insertions, en les combinant avec celles des étamines, ont fourni, à M. de Jussieu, des caractères généraux pour la distinction de ses familles naturelles, et pour établir les rapports entre ces mêmes familles. On peut admettre, comme un principe assez général, que les filamens des étamines sont soudés par leur partie inférieure sur les corolles monopétales, tandis qu'il est très-rare que les pétales, dans les corolles polypétales, portent des étamines.

La corolle est quelquefois pourvue d'appendices particuliers sans que sa forme en soit sensiblement altérée : telles sont ces écailles placées à l'orifice des fleurs de la bourrache; ces lames dentelées, saillantes qui garnissent celle du laurierrose; ce tube en forme de couronne qui occupe le centre des divisions dans la fleur du narcisse : ailleurs ce sont des fossettes, des enfoncemens en forme de godets ou de cuillers, des sillons tels qu'on en voit sur les pétales du lis, des bosses, des cornets, des éperons. Lorsque ces sortes de cavités sont remplies d'une liqueur particulière, elles prennent le nom de *nectaires*, et doivent être distinguées des appendices proprement dites.

La disposition de la corolle dans le bouton, ou la manière dont les pétales sont placés, ainsi que les autres parties de la fleur avant son épanouissement, mérite d'être observée : elle ne l'a encore été qu'imparfaitement. Les pétales sont chiffonnés dans le grenadier, le ciste, le pavot, etc.; ils

sont roulés en spirale dans l'*oxalis*, l'*hermannia*, etc.;
imbriqués, se recouvrant les uns les autres dans la rose, etc.
Dans les fleurs légumineuses, il en est qui embrassent tous
les autres; la corolle du liseron est plissée. En examinant
le développement de la fleur du cobœa, j'ai remarqué que la
corolle dans le bouton était à peine sensible, qu'elle se présentait sous la forme d'un anneau fort court, tandis que les
filamens étaient déjà très-saillans, les anthères très-grosses,
et à leur état de perfection; le calice long d'un pouce, d'une
seule pièce; les cinq grandes folioles qui le composent ne se
séparant que lorsque la corolle est développée. Les filamens
ont d'abord une forme cylindrique; ils sont fortement recourbés au sommet, puis se redressent, s'allongent, se déroulent en spirale, ont alors leurs anthères vacillantes, mais
flétries; le style est très-court, les divisions du stigmate
peu apparentes; mais, à mesure que les filamens se déroulent, le style s'allonge proportionnellement, et le stigmate
se présente avec ses trois grandes divisions : alors les anthères ont déjà lancé leur pollen. Il est peu de fleurs dont
la position et la forme de toutes les parties soient plus
changeantes que celle du cobœa pendant le cours de son
développement : le pédoncule est d'abord droit et court; il
s'allonge et se courbe fortement quand la fleur est épanouie,
se redresse après la fécondation, se recourbe de nouveau,
et forme une demi-spirale après la chute de la corolle; il
reste tel et pendant jusqu'à la maturité et la chute des fruits.
Cette variété de mouvemens et de positions a un but bien
déterminé qui n'échappera pas à un bon observateur.

Quelque frappant que puisse être l'éclat admirable des
couleurs dans la corolle, comme elle éprouve quelquefois
des changemens très-remarquables dans les individus de la
même espèce, Linné a presque généralement exclu la couleur du nombre des caractères spécifiques. En effet, nos
parterres nous prouvent tous les jours combien elle est variable dans la plupart des fleurs que nous cultivons; comme,
d'un autre côté, le cultivateur ne peut produire ces variétés
à volonté, qu'elles tiennent à des circonstances qui nous
sont encore inconnues, on en a conclu avec assez de raison
que ce qui arrive dans nos jardins pourrait bien arriver dans
la nature inculte. Pallas, herborisant sur les bords du Volga,
a rencontré l'*anemone patens* à fleurs blanches, bleues ou

jaunes. Il faut avouer cependant que ces changemens sont assez rares, et qu'il existe, même en très-grand nombre, des espèces où la couleur est invariable. Pourquoi ne serait-elle pas employée comme un caractère distinctif quand l'observation nous a confirmé sa permanence, et qu'elle se joint d'ailleurs à d'autres caractères plus marquans? Du moins il sera toujours bon de la citer. Tandis qu'elle est constamment jaune dans les inules, les épervières, le cytise des Alpes, elle est blanche dans le lis, le cerfeuil, la cicutaire, etc.; enfin, il est un grand nombre de plantes, cultivées ou sauvages, dans lesquelles on n'a jamais remarqué aucune altération dans les couleurs; d'autres nous offrent dans leurs changemens des phénomènes assez curieux; quelquefois la même plante change la couleur de ses fleurs à mesure que celles-ci se développent, ou qu'elles approchent du terme de leur existence. Le calice coloré de l'hortensia est d'abord d'un vert clair, passe ensuite au rose, au bleu, puis se teint de violet, et se termine par un blanc sale : la couleur rouge du *lathyrus sylvestris* et de plusieurs borraginées passe du rouge au bleu. Le fait le plus remarquable dans cette variation de couleurs est celui cité par Andrews pour le *gladiolus versicolor*. Le matin, sa couleur est brune; mais elle s'altère pendant la journée, tellement que, vers le soir, la fleur est d'un bleu clair : elle reprend, pendant la nuit, la couleur qu'elle avait la veille, et, pendant les huit à dix jours de son existence, ce changement s'exécute régulièrement chaque jour, excepté vers la fin, où la couleur brune l'emporte et reste seule. Cet exemple est peut-être le seul que nous ayons d'une fleur qui reprenne la couleur et l'éclat qu'elle a une fois perdus [1].

---

[1] Mirbel, *Elém.*

CHAPITRE DIX-NEUVIÈME.

Organes sexuels.

De tous les phénomènes exposés jusqu'ici sur la végétation, il n'en est pas de plus étonnant que la fécondation des ovaires par le moyen des sexes. Il a fallu, pour y croire, toute la certitude des observations, et des expériences faciles à vérifier : autrement on serait porté à regarder cette découverte comme un roman ingénieux sorti de l'imagination des poètes, et à l'assimiler aux brillantes fictions de la mythologie. L'existence des sexes, bien prouvée, fait naître dans l'esprit une foule de réflexions qui pourraient l'égarer dans son enthousiasme : des organes sexuels faciles à reconnaître, les circonstances qui accompagnent leurs fonctions, l'espèce d'attraction d'un sexe pour l'autre, les mouvemens qui s'exécutent au moment de la fécondation, ajoutent beaucoup aux idées que l'on s'était formées sur la végétation. Les plantes acquièrent, parmi les êtres vivans, une importance qui semble les élever audessus de certains animaux en qui il n'existe aucun organe sexuel : on serait tenté de leur accorder une légère portion de sensibilité, de mouvement volontaire, les premiers élans du sentiment. Riche matière pour les grands tableaux de la poésie descriptive! mais nous avons ici à peindre la nature telle qu'elle est, et non à l'embellir par les écarts séduisans de l'imagination. Commençons par faire connaissance avec ces organes si importans, nous les suivrons ensuite dans l'exécution de leurs intéressantes fonctions.

Dans la plupart des fleurs, on distingue, dans l'intérieur de la corolle et autour d'un axe central, plusieurs filamens semblables à de petites colonnes, d'un blanc d'albâtre, rangés circulairement, soutenant à leur sommet un petit sachet ou une sorte de capsule d'un beau jaune, fixe ou balancé sur son pivot : elle porte le nom d'*anthère*, son support le nom de *filament*, et les deux ensemble celui d'*étamine* (pl. 22, fig. 1, 2) : c'est l'organe mâle des plantes. L'axe central qu'entourent les étamines est l'organe femelle ; on le nomme *pistil* (pl. 22, fig. 9, et pl. 24, fig. 1, 2, 6, 7, 8, etc.) : il est ordinairement composé de trois parties ; une inférieure, placée immédiatement sur le réceptacle, et que l'on désigne sous le nom d'*ovaire* (pl. 24, fig. 1, *a*) : il s'en élève un filet droit, c'est le *style* (pl. 24, fig. 1, *b*), qui supporte la troisième partie, nommée *stigmate* (pl. 24, fig. 1, *c*), quelquefois à peine distingué du style, surtout quand il ne se présente que comme une petite pointe ou un pore terminal : tel est l'élégant appareil des organes sexuels.

1°. *Les étamines.*

L'organe mâle, sous le nom d'*étamine*, est donc composé de deux parties, le filament et l'anthère. La principale fonction du filament est de soutenir l'anthère, et, dans les fleurs hermaphrodites, de la mettre à portée du stigmate, ou, dans les fleurs unisexuelles, de la sortir des enveloppes florales, et de la présenter à l'action des vents, afin que la poussière fécondante puisse en être plus facilement dispersée, et transportée sur les stigmates. Sans doute les filamens sont encore chargés d'ouvrir un passage aux fluides qui doivent contribuer à la formation du pollen, de les préparer et de les y verser. Sous ce rapport, il faut bien qu'il y ait une modification différente entre les filamens et les pétales. M. Mirbel dit qu'on observe ordinairement un faisceau de trachées dans le centre des premiers, que quelquefois ils sont creux, comme ceux de la tulipe : quoi qu'il en soit, ces deux organes sont si rapprochés, que nous avons vu, dans les fleurs doubles, les filamens prendre la forme et la couleur des pétales, ils en ont d'ailleurs la délicatesse, la même consistance ; ajoutons que très-souvent les filamens deviennent également une enveloppe protectrice, surtout pour l'ovaire, cet organe si essentiel pour la propagation des espèces. Il est, dans le premier âge, entouré par les filamens : ils sont rapprochés, appliqués sur lui avec une précaution toute particulière, tandis qu'eux-mêmes sont défendus par la corolle, et celle-ci par le calice. C'est probablement pour cette fin que la nature a donné à quelques filamens plus de largeur à leur base, comme dans l'ornithogale, ou qu'elle l'a creusée en cuiller ou en écaille concave, comme dans la canpanule, etc. Pour d'autres plantes, elle a plus fait, elle a réuni les filamens en un seul corps; elle en a formé une membrane, une sorte d'étui qui enveloppe l'ovaire en totalité, comme dans les malvacées, les légumineuses, etc. (pl. 22, fig. 11); dans d'autres espèces, ils ne sont réunis qu'à leur base.

La forme du filament n'est donc pas indifférente pour l'observateur : il y reconnaîtra un but particulier relatif à la position des autres parties de la fleur, particulièrement à celle du pistil; cette forme pourra fournir d'assez bons caractères, et je suis très-persuadé que, dans la même espèce, on ne trouvera pas des individus avec des filamens élargis à leur base, et d'autres individus munis de filamens cylindriques dans toute leur longueur : cette seule différence suffirait pour caractériser deux espèces, et empêcher de les confondre, quelle que soit d'ailleurs leur ressemblance.

Le filament est *cylindrique*, c'est-à-dire égal dans toute sa longueur : c'est la forme la plus commune; *capillaire*, de la finesse d'un cheveu, comme dans le plantain, les graminées, etc.; *toruleux* ou *noueux*, renflé en nœuds de distance en distance, le *sparmannia; géniculé* ou coudé, plié en genou, le *mahernia pinnata; crénelé*, marqué, du côté intérieur, de sillons transversaux qui forment des crénelures, dans l'ortie, le broussonetia : ces crénelures, d'après l'observation de **M. Mirbel**, favorisent la détente des filets, qui sont courbés en ressort avant l'épanouissement; en *spirale* ou en tire-bourre, l'*hirtella; cunéiforme*, en coin, le thalictron; *subulé* ou en alène, l'érable, la tulipe; *gladié*, à deux tranchans, le balisier; *plane* dans l'ail; en forme de pétale, c'est-à-dire mince, élargi et coloré comme un pétale; *fourchu*, comme dans plusieurs espèces d'ail; *aigu* à son sommet; *obtus, échancré, bi-tridenté, capité*, etc.

L'anthère est l'attribut essentiel de l'étamine; le filament n'en est que le support (pl. 22, fig. 1, *a*, *b*, et fig. 2) : c'est dans l'anthère que réside le pollen fécondateur; dès qu'il manque l'ovaire reste stérile. Si l'anthère pouvait s'offrir à nos regards telle qu'on la voit au microscope, et si cet instrument pouvait tripler, quadrupler, etc., la force de la vision, nous pourrions peut-être pénétrer dans ces mystères de fécondation qui se cachent à notre intelligence; nous verrions sans doute des organes de formes très-variées, et les ressorts secrets qui les mettent en activité; mais la simple vue nous apprend peu de choses, et cependant ce peu nous étonne quand nous savons l'observer.

L'anthère se présente à l'extérieur sous l'apparence d'une petite capsule ordinairement à deux loges ou à deux lobes, tantôt fortement accolés l'un contre l'autre sans aucun corps intermédiaire, tantôt réunis par le moyen d'un corps épais, charnu, très-court, quelquefois d'une longueur remarquable, comme dans la sauge : M. Richard lui a donné le nom de *connectif* (pl. 22, fig. 5, *a*). Chaque lobe ou capsule est un sac membraneux, divisé intérieurement par une cloison mitoyenne, et marqué à sa superficie d'une suture correspondante à la cloison. A l'époque de la fécondation, les deux lobes s'ouvrent par deux valves, et laissent échapper le pollen sous la forme d'un petit nuage pulvérulent (pl. 22, fig. 15). Quelques faits particuliers observés et cités par M. Mirbel, tant sur l'anthère que sur le pollen qu'elle renferme, donneront sur cet organe des idées plus étendues qu'une simple définition : j'en vais présenter les plus remarquables.

« Les anthères du thuya, du cyprès, du genévrier, etc., sont remarquables par leur extrême simplicité : elles consistent en de petits sacs membraneux, arrondis, à une loge, qui se déchirent plutôt qu'ils ne s'ouvrent. La plupart de ces anthères sont privées de filamens.

« Les anthères du potiron et des autres espèces de la famille des cucurbitacées sont linéaires et repliées sur elles-mêmes, comme un N dont les jambages seraient rapprochés (pl. 22, fig. 10).

« Les anthères des solanum, des casses, des mélastomes, des rhododendrum, etc., ne s'ouvrent point dans leur longueur, mais se percent à leur sommet (pl. 22, fig. 3).

« Les anthères des lauriers, des épines-vinettes, etc., s'ouvrent par de petits opercules qui se lèvent comme des soupapes (pl. 22, fig. 4).

« Dans les malvacées, les molènes (*verbascum*), la lavande, l'anthère prend la forme d'un rein par la réunion et la confluence des deux lobes.

« Dans le lis, l'yucca, le datura, etc., le connectif tient les deux lobes rapprochés, mais non pas réunis (pl. 22, fig. 1, 2).

« Le connectif se relâche, pour ainsi dire, dans le *thymus patavinus*, et il permet aux lobes de s'éloigner l'un de l'autre. Un relâchement analogue, mais beaucoup plus prononcé, se montre dans la sauge : le connectif, très-allongé, est attaché en travers sur le filament, et porte un lobe à chaque extrémité (pl. 22, fig. 6). La forme étrange des étamines des mélastomes provient aussi du développement considérable que le connectif acquiert.

« Dans le *kœmpferia*, le *begonia*, l'*anona*, etc., les lobes sont attachés le long des côtés du filament, lequel remplit alors les fonctions de connectif. En général la face antérieure des anthères regarde le centre de la fleur ; cependant les anthères du *mahernia*, de l'*hermannia*, etc., tournent le dos au pistil.

« Les anthères, dans les plantes d'une même famille, ont fréquemment une forme et une organisation analogues ; c'est ce que l'on peut reconnaître en étudiant les rosacées, les cucurbitacées, les malvacées, les graminées, etc. Toutefois, il existe des familles parfaitement naturelles, dans lesquelles les anthères subissent des modifications si considérables, qu'on a peine à y retrouver quelques indices d'un type primitif. Je prends pour exemple le serapias, le limodorum, l'orchis, trois genres de la famille des orchidées.

« Le *serapias longifolia* a une seule anthère dressée, mobile, dont la face, chargée d'un pollen humide et pulvérulent, est appliquée contre la partie postérieure du style, dans une cavité particulière. Cette anthère a deux lobes bien marqués, et chaque lobe est divisé longitudinalement par une cloison, en sorte que l'anthère ne s'éloigne pas beaucoup de la forme la plus habituelle à cet organe.

« Le *limodorum purpureum* a une anthère pendante et mobile, dont la face, engagée dans une cavité pratiquée antérieurement à la partie supérieure du style, est partagée en deux compartimens creusés chacun de quatre fossettes. Le pollen est une masse élastique, divisée en huit lobes ; chaque lobe est logé dans une des fossettes de l'anthère : cette organisation n'a presque plus de rapports avec la forme ordinaire (pl. 23, fig. 12, 13).

« L'orchis maculé a une anthère dressée, ovale, fixée au sommet du stigmate : elle est divisée en deux lobes, lesquels ont chacun une loge et deux valves. Au fond de cha-

que loge est un pollen d'une structure toute particulière :
c'est un fil élastique, chargé de petits corps pyramidaux,
qui, rapprochés les uns des autres par la contraction du fil,
offrent une masse ovoïde. Ce fil, au moment où l'anthère
s'ouvre, part souvent comme un ressort, et s'élance hors de
la loge. Il y a fort peu de ressemblance entre cette anthère et
les deux précédentes, et, si nous poursuivions l'examen des
organes mâles dans les orchidées, chaque genre nous offri-
rait des modifications non moins prononcées.

« Il en est de même de la famille des apocinées. Je citerai
la pervenche, le laurier-rose et l'asclépias. Les cinq anthères de la pervenche ne s'éloignent pas de la forme habituelle (pl. 22, fig. 7); les cinq du laurier-rose ressemblent
aussi, sous beaucoup de rapports, au type ordinaire; mais
elles ont cela de particulier, que chacune est surmontée
d'un appendice barbu, et est fixée au sommet et à la base du
stigmate par deux points différens.

« Les cinq anthères de l'asclépias diffèrent bien davantage du type ordinaire; elles sont larges, sèches, appliquées chacune contre l'une des faces d'un stigmate pentagone, et portées toutes sur un androphore (un filament) en
forme d'anneau : ces anthères ont deux loges ouvertes. Le
pollen est composé de dix petites masses oblongues, amincies en fil à leur partie supérieure, et suspendues deux à
deux, par cinq corpuscules durs, noirs et luisans, aux cinq
angles du stigmate. Chaque petite masse se rend dans la loge
anthérale la plus voisine, en sorte que les deux masses suspendues à chaque angle, sont logées séparément dans les
deux anthères contiguës (pl. 23, fig. 11 et 16).

« Nous avons vu les étamines réunies quelquefois par
leurs filamens; elles le sont aussi quelquefois par leurs anthères : les cinq du lobelia, et celles de la plupart des fleurs
de la famille nombreuse des synanthérées (des composées),
sont soudées l'une à l'autre, par leurs côtés, en un tube que
traverse le style (pl. 23, fig. 3, 4, 5, 6); les quatre anthères du *melampyrum arvense* forment aussi un tube,
mais il est fermé à sa partie supérieure, et il ne reçoit point
le style. L'avortement de l'anthère ou de l'un de ses lobes,
et le développement irrégulier du connectif, sont des caractères constans dans certaines espèces, et c'est à cela
qu'il faut attribuer souvent les formes bizarres des anthères.

Voyez, pour exemple, celles du *commelina* et du *justicia*, etc. (pl. 22, fig. 5). »

Les détails seraient infinis si l'on voulait parcourir la longue série des espèces : ils appartiennent à l'étude individuelle des plantes, et je n'ai rapporté les observations de M. Mirbel, que pour mettre le lecteur sur la voie des découvertes. Nous allons encore profiter des recherches microscopiques du même savant sur la nature et les caractères du pollen.

« Quand les valves des anthères s'ouvrent, le pollen se répand au dehors : il est composé d'une innombrable quantité de corpuscules organisés, ordinairement jaunes, quelquefois blancs, rouges, bleus, violets, verdâtres, etc., qui ressemblent à une fine poussière. Ces petits corps diffèrent souvent dans les espèces différentes. Pour les bien observer, il faut les mettre sur l'eau : l'humidité, en les dilatant, fait paraître leur véritable forme. Ils sont oblongs dans les ombellifères ; globuleux dans les cucurbitacées, les malvacées ; icosaèdres dans le salsifis : ils approchent plus ou moins de la forme pyramidale, triangulaire dans les onagraires, le trapa, le fuchsia, etc. Leur surface est très-lisse dans un grand nombre d'espèces ; elle est armée de petites pointes dans les composées, les malvacées, etc. : ils ont des côtes comme le melon cantaloup dans le *symphytum ;* ils sont attachés les uns aux autres par des fils d'une extrême ténuité dans le *rhododendrum*, l'*azalea*, l'*epilobium*, la balsamine, etc.

« Chaque corpuscule, mis sur l'eau, s'enfle, se dilate et crève. On voit sortir alors, par l'ouverture, un jet de matière liquide qui s'allonge en serpentant (pl. 22, fig. 15), et s'élargit bientôt comme un léger nuage à la surface de l'eau. Cette matière paraît être de la nature des huiles : elle a, selon les espèces, plus ou moins de consistance. Celle qui s'échappe du pollen du potiron et du *passiflora serrata*, offre une multitude infinie de petits grains placés les uns à côté des autres : elle se maintient dans cet état durant un assez long temps ; mais à la fin les petits grains disparaissent, comme s'ils se fondaient ; souvent, quand les corpuscules se sont tout à fait vidés, ils diminuent de volume, ils se plissent, ils changent d'aspect, et deviennent plus transparens.

« Le pollen de beaucoup de végétaux brûle avec une vive lumière quand on le projette sur un corps enflammé : il donne, par l'analyse chimique, une quantité notable d'acide phosphorique, ce qui établit un singulier rapport entre cette poussière et la sécrétion animale, à laquelle il est naturel de la comparer ; mais l'analogie paraît plus étonnante encore, si l'on fait attention à l'odeur particulière qu'exhale, au temps de la fécondation, le pollen du châtaignier, de l'*aylanthus*, de l'épine-vinette, du dattier, etc., et peut-être le pollen de toutes les plantes. »

D'après les faits que je viens de rapporter, on conçoit combien il est essentiel de considérer l'anthère sous tous ses attributs, et surtout de ne pas perdre de vue, dans ces considérations, sa principale fonction, celle de féconder l'ovaire par le pollen lancé sur le stigmate : c'est de là que dépend l'indéhiscence de ses valves, ainsi que son attache sur le filament, toujours relative à la position du pistil. Ces rapports de position entre ces deux organes sont trop nombreux pour être tous cités : ils n'échapperont pas à ceux qui auront pris l'habitude de les observer. Nous en verrons quelque application lorsque nous parlerons, ci-après, de la fécondation.

L'anthère, considérée dans son point d'attache avec le filament, est dite *adnée* lorsqu'elle y est fixée dans toute sa longueur, et qu'elle n'a point de connectif propre, comme dans les renoncules ; elle est *latérale* lorsqu'elle n'est attachée que d'un seul côté du filament : le balisier ; *terminale*, si elle est située à l'extrémité du filament : le radis, le datura, etc. Dans les iris et les composées, l'anthère est attachée par une de ses extrémités, que l'on considère comme sa base, ou bien elle est attachée par le milieu, comme dans le lis ; elle est *immobile* lorsqu'elle tient au filament de manière à ne pouvoir exécuter aucun mouvement, comme dans les composées, les orchis : dans le sens contraire, elle est *mobile* : le lis ; *pivotante* ou *vacillante* : la tulipe, l'amaryllis, le lis, etc. Quant à sa *déhiscence*, nous avons déjà vu que l'anthère s'ouvrait assez généralement par des fentes longitudinales : elle s'ouvre par un ou plusieurs pores terminaux dans la pyrole, la morelle, les casses, etc. : par un opercule dans le *brosimum* ; par des valvules dans l'épine-vinette, le léontice, etc. : l'ouverture a lieu ordinairement de haut en bas, plus rarement de bas en haut. Pour connaître la véritable forme de l'anthère, il faut l'observer avant la fécondation, et même la prendre dans le bouton, car il en est qui s'ouvrent de très-bonne heure : alors on ne les voit plus que déformées, ayant leurs valves étalées dans une position relative à leur mode de déhiscence.

L'insertion, la disposition, la proportion des étamines entre elles, leur connexion et leur nombre sont encore autant de considérations importantes qui, en fournissant de très-bons caractères, nous démontrent de plus en plus combien la nature, tendant constamment à un seul but, la propagation de l'espèce, a su varier à l'infini ses moyens pour y arriver. La modification d'un des organes sexuels dans sa position ou sa forme, est presque toujours l'indice d'une modification relative dans les autres organes.

Considérées quant à leur insertion, les étamines sont dites *hypogynes* lorsqu'elles sont placées sur le réceptacle, au niveau de la base de l'ovaire, ou plus bas, telles que dans les crucifères, les renoncules, etc.; *périgynes*, quand elles ont leur point d'insertion audessus de celui de l'ovaire : les myrtes, les rosacées, etc.; *épigynes*, lorsqu'elles sont attachées sur le pistil : les orchidées, les aristoloches, etc.

Les étamines sont *libres* quand elles ne sont réunies ni par leurs filamens, ni par leurs anthères : le lis, les renoncules, etc.; *monadelphes*, lorsque les filamens ne forment qu'un seul corps : les malvacées; *diadelphes*, quand les filamens sont séparés en deux corps, comme dans la plupart des légumineuses (pl. 22, fig. 11), où l'on voit un seul filament libre, les neuf autres réunis en une membrane qui enveloppe le pistil; *polyadelphes*, quand les filamens forment plusieurs paquets au delà de deux : les millepertuis, les *melaleuca*, etc. (pl. 22, fig. 12); *syngénèses*, lorsque les anthères sont jointes ensemble par un de leurs côtés : les composées (pl. 23, fig. 3, 4, 5).

Les étamines sont *égales*, toutes de même longueur, ou *inégales*. On les nomme *didynames* quand, étant au nombre de quatre, deux sont plus longues : les labiées; *tétradynames*, quand, au nombre de six, quatre sont plus longues : les crucifères.

Les étamines sont en nombre *défini* ou constamment le même dans les individus d'une même espèce; quand il en manque, c'est l'effet d'un avortement. Ce nombre va jusqu'à dix ; d'autres le portent jusqu'à douze : au delà, le nombre n'est plus constant ; les étamines sont en nombre *indéfini* et ne se comptent plus. Je trouve, à ce sujet, des observations très-judicieuses, présentées par M. de Clairville dans son *Manuel d'herborisation en Suisse et en Valais.*

« Les étamines, dit cet auteur ingénieux, répondent ordinairement au nombre des pétales, ou des découpures de la corolle monopétale, ou bien elles y sont au double. En observant, d'après ce principe, une fleur qui pèche par le nombre d'étamines, par exemple l'*alsine media* (la morgeline), qui a tantôt trois, cinq, sept étamines, quel est le nombre vrai qu'elle doit avoir ? Cette fleur a cinq pétales, elle doit donc avoir cinq ou dix étamines. Dans les fleurs qui n'en ont que cinq, les étamines sont toujours alternes avec les pétales ; s'il doit s'en trouver dix, les cinq autres sont placées vis-à-vis la base des pétales. D'après cette règle, une fleur d'*alsine media*, n'aurait-elle que trois étamines, pourvu qu'une de ces étamines soit en face d'un pétale, et les deux autres alternes, c'est une raison suffisante pour conclure que cette fleur doit avoir dix étamines. Dans le cas où les trois ou cinq étamines existantes se trouveraient toutes alternes avec les pétales, il faudrait alors consulter l'analogie, et, comme les autres membres de cette famille ont dix étamines, on a des présomptions très-fortes que l'*alsine media* doit avoir aussi dix étamines. En comptant les étamines stériles, ou absentes par défaut, comme celles qui existent dans l'état de perfection, et cherchant toujours le nombre vrai, la marche est plus sûre. En général, les étamines pèchent rarement par excès, mais souvent par défaut : ceci peut également s'appliquer aux labiées. »

2°. Le pistil.

Plus nous avançons dans les organes de la reproduction, plus nous voyons la nature, au milieu de ses étonnantes opérations, marcher constamment vers son but, la propagation et la multiplication des espèces. Tel a été l'objet de tout cet ensemble de fonctions et d'organes que nous avons examinés jusqu'à présent. Nous voici arrivés au plus impor-

tant, au *pistil*, organe précieux pour la génération future,
qui en contient tous les germes, et pour la conservation duquel la nature a fait concourir toutes les autres parties de
la fleur. Placé dans son centre, et même quelquefois enfoncé
dans le réceptacle, il est défendu à l'extérieur par les filamens rapprochés des étamines, et même quelquefois par des
bourrelets, des écailles ou autres appendices protecteurs :
la corolle, le calice le garantissent encore plus puissamment.
Ces enveloppes florales restent tant qu'elles lui sont nécessaires ; après la fécondation, elles disparaissent à mesure que
l'ovaire se fortifie.

Le pistil, organe femelle de la plante, est composé de
trois parties, de l'*ovaire*, du *style* et du *stigmate*. Le style
manque quelquefois, mais l'ovaire et le stigmate ne peuvent
manquer : ils constituent l'essence du pistil.

L'*ovaire* est la partie la plus inférieure du pistil, et en
même temps la plus épaisse : tantôt il est *libre*, c'est-à-dire
qu'il n'est attaché que par sa base au réceptacle ; tantôt il
est *adhérent* ou à *demi adhérent* lorsqu'il est en totalité ou
à demi entouré par cette partie prolongée du réceptacle,
que l'on considère généralement comme formant le tube du
calice. Dans un grand nombre de plantes, il n'existe qu'un
seul ovaire pour chaque fleur : les légumineuses, les crucifères, etc. ; dans beaucoup d'autres, on en trouve plusieurs
dans la même fleur : les labiées, les renoncules, etc. L'ovaire
renferme les embryons des semences, qui portent le nom
d'*ovules*, tant qu'ils ne sont pas fécondés : ils sont attachés
aux parois internes de l'ovaire, soit immédiatement, soit
par l'intermédiaire d'un filet ou d'un petit renflement qui
prend le nom de *cordon ombilical*, et la partie à laquelle
adhèrent les ovules, celui de *placenta*. L'ovaire conserve sa
forme extérieure ou il la change à mesure que le fruit grossit : dans l'un et l'autre cas, il forme cette partie du fruit
que l'on a nommée *péricarpe*. L'intérieur de l'ovaire est
simple, c'est-à-dire qu'il n'est partagé par aucune cloison :
il est alors à une seule loge ; ou bien il se divise en plusieurs
loges : chaque loge renferme une ou plusieurs semences ;
mais il arrive assez souvent qu'à mesure que l'ovaire grossit,
des cloisons se détruisent, des ovules avortent, et qu'on ne
retrouve plus dans les fruits le même nombre de loges et de
semences qui existaient dans l'ovaire : d'où vient que l'on a

senti la nécessité d'étudier dans l'ovaire le nombre de ces parties, pour s'assurer des rapports entre des espèces dont de semblables avortemens avaient fait méconnaître la véritable place dans l'ordre naturel.

Le *style* est placé ordinairement au centre des étamines sous la forme d'un petit pivot; il supporte le stigmate, et le met en rapport avec la position des étamines, dans la situation la plus favorable pour qu'il puisse recevoir l'effusion du pollen. Cette considération est importante à observer, et peut nous conduire souvent à saisir la cause de certaines positions particulières qui nous paraissent extraordinaires, ainsi que nous le verrons dans un des chapitres suivans; mais ne perdons jamais de vue, dans cet examen, les importantes fonctions dont sont chargés les organes sexuels.

Le style met en communication le stigmate avec l'ovaire : ordinairement il termine ce dernier, et paraît n'en être que le prolongement. C'est par le moyen du style que les sucs nourriciers parviennent de l'ovaire ou du réceptacle dans le stigmate; c'est encore par lui que le pollen est porté sur les ovules : il y descend par des vaisseaux dont la finesse échappe à notre vue, mais dont nous ne pouvons méconnaître l'existence. Il est encore à croire que le style n'est que la réunion d'une foule de petits vaisseaux qui partent de chaque ovule, se réunissent en faisceau au sommet de l'ovaire, et se rendent ainsi dans le stigmate. Comment, sans cette communication, pourrions-nous concevoir la fécondation des ovules? Lorsque le style manque, ou qu'il n'est point apparent, ces vaisseaux se rendent immédiatement de l'ovaire dans le stigmate.

Tantôt il n'existe qu'un seul style et un stigmate simple, tantôt on compte autant de styles qu'il y a de loges ou de semences; d'autres fois cette correspondance numérique ne se trouve que dans les lobes du stigmate, ou dans les divisions du style, dont la partie inférieure ne forme qu'un seul corps. Plusieurs ovaires dans la même fleur amènent souvent autant de styles; quelquefois aussi on ne voit qu'un seul style commun à plusieurs ovaires. Dans ce cas, le style est placé sur le réceptacle, au centre des ovaires, et pénètre dans chaque ovaire par les ramifications de sa base, comme dans la bourrache, les labiées, etc. Dans la pervenche et autres apocinées, un seul style s'élève de deux ovaires distincts, ou plutôt les deux styles y sont réunis en un seul; ailleurs, plusieurs styles couronnent un seul ovaire, comme dans l'œillet, les silenés, les lychnis, etc.

Le *stigmate* est l'organe destiné à recevoir le pollen lancé par l'anthère : il en est pénétré. On ignore s'il s'y forme quelque élaboration particulière; mais ce dont on ne peut douter, c'est que jamais le pollen ne pénètre dans le style sans le stigmate, et que, si on enlève ce dernier avant la fécondation, celle-ci reste sans effet. Il existe donc dans le stigmate une propriété particulière qui doit influer sur le pollen; peut-être consiste-t-elle à procurer la dilatation de tous les petits grains pulvérulens du pollen, à les enfler, à les faire crever, et à s'emparer de la liqueur prolifique qu'ils renferment, qui, du stigmate, descend par le style dans les ovaires qu'elle féconde. Le stigmate n'arrive à son état de perfection qu'au moment même où les anthères doivent lancer leur poussière : il est alors humide, un peu visqueux, souvent couvert de petites aspérités ou de mamelons, et perforé à son orifice. Après la fécondation, il se dessèche et périt.

La forme du stigmate est très-variable : il est *linéaire* dans l'œillet, la campanule; *subulé* dans l'hippuris, le châtaignier; *filiforme* ou capillaire dans le maïs, le casuarina; *globuleux*, en *tête*, dans la primevère, l'ipoméa; *hémisphérique* dans la jusquiame dorée; en *massue* dans l'épilobium; *sagitté* dans le thalitron; *anguleux* dans la tulipe; *orbiculaire* dans l'épine-vinette; *pelté* ou en bouclier dans la pyrole; *étoilé* dans l'asarum; en *crochet* dans le baguenaudier; en *croissant* dans la fumeterre jaune; en *croix* dans la bruyère; *concave* dans le colchique; à trois lobes dans le lis; en forme de pétales dans l'iris, etc.

CHAPITRE VINGTIÈME.

De la fécondation des plantes et des phénomènes qui l'accompagnent.

Quelques détails sur la fécondation des germes dans les plantes, en confirmant cette belle découverte, ajouteront un nouvel intérêt aux grands phénomènes qu'elle présente. Maintenant que la fleur entr'ouverte éclate de beauté, et se montre avec toutes les grâces et la parure de la jeunesse, hâtons-nous d'observer ce qui va se passer au milieu de cet appareil d'organes avec lesquels nous venons de faire connaissance : ils nous annoncent les apprêts d'une fête; c'en est une en effet, c'est la plus belle de la nature, c'est une véritable noce [1]. Déjà, d'après l'idée ingénieuse de Linné, dans le réceptacle est préparé le lit nuptial; la corolle en forme la draperie; l'anthère dorée, telle qu'un jeune époux, brille au sommet de sa colonne d'albâtre : elle attend que le pistil élève son stigmate humide. Il paraît, et tout à coup l'anthère entr'ouvre ses valves; le souffle de la vie s'en échappe sous la forme d'un léger nuage; l'air est chargé des principes de la fécondité; ils se reposent sur le stigmate, le pénètrent, descendent jusque dans l'ovaire, et se distribuent dans chacun des germes ou des ovules. Sans cette étonnante fécondation, ceux-ci resteraient sans développement, quoique les sucs nourriciers leur parviennent en abondance. D'où vient donc cette inertie, cette inactivité dans les ovules, ainsi que dans l'ovaire lui-même, dans cette partie qui doit former le péricarpe? Quel obstacle

[1] Au milieu de cette fête, n'oublions pas nos abeilles; elles sont aussi de la noce; la nature leur en fait l'invitation. Nous les avons laissées s'abreuvant de nectar, l'emmagasinant dans leurs vastes demeures: de nouvelles provisions leur sont offertes dans le superflu de la poussière fécondante, la nature les a munies d'instrumens propres à la recueillir et à la travailler. On croyait qu'elles en formaient la cire pour la construction de leurs alvéoles : il paraît que depuis peu on lui a découvert une autre destination. On peut consulter à ce sujet les belles observations de M. Huber.

s'oppose à leur développement? D'où vient que, destinés à perpétuer les espèces, toute la force de la végétation leur devient inutile, s'ils ne reçoivent auparavant un nouveau souffle de vie? Quoique ce mystère soit pour nous inexplicable, c'est beaucoup que de l'avoir découvert : nous avons saisi par là un des anneaux de cette chaîne qui lie les plantes aux animaux; nous avons vu que les végétaux, ainsi que le très-grand nombre des autres êtres vivans, ne pouvaient se reproduire que par la voie de la génération; nous avons vu cette précieuse faculté, chez les végétaux, renfermée dans des organes que l'on avait à peine remarqués. J'en ai décrit les principales fonctions : il ne sera pas moins intéressant de chercher comment ils les exécutent, soit par la position qu'ils occupent, soit par les mouvemens particuliers qui leur sont imprimés. Ce sujet intéressant a été traité par M. Desfontaines dans un mémoire présenté à l'Académie des sciences en 1782 : j'en rapporterai les faits les plus curieux; ils portent sur la position et les mouvemens des organes sexuels.

Dans plusieurs espèces de lis, telles que le *lilium superbum*, les anthères, avant de s'ouvrir, sont fixées le long des filamens, parallèlement au style, dont elles sont éloignées d'environ cinq à six lignes. Dès l'instant où la poussière commence à sortir des loges, ces mêmes anthères deviennent mobiles sur l'extrémité des filamens qui les soutiennent; elles s'approchent sensiblement du stigmate l'une après l'autre, et s'en éloignent presque aussitôt qu'elles ont répandu leur poussière fécondante sur cet organe. Un phénomène très-curieux et un peu différent du précédent se présente dans l'*amaryllis formosissima* (lis de Saint-Jacques), dans le *pancratium maritimum* et *illyricum*. Les anthères de ces plantes sont, avant la fécondation, comme celles des lis, fixées le long de leurs filamens, parallèlement au style. Dès que les loges commencent à s'ouvrir, ces anthères prennent une situation horizontale, et elles tournent quelquefois sur l'extrémité du filament comme sur un pivot, pour présenter au stigmate le point par où la poussière fécondante commence à s'échapper. Il existe encore une irritation plus sensible dans les étamines du *fritillaria persica* : les étamines sont écartées du style à la distance de quatre ou cinq lignes avant la fécondation; mais cette situation change en

peu de temps : on les voit, presque aussitôt après l'épanouissement de la fleur, s'approcher alternativement du style, et
appliquer immédiatement leurs anthères contre le stigmate :
elles s'en éloignent après l'émission de la poussière, et vont
ordinairement, dans l'ordre où elles s'étaient approchées,
reprendre la place qu'elles occupaient auparavant.

On n'observe aucun déplacement dans les organes sexuels
de la couronne impériale et de la fritillaire méléagre; mais ces
deux plantes nous font connaître, dans leur fécondation,
un phénomène d'un autre genre, et qui n'est pas moins intéressant que ceux qui viennent d'être exposés. Leurs étamines sont naturellement rapprochées du style, et le stigmate les surpasse en longueur : il paraissait donc inutile que
la nature leur donnât un mouvement particulier; aussi s'est-
elle servie d'un autre moyen pour favoriser la fécondation de
ces plantes. Leurs fleurs restent pendantes jusqu'à ce que
les poussières soient sorties des loges, afin que, dans cette
situation, elles puissent facilement tomber sur le stigmate et
le féconder. Aussitôt que la fécondation est opérée, le pédoncule, qui soutient la fleur, se redresse, et l'ovaire devient vertical.

En examinant les étamines de la rue avant l'émission des
poussières, on voit qu'elles forment toutes un angle droit
avec le pistil, et qu'elles sont renfermées deux à deux dans
la concavité de chaque pétale. Lorsque l'instant favorable
à la fécondation est arrivé, elles se redressent seules, ou deux
à deux, et même trois à trois, décrivent un arc de cercle
entier, approchent leurs anthères contre le stigmate, et,
après l'avoir fécondé, elles s'en éloignent, s'abaissent et vont
quelquefois se renfermer dans la concavité des pétales.

On a pareillement remarqué des mouvemens assez semblables dans les étamines du *zygophyllum fabago* : elles
s'allongent l'une après l'autre hors de la corolle, pour venir
présenter leurs anthères au sommet du stigmate. Les étamines du *dictamnus albus* offrent encore une observation
curieuse : avant la fécondation, les filamens sont abaissés
vers la terre, de manière qu'ils touchent, pour ainsi dire,
les pétales inférieurs. Aussitôt que les bourses sont prêtes à
s'ouvrir, et que l'action du pistil irrite les étamines, leurs
filamens se courbent en arc vers le style les uns après les
autres : par ce mouvement, les anthères viennent se placer

immédiatement audessus du stigmate, et les poussières séminales ne peuvent manquer de tomber sur cet organe et de
le féconder.

Si l'on suit les étamines des capucines lorsque les loges
sont sur le point de s'ouvrir, on s'apercevra facilement que
l'extrémité de chaque filament se fléchit en arc, et qu'il
porte son anthère du côté du style ; enfin, les *geranium fus-
cum, alpinum, reflexum,* vont encore nous faire connaître
un phénomène analogue à ceux que nous venons de rapporter, et qui ne doit pas être passé sous silence. Les étamines
de ces plantes, avant l'ouverture des anthères, sont toutes
réfléchies, de manière que leur sommet regarde le centre de
la corolle. Dès l'instant où les loges commencent à s'ouvrir,
les filamens qui les soutiennent s'élèvent vers le style, et chaque étamine vient ordinairement toucher le stigmate qui lui
correspond : celles des ancolies se redressent à peu près de
la même manière peu de temps après l'épanouissement de la
fleur. Immédiatement après l'ouverture de la corolle, les
étamines des saxifrages sont écartées du style à la distance
de quelques lignes : elles s'en approchent ensuite, ordinairement deux à deux, et s'en éloignent dans le même ordre après
que les poussières sont sorties des loges des anthères.

Les étamines de plusieurs plantes de la famille des caryophyllées, entre autres celles des *stellaria,* de l'*alsine media* (le mouron), etc., laissent apercevoir des mouvemens
très distincts vers le pistil ; celles du *polygonum tataricum,
pensylvanicum,* et de la plupart des autres espèces qui
composent ce genre nombreux, ont des mouvemens presque
semblables à ceux des saxifrages : ils en diffèrent seulement
en ce que leurs étamines ne s'approchent ordinairement des
styles que les unes après les autres. On trouve la même contraction dans celles du *swertia perennis.* Les étamines du
parnassia palustris s'allongent très-promptement ; leurs filamens se courbent même de manière que chaque anthère
vient se placer immédiatement au-dessus des stigmates, et,
après les avoir fécondés, elles s'en éloignent et s'inclinent
vers la terre.

Si l'on jette les yeux sur la fleur du *scherardia arvensis*
aussitôt après qu'elle est épanouie, on apercevra aussi que
les quatre étamines de cette plante vont, les unes après les
autres, verser leur poussière sur le stigmate, et que nou-

seulement elles s'en écartent au bout de quelques jours, mais qu'elles se recourbent même, et s'abaissent en décrivant une demi-circonférence de cercle : celles de plusieurs véroniques s'approchent sensiblement du centre de la corolle, immédiatement audessus du style, de manière que les poussières tombent perpendiculairement sur le stigmate : ceci se voit très-bien dans le *veronica arvensis, agrestis.*

Les filamens des étamines des valérianes sont droits et rapprochés du style pendant l'émission des poussières : dès qu'elles sont sorties des loges, ces filamens se recourbent en bas, comme dans le *scherardia arvensis.* Les étamines du *kalmia* sont retenues dans une situation horizontale, au moyen d'un nombre égal de fossettes creusées dans la partie de la corolle où le sommet de chaque anthère est enfoncé : lorsque les loges doivent s'ouvrir, on voit les filamens se courber en arc avec effort pour que l'anthère puisse vaincre l'obstacle qui la retient, et venir répandre ses poussières sur le style. Les étamines des *delphinium* (pied d'alouette), des aconits, des *garidella*, avant la fécondation et pendant qu'elle se fait, sont fléchies, et serrées étroitement contre les styles ; elles se redressent ensuite, et s'éloignent du pistil à mesure qu'elles laissent échapper leur poussière.

Dans les *stachys*, les deux étamines, plus courtes, ont aussi une sorte de mouvement très-marqué, et qui paraît avoir du rapport avec celui que nous venons de faire connaître dans le *delphinium.* Avant l'ouverture des anthères, celles-ci sont enfermées dans la concavité de la lèvre supérieure de la corolle, et posées latéralement contre le style ; aussitôt après l'émission des poussières, elles s'écartent l'une à droite et l'autre à gauche, de manière que l'extrémité du filament déborde, même de beaucoup, les parois latérales de la fleur : le même phénomène s'observe aussi dans quelques espèces d'agripaume. Le mouvement des étamines des *asarum* mérite d'être rapporté : elles sont au nombre de douze dans chaque fleur, et le style est un cylindre couronné de six stigmates. Lorsque la corolle est nouvellement épanouie, les filamens des étamines sont pliés en deux, de manière que le sommet de chaque anthère est posé sur le réceptacle de la fleur. Dès que le temps destiné à la fécondation est arrivé, ces mêmes filamens se redressent ordinairement deux à deux ; les anthères deviennent verticales, et vont toucher le stigmate qui leur correspond ; enfin, celles de la scrofulaire donnent encore des signes très-sensibles d'irritabilité. Toutes les fleurs de ce genre renferment quatre étamines dont les filamens sont roulés sur eux-mêmes dans l'intérieur de la corolle avant la fécondation : ils se développent ensuite, se redressent les uns après les autres, et approchent leurs anthères du stigmate.

Les mêmes mouvemens observés dans les organes sexuels mâles des plantes existent aussi dans les styles et les stigmates, mais ils sont moins universels et moins apparens que ceux des étamines : comme si la loi, dit M. Desfontaines, qui porte presque tous les mâles des animaux à rechercher les femelles, s'étendait aussi jusqu'au sexe des plantes ; on peut cependant établir pour principe général que, si les étamines égalent le pistil en longueur, alors elles se meuvent vers cet organe ; si, au contraire, elles sont fixées au-dessous des styles, ceux-ci s'abaissent plus ou moins sensiblement du côté des étamines. Si l'on observe les styles des grenadilles aussitôt que la fleur est épanouie, on voit qu'ils sont droits et rapprochés les uns des autres au centre de la corolle ; au bout de quelques heures, ils s'écartent et s'abaissent ensemble vers les étamines, de manière que chaque stigmate touche l'anthère qui lui correspond : ils s'en éloignent sensiblement après avoir été fécondés.

Ceux des *nigella* ont encore un mouvement à peu près semblable, et même plus marqué. Avant la fécondation, leurs styles sont droits, comme ceux des grenadilles, et réunis en un paquet au milieu de la fleur ; aussitôt que les anthères commencent à laisser sortir leur poussière, les styles se fléchissent en arc, s'abaissent, et présentent leur stigmate aux étamines qui sont situées au-dessous d'eux ; ils se redressent ensuite, et reprennent la même situation verticale qu'ils avaient auparavant. Ces mouvemens sont très-faciles à apercevoir.

Le style du *lilium superbum* se réfléchit vers les étamines, puis il s'en écarte après qu'il a été fécondé. Le même phénomène a encore lieu dans les scrofulaires : le style s'abaisse sur la lèvre inférieure de la corolle, et se recourbe en bas peu de temps après qu'il a reçu les poussières séminales : celui de l'*epilobium angustifolium* et *spicatum* est abaissé perpendiculairement vers la terre, entre les deux pétales inférieurs, de manière qu'il forme un angle d'environ 90° avec les étamines lorsque la fleur est nouvellement épanouie ; mais, peu de temps après, il commence à s'élever vers les étamines, et lorsqu'il est parvenu à leur niveau, ses quatre stigmates, qui avaient été rapprochés jusqu'alors, s'écartent et se recourbent, en forme de corne de bélier, du côté des anthères. Cette tendance du style vers les étamines est si forte dans les deux espèces d'*epilobium*, que des corps légers qu'on y suspend n'empêchent point leur élévation. Les trois stigmates de la tulipe des jardins sont très-dilatés avant la fécondation, et puis se resserrent sensiblement.

Tels sont les principaux phénomènes que nous offrent les organes sexuels à l'époque de la fécondation. C'est lorsque la fleur est ouverte, ou quelquefois dans l'instant même de son épanouissement, que s'exécute cette importante opération. On peut observer, aux premiers rayons du soleil, cette merveille momentanée sur la pariétaire, où elle s'opère par un jeu élastique qui la rend très-sensible ; il est même facile de s'en procurer le spectacle à volonté, en irritant légèrement avec la pointe d'une épingle la base des filamens dans la rue, l'épine-vinette, l'ortie, la pariétaire, etc., pourvu que les fleurs n'aient point encore effectué leur fécondation. Comme la reproduction des espèces dépend, en grande partie, de ces organes extrêmement délicats, on ne peut, sans un vif sentiment d'admiration, observer les précautions que la nature a employées pour en assurer le succès : elles se montrent tantôt dans le nombre et la position des étamines qui sont courbées vers le pistil, ou qui, par un mouvement très-particulier, s'en approchent, comme nous l'avons vu plus haut, soit successivement l'une après l'autre, soit plusieurs ensemble à la fois ; tantôt dans la situation de la fleur même, qui se penche pour faciliter la communication de la poussière fécondante avec le pistil, si ce dernier est plus long que les étamines, ou bien la fleur se redresse, s'il est plus court. L'agitation de l'air concourt avec ces circonstances, ou d'autres semblables, pour déterminer la poussière à se porter vers le stigmate : la moindre parcelle suffit pour le succès de l'opération.

Il ne sera pas inutile de rappeler ici ce que nous avons dit ailleurs des services que les organes sexuels reçoivent du ca-

lice et de la corolle, que nous avons vus se fermer, à l'approche
de la nuit ou d'un temps humide, pour assurer et protéger la
fécondation ; mais, dans les fleurs qui ne jouissent point de
cette faculté, la nature y a suppléé par d'autres moyens de
défense. Les fleurs dont la corolle est évasée, telles que celles
du lis, de la couronne impériale, de la tulipe, etc., courbent leur pédoncule, s'inclinent, et présentent, par cette situation, un toit solide, sous lequel les parties fécondantes
sont en sûreté; dans d'autres, comme dans les labiées, les
papilionacées, etc., les étamines et les pistils sont renfermés
dans un des pétales, dont la forme est en casque ou en capu-
chon ; dans quelques-unes enfin, dont la corolle reste en tout
temps ouverte sans changer de situation (telles que dans les
iris), les étamines, couchées sur les pétales, sont recouvertes
par des stigmates qui, dans ces sortes de plantes, sont très-
larges, et prennent la forme d'un pétale : cependant tout
ceci n'est pas sans exception, et ces exceptions elles-mêmes
tiennent ou à des causes particulières qui n'ont point encore
été observées, ou bien à d'autres formes très-variables qu'il
serait trop long d'exposer ici.

Les plantes aquatiques présentent, dans l'acte de la fécondation, des particularités trop intéressantes pour être oubliées. Ces plantes tiennent ordinairement leurs fleurs cachées sous l'eau jusqu'au temps de la fécondation, époque à
laquelle la plupart viennent nager à la surface ; elles s'épanouissent, se fécondent, et quelques-unes retournent au
fond de l'eau, où leurs fruits mûrissent. Tel est le phénomène qu'offre en particulier le *vallisneria :* ses fleurs sont
dioïques ; les fleurs mâles sont portées sur une hampe très-
courte, et qui ne peut s'allonger, tandis que la hampe des
fleurs femelles est longue, roulée en spirale sur elle-même.
Lorsque les étamines sont sur le point de lancer leur poussière, chaque fleur mâle se détache, s'élève à la surface de
l'eau, y flotte en liberté sans être retenue par aucune attache, s'y épanouit, et, portée par le courant, semble chercher à rencontrer la fleur femelle, laquelle, à la même époque, déroule sa spirale, qui s'allonge ou se raccourcit à mesure que l'eau s'élève ou s'abaisse, se soutient à sa surface
jusqu'à ce qu'elle ait reçu la poussière des fleurs mâles. Aussitôt après la fécondation, la spirale se resserre sur elle-même,

sa fleur rentre dans le sein des eaux, et **va** y mûrir ses semences fécondées [1].

Le grand œuvre de la fécondation nous fournit encore
beaucoup d'autres faits particuliers, selon les différentes
espèces de plantes, que leur étude fera connaître. Il n'est pas
en nous d'expliquer ce qui se passe dans les ovules fécondés :
cette opération est dérobée à nos regards par un voile mys-
térieux, quoique l'existence des sexes soit aujourd'hui parfaitement bien prouvée. Elle fut pendant long-temps un de
ces secrets de la nature dont on ne soupçonnait pas même
la possibilité, on était loin d'imaginer dans les plantes
des organes sexuels destinés à remplir dans les végétaux les
mêmes fonctions que dans les animaux. On avait bien, à la
longue, distingué, dans les fleurs, les étamines et les pistils, mais on en ignorait l'usage : la petitesse de ces organes,
quelquefois peu apparens, les faisait négliger ; on se bornait
presque à n'en rien dire, ou à les regarder comme destinés à
quelques sécrétions particulières, sans autre recherche. Il serait difficile de dire quel est celui qui, le premier, y a distingué l'existence des deux sexes : plusieurs aperçus peu importans, ou négligés d'abord, ont conduit probablement à
cette grande découverte.

« Ce ne fut que vers la fin de l'avant-dernier siècle, dit
Ventenat, qu'on soupçonna la véritable fonction des étamines et des pistils, et qu'on commença à croire que ces organes étaient réellement les parties sexuelles des végétaux. »
Nous voyons, à la vérité, les plantes distinguées par les anciens en mâles et en femelles ; mais cette distinction n'est fon-

[1] Ce beau phénomène était digne du charme de la poésie : le poète
Castel s'en est emparé, et l'a exprimé en vers élégans :

> Le Rhône impétueux, sous son onde écumante,
> Durant six mois entiers nous dérobe une plante
> Dont la tige s'allonge en la saison d'amour,
> Monte au-dessus des flots et brille aux yeux du jour.
> Les mâles, dans le fond jusqu'alors immobiles,
> De leurs liens trop courts brisent les nœuds débiles,
> Volent vers leur amante, et, libres dans leurs feux,
> Lui forment sur le fleuve un cortége nombreux :
> On dirait une fête où le dieu d'hyménée
> Promène sur les flots sa pompe fortunée ;
> Mais les temps de Vénus une fois accomplis,
> La tige se retire en approchant ses plis,
> Et va mûrir sous l'eau sa semence féconde.

dée sur aucune disposition organique relative aux sexes, et l'on se bornait à regarder comme plantes femelles celles qui sont plus délicates et de plus petite taille, et comme plantes mâles celles qui sont plus hautes et plus vigoureuses.

Quoique Théophraste ait distingué les palmiers-dattiers en mâles et en femelles, parce que les uns portent des fruits, et que les autres sont stériles ; quoiqu'il dise expressément que les fruits du dattier coulent, si l'on n'a pas l'attention de secouer sur les embryons les poussières des étamines, néanmoins cet auteur retombe dans la distinction abusive dont nous avons parlé. Il appelle *mâles* ou *femelles* des arbres qui sont incontestablement *hermaphrodites :* il en est de même de Pline, de Dioscoride, de Galien et de leurs commentateurs.

Grew rapporte, dans son *Anatomie des plantes*, que Millington, professeur de botanique à Oxford, lui dit, en parlant de la manière dont les plantes se fécondaient, qu'il pensait qu'au moment où les anthères s'ouvrent, les poussières qu'elles contiennent tombaient sur les pistils et sur les embryons, et qu'elles fécondaient les fruits, non en s'introduisant dans les semences, mais par la communication d'une exhalaison subtile et vivifiante. Rai adopta cette opinion ; Camerarius chercha à prouver, dans un discours sur la génération des plantes, qu'elle s'opérait par des moyens semblables à ceux qui produisent la génération des animaux ; mais Tournefort et plusieurs autres botanistes ne considérèrent les étamines et les pistils que comme des organes excrétoires. Geoffroy, d'un autre côté, admit l'existence des sexes dans les plantes, et Vaillant, dans son discours sur la structure des fleurs, allégua plusieurs preuves en faveur de cette vérité.

Il était réservé à Linné, non pas de découvrir, mais de donner à cette découverte toute l'évidence dont elle était susceptible, et d'établir sur cette base un des systèmes les plus ingénieux qui aient été imaginés jusqu'alors. En vain Pontédéra, Spallanzani et Alston essayèrent de combattre cette intéressante découverte.

Il suit de tout ce qui vient d'être exposé sur la fécondation des plantes des conséquences intéressantes pour la culture : elles nous font connaître la cause de la médiocrité des

récoltes lorsque les pluies ont été trop longues ou trop abondantes à l'époque de la floraison. Ces pluies emportent la
poussière séminale, et s'opposent à la fécondité des germes :
il faut donc en garantir les plantes auxquelles on donne un
soin particulier, surtout lorsqu'elles sont en fleurs. La même
stérilité a lieu pour les plantes dioïques lorsque les individus femelles sont privés de mâles, ou lorsque ceux-ci en sont
trop éloignés : de là vient que, dans le Levant et en Barbarie, on féconde, comme on l'a fait presque de tout temps,
les dattiers femelles, en secouant les fleurs à étamines sur
les fleurs à pistils. On cite l'histoire de deux dattiers, l'un
femelle, né dans les environs d'Otrante ; l'autre mâle, cultivé à Brindes, à quinze lieues de distance l'un de l'autre.
Le dattier femelle donna, pendant plusieurs annécs, un
grand nombre de fleurs, mais point de fruits, jusqu'à ce
qu'enfin on l'en vit tout chargé : on apprit qu'à cette époque
le dattier de Brindes avait fleuri pour la première fois, et,
à dater de ce moment, le dattier femelle fut couvert tous les
ans d'un grand nombre de fruits. Les jardiniers qui se
hâtent de couper trop tôt les fleurs mâles des potirons, des
melons, etc., qu'ils appellent *fausses-fleurs*, nuisent beaucoup à l'abondance des fruits. On obtient quelquefois de
très-belles espèces en fécondant le pistil d'une espèce par
les étamines d'une autre. Il est résulté de ce mélange des
races mixtes, ordinairement semblables à la mère par les organes de la génération, et, au père, par les feuilles et les
parties accessoires ; mais il faut qu'il y ait, comme dans les
animaux, de grands rapports d'organisation entre le mâle et
la femelle, pour que cette fécondation réussisse. On a donné
à ces plantes le nom d'*hybrides* : ce sont des races croisées,
que l'on perpétue par la culture, mais qui ne se reproduisent
pas constamment les mêmes par les semences, quand toutefois elles en donnent. L'observation a prouvé que ce phénomène avait lieu, quoique rarement, dans les campagnes, où
les plantes sont trop isolées, mais plus souvent dans les jardins, où elles sont plus rapprochées les unes des autres.

CHAPITRE VINGT-UNIÈME.

Les fruits. Péricarpe et semence.

Les fleurs ne durent qu'un instant ; elles disparaissent après la fécondation : il ne reste d'elles que l'ovaire, à moins que sa faiblesse n'exige encore leur secours. Cette fête printannière, cette brillante parure des beaux jours semble encore un triomphe au moment où les fleurs nous quittent : on dirait qu'elles se réjouissent des nobles fonctions qu'elles viennent de remplir dans l'acte de la végétation. Elles nous quittent, mais en nous quittant elles ne nous inspirent point cette mélancolie qu'amène à sa suite la chute des feuilles. Les pétales, balancés dans l'air, se jouent au gré des zéphirs ; la terre, jonchée de leurs débris, nous offre l'image d'une pluie de fleurs précipitées de l'atmosphère.

Les fleurs ne sont plus ; mais, tandis que nous les foulons à nos pieds, quel nouveau spectacle frappe nos regards ! Quelle nouvelle décoration leur a succédé ! Les sorbiers, ces nombreux néfliers, ces nerpruns au vert feuillage, en se dépouillant de leurs corolles, étalent avec luxe des fruits d'un rouge écarlate ; les pommes d'or des Hespérides succèdent aux fleurs parfumées de l'oranger. Qui n'a pas mille fois admiré le tendre duvet de la pêche, la cerise empourprée, les fruits monstrueux des cucurbitacées ? Au milieu de ce riche et grand spectacle se montre avec éclat toute la munificence des dons de la nature ; elle se montre dans cette chair épaisse et succulente, dans ces amandes savoureuses, dans la substance farineuse et nutritive des légumineuses, dans les grappes vermeilles de la vigne, etc. : la belle verdure de nos moissons est disparue ; mais que de richesses dans ces balles jaunissantes, dans ces épis courbés sous le poids de leurs grains !

Comme tout annonce l'abondance et la fertilité ! Quelle source de jouissances pour la plupart des animaux ! Avec la maturité des fruits arrive le moment du repos, des plaisirs et de la santé. Tandis que l'homme emmagasine ses richesses, tous les êtres qui doivent les partager, parce qu'elles sont celles de la nature, les lui disputent par leurs ruses et leur opiniâtreté; ils profitent du moins de celles qui échappent à sa surveillance : elles sont encore au delà de leurs besoins. Les insectes, les oiseaux et autres animaux nés au printemps, forment alors une génération nouvelle, presque déjà parvenue à l'âge adulte : le nid est abandonné; les feux de l'amour sont apaisés; les soins pénibles qu'exigeait la faiblesse du premier âge sont remplis; l'animal est quitte des devoirs que lui imposait la nature : elle l'en récompense, en lui offrant, pour la réparation de ses forces et la nourriture de la génération nouvelle, une surabondance d'alimens dans la production des fruits.

Nous avons laissé l'ovaire pénétré du fluide fécondateur : c'est alors que, doué du principe de la vie, tout se réunit pour en hâter la maturité; que les sucs nourriciers, presque uniquement destinés pour lui, cessent d'alimenter les parties des plantes qui lui sont devenues inutiles : alors se flétrissent les organes sexuels; alors disparaissent les enveloppes florales; les feuilles elles-mêmes s'altèrent peu à peu. C'est l'époque de l'année où la lumière est plus active, plus long-temps prolongée, la chaleur plus intense : ces feux des jours caniculaires qui embrasent l'atmosphère, sont, pour la maturité des fruits, ce qu'ont été, pour le développement des germes, les vents du sud et la température humide et douce du printemps. Avec quelle rapidité ces ovaires grossissent et se colorent! Quel changement s'opère dans les sucs qu'ils renferment! Quel est cet alambic distillatoire qui amollit la chair des fruits pulpeux, convertit en un acide doux et sucré leur substance acerbe?

Le fruit n'est donc que l'ovaire fécondé, grossi, et parvenu à l'état de maturité. Nous y retrouvons, mais sous des formes bien plus apparentes, et quelquefois un peu différentes, les principaux organes que nous avons observés dans l'ovaire, même situation dans les ovules convertis en semences, mêmes divisions dans les loges qui les renferment; mais le nombre n'est pas toujours le même. Quelquefois plusieurs ovules sont inféconds et se détruisent, des loges qui restent vides se resserrent et s'appliquent contre d'autres, de telle sorte, qu'il est très-difficile de pouvoir les distinguer : d'où il suit qu'il est bien important d'étudier les caractères de l'ovaire pour s'assurer des parties qui se trouvent avortées dans le fruit, et pouvoir rétablir par la pensée le nombre primitif des loges ou des semences, opération que nous avons vu essentielle pour la connaissance des familles naturelles.

1°. *Le péricarpe.*

Les fruits se composent de deux parties bien distinctes, des *semences*, et de l'enveloppe générale qui les renferme et qui porte le nom de *péricarpe*. Considérés tant dans leur forme extérieure que dans leurs divisions intérieures, ainsi que dans la disposition des semences, les fruits offrent bien plus de difficultés que les fleurs pour leur classification. En vain a-t-on essayé de les distribuer, d'après un ordre méthodique quelconque, en coupes bien tranchées, il se trouve toujours une foule d'intermédiaires qui troublent l'ordre de nos divisions : nous éprouvons alors la nécessité de multiplier presque à l'infini les sous-divisions, et, par suite, une nomenclature plus propre à surcharger la mémoire qu'à faciliter l'étude de la science. Comme le travail le mieux fait, le mieux conçu laisse toujours des lacunes ou des difficultés presque inévitables, on veut réformer, on veut faire mieux ; un changement dans les divisions en amène un dans les termes, chaque réformateur a les siens : ils se multiplient tous les jours à un tel point, qu'il nous coûte plus de temps pour les apprendre, qu'il n'en coûte pour l'observation de la nature.

Je crois donc, d'après ces considérations, qu'il faut se borner à ranger les fruits d'après quelques grandes coupes peu nombreuses, se réservant d'indiquer, dans chaque genre, les modifications qu'ils éprouvent, toutes les fois qu'ils s'ecartent en quelques points des caractères particuliers à chaque groupe. Il semble que Linné ait senti toutes ces difficultés en n'indiquant que huit sortes de fruits : je vais d'abord les faire connaître, en y ajoutant quelques autres faciles à saisir ; nous nous occuperons ensuite de la nature du péricarpe et de celle des semences. Ceux qui désireront étendre davantage leurs connaissances à ce sujet, pourront consulter les auteurs modernes, particulièrement les *Élémens de botanique* de M. Mirbel, et l'*Analyse du fruit* de M. Richard.

Le péricarpe est aux semences ce que les enveloppes florales sont aux organes sexuels : il les alimente et les protége. C'est sous cet abri qu'elles parviennent à leur état de perfection ; c'est des sucs abondans du péricarpe qu'elles tirent ceux qui leur conviennent : elles tiennent à cet organe par un filet plus ou moins sensible, que l'on a nommé *cordon ombilical*. Il pénètre dans la semence, se ramifie, et lui porte sa nourriture jusqu'à l'époque de la maturité. Son point d'attache sur le péricarpe se nomme *placenta*, et l'endroit par où il s'insinue dans la semence, *hile, cicatrice* ou *ombilic externe* : il en détermine la base.

Le péricarpe est, dans le plus grand nombre des fruits, tellement apparent, qu'il est impossible de le méconnaître ; mais il est quelquefois réduit à une pellicule si mince et tellement adhérente aux semences, qu'on a donné à ces dernières le nom de *graines nues :* telles sont celles des graminées, dont le péricarpe se confond avec le tégument propre de la graine (pl. 25, fig. 5, 6). M. Richard le nomme *cariopse :* il nomme *akène* cette enveloppe ordinairement membraneuse et très-adhérente des semences dans les composées (pl. 25, fig. 10, 11). Le fruit des borraginées et autres, que Linné désigne sous le nom de *quatre graines nues au fond du calice* (pl. 25, fig. 7, 8), porte celui de *noix* chez plusieurs botanistes. Gærtner donne le nom d'*utricule* aux fruits monospermes des amaranthes, etc., non adhérens avec le calice, et dont le péricarpe est peu sensible ; d'autres les ont considérés comme des capsules. Ce même auteur désigne sous le nom de *samare* tout fruit membraneux, comprimé, indéhiscent, muni souvent d'une aile membraneuse, à une, rarement à deux loges : tels sont les fruits de l'orme, du frêne, de l'érable, etc. (pl. 25, fig. 13), que d'autres placent parmi les fruits capsulaires. D'après ces observations, nous distinguerons, avec Linné, dans les fruits :

1°. La *capsule* (pl. 27, plusieurs sortes de capsules), qui est un péricarpe sec et creux, une sorte de boîte de forme très-variable, quelquefois indéhiscente et à une seule loge (le samare, Gærtn.), plus ordinairement s'ouvrant régulièrement en plusieurs valves ou panneaux (pl. 27, fig. 1), ou bien par des pores, comme les *antirrhinum*, par d'autres ouvertures particulières (les pavots, etc.); plus rarement en deux pièces hémisphériques, qui se séparent transversa-

lement, comme une boîte à savonnette (pl. 31 , fig. 5, 6,
7, 8) (le pourpier, le mouron, etc). Dans le plus grand
nombre, les capsules se divisent en plusieurs *valves* réunies
par leurs bords avant la maturité (pl. 27, fig. 5, 6). Les
cavités qui contiennent les semences se nomment *loges :* ces
loges sont ordinairement séparées par autant de membranes
ou de *cloisons*, qui se réunissent très-souvent par leur bord
extérieur à un axe central.

Il est des capsules univalves, à une ou plusieurs loges :
les œillets, les silénés, les saponaires, etc. ; il en est à plusieurs valves : leur séparation, à l'époque de la maturité,
s'opère de plusieurs manières ; les unes s'ouvrent au som-
·met plus ou moins profondément ; d'autres restent réunies
par le haut, et se séparent à leur base. Il en est qui s'ouvrent
latéralement, sans se séparer au sommet ni à la base, comme
dans les campanules ; d'autres restent fermées, surtout les
univalves : elles ne s'ouvrent qu'à leur sommet par quelques
dents, ou, sur le dos, par des trous pour la sortie des semences, comme dans la linaire. Les valves, ou sont réunies
par leurs bords à l'extérieur, ou sont repliées en dedans de
la capsule, et y forment des cloisons qui divisent sa cavité
en plusieurs loges. Dans les fruits simples, il n'y a qu'une
seule capsule ; les fruits composés en contiennent plusieurs,
ordinairement réunies par leur base.

La capsule, considérée dans ses formes, offre celle d'une
silique dans la fumeterre bulbeuse, la grande chélidoine, etc. :
elle est *toruleuse* dans l'*hypecoum ; turbinée* dans le lis mar-
tagon ; *comprimée* dans plusieurs véroniques ; *trigone , tétragone*, etc. ; *rayonnante* ou à plusieurs lobes disposés en
rayons dans l'*illicium anisatum*, etc. ; *elliptique , orbiculaire*, en *croissant*, etc. ; munie d'une aile membraneuse à
son contour ou à son sommet. Les autres caractères de la
capsule établis d'après son indéhiscence, le nombre des
valves et des loges, celui des semences, sont faciles à reconnaître.

2°. La *silique* (pl. 26, fig. 8, 9) est composée de deux
valves réunies par deux sutures longitudinales, ordinairement séparées par une cloison, toujours parallèle aux valves,
quoiqu'elle leur paraisse opposée quand les valves sont comprimées ou creusées en carène, comme dans la bourse à ber-
ger (*thlaspi bursa pastoris*) : elle se divise intérieurement

en deux loges ; les semences sont attachées à l'une et à l'autre suture, rangées en deux séries opposées. Quand la silique est courte, et qu'elle est à peu près plus large que longue, elle prend le nom de *silicule* (pl. 26, fig. 9). La silique caractérise la famille des crucifères : il y en a quelques-unes qui ne s'ouvrent pas ; d'autres qui n'ont qu'une ou deux semences. On distingue la silique par des formes assez faciles à saisir : elles sont *linéaires, cylindriques, subulées, tétragones, toruleuses, comprimées, rostrées* ou terminées en forme de bec par un prolongement de la cloison, comme dans la moutarde blanche ; *didymes* ou à deux lobes dans le *biscutella didyma* ; *enflées* dans l'*alyssum utriculatum* ; *ailées* dans le *bunias erucago* ; *articulées* dans le *myagrum perenne.*

3°. La *gousse* (pl. 26, fig. 1 , 4, 5, 6 , 7) ou *légume,* très-rapprochée de la silique par la forme et la réunion de ses deux valves, que l'on nomme *cosses,* en diffère par la disposition de ses semences attachées seulement à une des sutures qui réunissent les deux valves : elles sont placées alternativement sur l'une et l'autre valve. La gousse n'a ordinairement qu'une seule loge, et n'offre que très-rarement une cloison longitudinale ; mais il en est qui ont des cloisons transverses, et se divisent en plusieurs loges par des nœuds, des articulations qui souvent se désunissent sans s'ouvrir ; enfin, il est des fruits légumineux tout à fait indéhiscens, qui n'ont qu'une seule loge, une seule semence ; dans les autres, les valves se séparent à leurs deux sutures lorsque les semences sont mûres ; mais la casse, qui n'a qu'une seule valve, reste fermée, et sa cavité est partagée par des cloisons transversales. La forme des gousses est très-variée : il en est d'*oblongues, linéaires, cylindriques, comprimées, renflées, arquées, en croissant, courbées* en sabre, en spirale, ou roulées en coquille de limaçon, comme celles de plusieurs luzernes : celle de l'*hippocrepis* est remarquable par les échancrures profondes de l'un de ses bords ; celle du *coronilla* est partagée par divers étranglemens, etc.

4°. Le *follicule* (pl. 26, fig. 2, 3), sorte de capsule formée par une seule valve pliée dans sa longueur, s'ouvrant par une fente longitudinale d'un seul côté. Cette valve, étalée et aplatie, ressemble souvent à une petite feuille ; les semences imbriquées, assez souvent aigrettées, sont insérées sur un placenta, qui se détache ordinairement de la suture et devient libre. Ce fruit convient particulièrement aux apocinées : il est ordinairement composé de deux follicules dressés ou divergens, fusiformes ou cylindriques, enflés ou ventrus.

Le nom de *coque* est très-vague et indéterminé, employé différemment, selon les divers auteurs. Chez les uns, il est presque synonyme de follicule : c'est alors un péricarpe gonflé par l'air qui s'y dilate, ou occupé par une pulpe qui entoure les semences ; selon d'autres, c'est un péricarpe formé de deux ou de plusieurs lobes secs, élastiques, qui se séparent spontanément à la maturité des fruits, comme dans l'euphorbe, la mercurielle, etc. Il paraît devoir être conservé dans ce dernier sens (pl. 27, fig. 2, 3, 4).

5°. Le *drupe* (pl. 28, fig. 1, 2, 3, 4), nommé aussi *fruit à noyau*, est un péricarpe composé de deux substances de nature différente ; la partie extérieure pulpeuse, charnue, plus ou moins succulente ou coriace ; l'intérieure ligneuse, connue sous le nom de *noyau* ou de *noix* [1], à une ou plusieurs loges : la semence, renfermée dans chaque loge, se nomme *amande*. Les pêches, les cerises, les abricots, etc., sont autant de drupes, ainsi que la noix, dont la partie extérieure et charnue se nomme *brou*.

6°. Le *fruit à pepins* ou la *pomme* (pl. 28, fig. 8, 9) est un péricarpe charnu, couronné par le limbe du calice, divisé dans son centre en plusieurs loges ; chaque loge renfermant une ou plusieurs semences qui portent le nom de *pepins*. Ces loges sont ou membraneuses, élastiques, comme celles des poires, des pommes, ou bien elles sont épaisses, ligneuses, comme dans le néflier (pl. 32, fig. 1, 2) : on dit alors, dans ce dernier cas, que chaque loge forme un *noyau* ou *nucule*. Les semences sont tuniquées : cette sorte de péricarpe est particulièrement celui des rosacées (pl. 32, fig. 3, 4, 5).

M. Mirbel fait, au sujet de ce péricarpe, qu'il nomme *pyridion*, des observations qui méritent d'être méditées : « Aucune famille, dit-il, ne présente plus de variétés dans l'aspect de ses fruits, que les rosacées, et pourtant il est certain que le fond de l'organisation reste, à peu de choses

___

[1] M. Richard distingue ces deux substances du péricarpe par les noms de *pannexterne* et de *panninterne*.

près, le même. Admettons, par hypothèse, que, dans la pomme, ou mieux encore dans le coin, le tissu cellulaire et succulent, qui est interposé entre la lame calicinale et les loges, vienne à s'évanouir, et qu'il en soit de même du tissu qui unit les loges les unes aux autres, nous aurons alors un fruit *étairionaire* (c'est-à-dire composé de plusieurs capsules bivalves), tout à fait semblable au fruit du *spiræa*. Le *spiræa* appartient aux rosacées.

« Une nèfle, divisée en cinq segmens perpendiculaires à sa base, représenterait fort bien, quant aux traits essentiels, cinq cerises ou cinq prunes disposées avec symétrie sur un réceptacle, de façon que le sillon longitudinal de chacune d'elles regardât un axe central imaginaire. La nèfle, la cerise, la prune sont des fruits de rosacées ; enfin, et pour rassembler sous le même point de vue les principales nuances qui modifient les divers fruits de cette famille, groupons de petites cerises sur un même réceptacle, et supposons que ces drupes s'entregreffent, nous aurons en grand l'image exacte d'un *étairion* (d'un fruit composé de plusieurs capsules bivalves) analogue à la framboise, autre fruit de la famille des rosacées.

« Ces idées ne doivent pas être considérées comme un simple jeu d'esprit, puisqu'il est visible que la nature elle-même les réalise dans la série des espèces. Je ne sache rien de plus curieux, et qui attache davantage à l'étude des productions naturelles, que ces structures, tout ensemble si simples et si variées. Quand une fois on a saisi les premiers anneaux de cette belle chaîne de faits, on marche de découverte en découverte, et l'on s'étonne que l'on ait pu méconnaître si long-temps l'admirable industrie de la nature [1]. »

Linné avait rangé parmi les fruits à pepins ceux des cucurbitacées, tels que les melons, les citrouilles (pl. 31, fig. 1, 2, 3, 4); Gærtner les a désignés, comme un genre de fruits particuliers, sous le nom de *pépon :* ce sont des fruits charnus, réguliers, qui font corps avec le calice et renferment plusieurs semences. La partie intérieure du réceptacle est pulpeuse; l'extérieure sèche, coriace, élastique : le dedans de ces fruits est divisé en plusieurs loges par un placenta rayonnant, dont les lobes amincis en cloisons sont bordés de

---

[1] Mirbel, *Elém. de physiolog. vég.*, tom. 1, pag. 343.

petits cordons ombilicaux qui portent les semences d'un et d'autre côtés ; en sorte que, dans chaque loge, il y a deux rangs de semences appartenant à deux lobes du placenta. Quelquefois les loges sont divisées chacune par une cloison pulpeuse : les semences ont une enveloppe crustacée, de la consistance du cuir. Le tissu cellulaire du centre du pépon se détruit souvent lors de la maturité, et alors les péricarpes n'offrent plus qu'une seule loge, dans laquelle les divisions du placenta forment des saillies de la circonférence au centre (Mirbel).

7°. La *baie* (pl. 28, fig. 6, 7, 10, 11) comprend des fruits charnus, souvent de nature très-différente : d'où vient que la baie est très-difficile à bien caractériser. On peut dire, en général, qu'elle consiste en un fruit mou à l'époque de la maturité, renfermant une ou plusieurs semences au milieu d'une pulpe succulente, tantôt sans aucune apparence de loges, comme dans la groseille, le raisin (pl. 28, fig. 6, 7) ; tantôt avec des loges, comme dans les *solanum* (pl. 28, fig. 10, 11), les *physalis*, l'*atropa*, etc. L'orange est divisée en un grand nombre de loges séparées par des cloisons très-fines (pl. 31, fig. 9-13). Lorsque les baies sont petites, disposées en grappes, en épis, en corymbe, etc., chaque baie, prise séparément, porte le nom de grain, comme dans le groseiller, la vigne, le sureau, etc. Les fruits de la ronce et du mûrier (pl. 32, fig. 12, 13) sont considérés comme composés de plusieurs petites baies réunies sur un réceptacle commun : elles forment une baie composée. Dans le fraisier (pl. 32, fig. 8, 9), le réceptacle commun est pulpeux, et les semences sont placées à sa surface.

La baie est *globuleuse* ou sphérique dans l'arbousier, la vigne, la mandragore ; elle est *discoïde* dans le *phytolacca* ; *turbinée* dans le *psidium pyriferum* ; *couronnée* par le limbe du calice dans le groseiller, par le stigmate dans le nénuphar ; adhérente avec le tube de la corolle dans le bananier ; libre dans l'asperge ; renfermée dans le calice renflé et membraneux du *physalis* ; *cortiqueuse*, entourée à l'extérieur d'une écorce ferme, épaisse, médiocrement succulente dans l'arbousier, l'oranger : elle renferme des noyaux ou *nucules* dans la vigne, le houx, le sureau, le phytolacca, etc. La figue, dont le réceptacle commun semble former à l'extérieur une sorte de baie simple, renferme intérieurement un grand nombre de petites baies particulières, produites par les semences environnées d'une substance pulpeuse. On voit, par ces exemples, qu'on a donné une grande extension à la *baie*, en l'appliquant à beaucoup de fruits charnus très-différens entre eux.

8°. Le *cône* (pl. 32, fig. 10, 11) n'est pas un fruit ni un péricarpe proprement dit, mais un composé d'écailles ligneuses, ou plutôt une réunion de bractées ou de pédoncules considérablement accrus, se recouvrant les uns et les autres, fixés par leur base sur un axe ou un réceptacle commun. Sous chacune de ces écailles, on trouve un ou deux fruits indéhiscens, garnis souvent d'un feuillet saillant ou d'une espèce d'aile, comme dans le pin, le sapin, etc. : Linné les considère comme des semences nues. Le cône n'est donc qu'un mode d'inflorescence désigné sous le nom de chaton, ordinairement allongé et de forme conique. Dans le cyprès, les bractées s'élargissent en tête de clou, se serrent par leurs bords, et prennent, par leur réunion, l'apparence d'un fruit arrondi ; dans le genévrier, les bractées deviennent succulentes, se soudent les unes aux autres, et offrent l'aspect d'une baie ; dans le cèdre, le mélèze, le pin, les pédoncules, disposés en spirale autour d'un axe commun, s'élargissent en écailles ligneuses, imbriquées, très-serrées, et forment un cône de formes variées, selon les genres ou les espèces. Les fruits du chêne, du noisetier, du hêtre, de l'if, de l'éphedra, etc. (pl. 29, fig. 1-6), entourés d'une cupule, se rapprochent des précédens : ce fruit, dans le chêne, porte le nom de *gland* (pl. 29, fig. 7, 8).

2°. *La semence.*

Les grands phénomènes que présente la végétation, la richesse des fleurs, la beauté et les formes variées des corolles, tout ce que les étamines et les pistils offrent de curieux, tout ce que les organes des plantes ont d'admirable dans leurs fonctions, les principes alimentaires répandus dans toutes les parties des végétaux, leur développement, leur accroissement, tous les beaux faits qui ont fixé notre attention n'ont qu'un but unique, auquel ils aboutissent : la production, la sûreté, la maturation des fruits, dont la semence est la partie la plus précieuse, la seule essentielle :

elle termine le grand œuvre de la végétation. Dès qu'elle est
produite, tout périt : elle seule survit à la destruction du
végétal ; c'est à elle qu'est confiée l'importante fonction de la
reproduction des espèces ; c'est d'elle que la terre attend
cette belle verdure qui doit couvrir sa nudité, le champ stérile, la source de sa fécondité. Les proportions de petitesse
et de grandeur ne sont ici qu'un jeu pour la nature. Qui
pourrait croire, si l'expérience ne nous le prouvait tous les
jours, que, sous les enveloppes d'une semence, dont quelquefois la finesse échappe presque à nos yeux, sont renfermées toutes les parties d'un végétal ; que, dans l'embryon du
gland, existe en très-petit le plus grand arbre de nos forêts ;
qu'il ne lui manque que le développement ? On conçoit quelle
place importante la semence occupe dans l'ordre de la végétation, et quels avantages résulteraient, pour la physiologie végétale, de la connaissance parfaite de toutes les parties qui la composent : c'est d'elle que dépendent, sous un
point à peine perceptible, la variéte des formes végétales ;
mais que nous sommes loin d'avoir sur cette matière toutes
les lumières que nous pourrions désirer ! L'observation ne
peut aller au delà de ce qui tombe sous nos sens. Sans vouloir pénétrer dans ce qui n'est point donné à l'homme de connaître, nous nous bornerons à présenter ce que les meilleurs
observateurs ont pu y découvrir.

Nous avons déjà vu que la semence était ou placée immédiatement sur une partie quelconque du péricarpe, ou
qu'elle y adhérait par un filet désigné sous le nom de *cordon
ombilical*, dénomination qui exprime en effet la fonction de
cet organe destiné à transmettre à la semence les sucs nourriciers. Son point d'adhérence forme, sur l'enveloppe extérieure de la semence, une sorte de cicatrice que l'on a nommée, par la même raison, *ombilic externe :* il porte plus
généralement aujourd'hui le nom de *hile.* Tantôt ce n'est
qu'un point, comme dans les crucifères, ou une ligne étroite
à côtés parallèles, comme dans la fève ; tantôt une large
plaque convexe, orbiculaire, comme dans le marronnier ; en
forme de cœur dans le *cardiospermum ;* concave dans le *cyclamen ;* elliptique dans le haricot.

Tégumens de la semence.

On distingue trois enveloppes dans la semence ; plus ordinairement il n'en existe que deux : 1°. l'*arille*, qui n'existe que dans un petit nombre de plantes, est une enveloppe membraneuse ou charnue, qui ordinairement se détache, en totalité ou en partie, des semences en maturité : on soupçonne qu'il n'est qu'une expansion du cordon ombilical. L'arille couvre la semence entière dans le jasmin; il n'en recouvre qu'une partie dans le *celastrus;* il est pulpeux, fermé de toutes parts, et d'une couleur orangée dans le fusain à larges feuilles (pl. 33, fig. 11, 12); il s'ouvre et s'évase en une cupule irrégulière dans le fusain galeux; il est lacinié dans le muscadier, où il prend le nom de *macis* (pl. 33, fig. 9, 10); mince, élastique et blanchâtre dans l'*oxalis :* il se crève quand la graine est mûre, et la lance au dehors par l'effet d'une force contractile. Dans le polygala commun (pl. 33, fig. 3, 4), l'arille se divise en trois lobes, et forme une petite couronne autour de l'ombilic, etc. On voit, d'après ces exemples, que l'arille varie beaucoup dans sa substance, sa forme, ses dimensions, sa couleur, et qu'il ne présente aucun caractère déterminé.

2°. La *tunique propre* existe dans toutes les semences : c'est la plus extérieure quand l'arille manque, ainsi qu'il arrive très-ordinairement. Gærtner lui a donné le nom de *test* (*testa*), et M. Mirbel celui de *lorique*. Elle est *fragile* et *crustacée* dans le ricin (pl. 33, fig. 1, 2), le pavot d'Orient; *osseuse* dans le bananier, le nénuphar; *fongueuse* dans le lis, la tulipe; *pulpeuse* dans le grenadier; *vésiculaire* dans le syringa (*philadelphus*) : elle porte le nom de *robe* dans la fève (pl. 34, fig. 11, 12); elle n'a ni valves, ni sutures. On a découvert à la superficie de la tunique propre, dans beaucoup d'espèces, un petit trou qui traverse cette enveloppe d'outre en outre : il a été nommé *micropyle;* son usage n'est pas encore bien connu. On a soupçonné que le fluide fécondant pourrait bien s'introduire dans la graine par cette ouverture.

3°. Sous la tunique propre, est le *tégument* ou l'*enveloppe interne* (*tegmen*) : il est appliqué immédiatement sur l'amande; souvent il se confond avec la tunique propre; alors il n'en existe qu'un seul composé de deux lames collées l'une sur l'autre. Le tégument est très-souvent membraneux, quelquefois coriace, crustacé, etc.; les vaisseaux, qui partent de l'ombilic, rampent sur sa surface extérieure :

leurs dernières ramifications pénètrent insensiblement dans sa substance, et parviennent ainsi jusqu'à l'amande. Le point où se réunissent les ramifications des vaisseaux est appelé *ombilic externe* ou *chalaze* par Gærtner : c'est une petite tache colorée, ou un petit tubercule tantôt spongieux, tantôt calleux, formé par l'extrémité des vaisseaux ombilicaux internes qu'on voit sur la membrane extérieure. La chalaze se trouve, dans diverses semences, en opposition avec l'ombilic externe.

Gærtner a nommé *embryotège*, et M. Mirbel *opercule*, un renflement en forme de calotte, situé à une distance quelconque de l'ombilic, et que l'on remarque à la surface de quelques semences, sur celles de l'asperge, du dattier (pl. 34, fig. 7, 8), du balisier, du commelina, etc. Cet opercule correspond à la radicule : il se détache pendant la germination, et présente une issue pour la sortie de l'embryon.

Amande de la semence. Le périsperme et l'embryon.

Les tégumens ou enveloppes de la semence renferment son *amande*, nom sous lequel on a désigné, chez les modernes, *l'embryon* et le *périsperme*. Ce dernier n'est en quelque sorte qu'un organe accessoire, puisqu'il manque dans beaucoup d'espèces : on peut en dire autant des enveloppes. Il ne reste donc dans les semences de partie vraiment essentielle que *l'embryon ;* mais il est rare qu'il existe seul, et, dans ce cas, il a du moins quelque enveloppe accessoire.

Il est difficile de donner une définition bien rigoureuse du *périsperme*, tant il est varié dans sa substance, sa forme et sa position : c'est un corps particulier plus ou moins charnu, plein de fécule amylacée, qu'on trouve dans les semences d'un grand nombre de végétaux lorsqu'on a enlevé les enveloppes dont elles sont recouvertes, distinct de l'enveloppe intérieure en ce qu'il est simplement contigu et non adhérent à l'embryon. Assez ordinairement il l'entoure ; quelquefois néanmoins il en est entouré : il occupe alors le centre de la semence, comme dans les arroches, les amaranthes, les caryophyllées, etc. Il est *farineux* dans les graminées ; *corné* dans le café (pl. 33, fig. 18, 19) et les autres rubiacées ; presque *ligneux* dans les palmiers (pl. 34, fig. 8); *amylacé* dans la belle de nuit (*mirabilis*); *oléagi-neux* et *charnu* dans les euphorbes; *mucilagineux* dans le liseron; *membraneux* ou formé d'une lame mince dans le prunier, l'amandier, et dans la plupart des labiées; *coriace* dans les ombelles; *transparent* dans le riz; *très-grand*, *épais* dans les ombelles, les renoncules, les euphorbes, les graminées, les palmiers, etc.; *mince* dans les thymelées, les labiées; *creux* dans le muscadier, le cocotier; *chiffonné*, plié en différens sens dans les liserons; à un ou plusieurs lobes, selon les espèces.

Le *périsperme* paraît se former à l'époque de la maturité des semences : il est alors insoluble dans l'eau; mais, pendant le cours de la germination, il paraît changer de nature et devient très-soluble : il se convertit en une sorte de liqueur ou de mucilage propre à servir de premier aliment à l'embryon. Gærtner, d'après Grew, l'a nommé *albumen*, en le comparant au blanc de l'œuf, auquel il ressemble par sa consistance, sa couleur et son emploi; le même auteur a donné le nom de *vitellus*, relatif au jaune de l'œuf, à un corps moins connu que le périsperme, moins facile à distinguer, moins fréquent dans les semences. Il est placé ordinairement entre le périsperme et l'embryon : il entoure ce dernier et y est adhérent; caractère qui le distingue du périsperme, qui est simplement contigu à l'embryon. Sa forme est très-variée; dans les graminées, où il est plus facile de l'observer, il ressemble à une écaille ou à un petit écusson.

En séparant de l'embryon le périsperme, qui n'existe que dans un certain nombre de plantes, ce qui nous reste à examiner se trouve dans toutes les semences, excepté dans celles d'un grand nombre de *cryptogames* peu connues, et qui n'ont pas encore pu, vu leur extrême petitesse, être soumises à l'examen. Dégagé du périsperme, lorsque celui-ci existe, l'embryon offre d'abord deux parties faciles à distinguer : la *plantule* et le *cotylédon*.

La *plantule*, connue vulgairement sous le nom de germe, que des botanistes modernes ont nommé *blastême*, est le véritable *fœtus végétal* : c'est la plante entière en miniature. Il ne lui faut, pour se développer, que de l'humidité, de la chaleur et un milieu convenable, qui ordinairement est le sein de la terre. Ses parties ne sont bien visibles qu'au moment de la germination : avant cette époque, il faut très-souvent le secours du microscope pour les distinguer, encore est-il quelquefois bien difficile de les apercevoir dans leur intégrité ; mais, comme elles éprouvent quelque changement lorsqu'elles viennent à se développer, il est bon de connaître ce qu'on a pu y observer de plus essentiel dans leur état d'inaction.

La *plantule* (pl. 33, fig. 2, 6, 12, 16, 18) est composée de deux parties essentiellement distinctes : la *radicule* et la *plumule*. La première est le rudiment de la racine : c'est elle qui d'abord s'échappe des enveloppes de la semence. Quoique simple, elle se divise quelquefois en plusieurs mamelons, qui semblent former, par leur développement, autant de radicules, comme dans le seigle, l'orge, le froment, etc. Malpighi a remarqué, le premier, que, dans certaines plantes, la radicule était cachée dans une espèce de poche charnue fermée de toutes parts, que les modernes ont nommée *coléorhize*, et qui ne peut être bien aperçue, ainsi que la radicule qu'elle renferme, qu'au moment de la germination. Ce caractère est surtout particulier aux monocotylédons : on le retrouve cependant dans la capucine et le gui. On dit que la radicule est *nue* lorsqu'elle est privée de cet attribut : elle est alors très-ordinairement saillante en forme de petit bec conique, se prolongeant au-dessous du point d'attache des cotylédons ; quelquefois aussi elle est cachée par ces mêmes cotylédons qui se prolongent plus bas que leur point d'attache sur la plantule. Il est important d'en observer la forme, la situation, relativement aux autres parties de la semence ; détails, à la vérité, très-minutieux, mais qui ne sont pas sans intérêt pour l'étude de la physiologie végétale. On peut, à ce sujet, consulter l'immortel ouvrage de Gærtner.

La *plumule* est cette partie de la plantule qui doit se développer à l'air et à la lumière, se diriger vers le ciel, et former la tige et les rameaux (pl. 34, fig. 14, 15) : elle est quelquefois invisible dans l'embryon, et ne peut s'apercevoir que dans la germination ; plus souvent elle se montre sous la forme d'un très-petit bouton de feuilles appliquées les unes sur les autres. Dans un grand nombre d'espèces, la plumule est nue ; dans d'autres, elle est enfoncée dans une cavité du cotylédon, qui forme, autour d'elle, une sorte d'étui qu'on

a nommé *coléoptile*, comme dans les liliacées, les alisma-
cées, etc. Celle des graminées, des cypéracées est recouverte entièrement par une feuille extérieure primordiale qui
a la forme d'un éteignoir : elle porte, chez les modernes,
le nom de *piléole*; enfin, la plumule est ou portée par une
très-petite tige à peine visible, ou placée immédiatement sur
le nœud vital qui la sépare de la radicule, et qui n'est souvent qu'un point difficile à apercevoir, et dont l'existence se
conçoit plutôt qu'elle ne se montre. Ce n'est guère que dans
la germination que ces parties deviennent sensibles.

On conçoit, d'après ce qui vient d'être exposé, que la radicule et la plumule ont une destination très-différente :
elle est telle, que, si l'on place une semence en terre, de
manière que la radicule soit en haut, et la plumule en
bas, elles ne tarderont pas à reprendre, l'une et l'autre, la
direction qu'elles doivent avoir. Sans cette admirable précaution de la nature, que de semences resteraient sans développement, faute de se trouver dans une position convenable. De toutes celles que l'on dépose dans le sein de la
terre, il en est peu dont la plumule soit dirigée vers sa surface ; mais au moment de la germination, lorsque leur situation n'est point favorable, les plumules se replient verticalement en haut pour gagner l'air, et la radicule en sens
opposé pour s'enfoncer dans la terre.

Les *cotylédons* sont ordinairement la partie la plus considérable de l'embryon (pl. 34, fig. 13, 14) : ce sont, dans
les plantes dicotylédones (je parlerai plus bas des monocotylédones), deux corps charnus appliqués l'un contre l'autre,
très-faciles à reconnaître dans la fève, le haricot, etc.,
attachés à la jonction de la plumule avec le collet ou nœud
vital, tellement qu'on ne peut apercevoir la plumule qu'en
écartant les deux lobes des cotylédons, tandis, qu'en général, la radicule est saillante en forme de petit bec. Les cotylédons sont considérés comme les premières feuilles de la
plantule, destinées à lui fournir, pendant la germination,
une nourriture toute préparée et convenable à sa faiblesse :
c'est le lait de la jeune plante. Lorsqu'elle en est privée, il
est rare qu'elle puisse se développer : elle languit et meurt.
Bonnet coupa les cotylédons des embryons de quelques haricots qu'il avait tenus dans l'eau pendant plusieurs jours :
il eut l'habileté d'élever ces embryons sevrés et mutilés; mais

il n'obtint que des végétaux maigres, très-petits, et, pour ainsi dire, des plantes en miniature. On aperçoit, à l'aide du microscope, des linéamens vasculaires très-déliés qui partent du nœud vital, et se distribuent dans les cotylédons, la radicule et la plumule : Bonnet les considère comme des *vaisseaux mammaires*. Dès que la jeune plante est assez forte pour se suffire à elle-même et se nourrir des sucs de la terre, les cotylédons se flétrissent et tombent. Ils restent, pendant la germination, ou cachés sous la terre, comme ceux du marronnier, ou ils s'élèvent à la surface du sol, comme ceux de la fève : les uns sont *charnus*, comme dans l'amandier, le pêcher ; d'autres *foliacés* : le tilleul, la belle de nuit (*mirabilis*) ; très-variables dans leur grandeur ; très-grands dans le chêne, le hêtre, le haricot ; très-petits dans le rhododendrum, le polemoine ; moyens dans le pin, le *polygonum ;* longs, étroits dans la soude, etc. Quant à leur disposition particulière, ils sont constamment *opposés* dans les dicotylédones ; *verticillés* quand ils naissent au delà de deux : le pin, le cèdre, le mélèze, etc. ; *contigus* dans les légumineuses, les rosacées ; *divergens* dans l'aconit des Pyrénées ; *roulés* en spirale sur eux-mêmes dans le grenadier, le basella, l'anabasis ; *condupliqués* quand, étant appliqués face contre face, ils sont encore pliés en deux dans leur longueur, comme dans l'*avicennia ; plissés* en éventail dans le hêtre ; *chiffonnés* dans la mauve, etc. : ils sont divisés en plusieurs lobes dans le noyer ; *pinnatifides* dans plusieurs géranium ; entiers dans le plus grand nombre.

Quoique, dans les plantes qu'on a rangées dans la grande division des dicotylédones, le très-grand nombre soit pourvu de deux dicotylédons, il s'en trouve cependant quelques-unes qui en ont plus de deux : on en compte trois dans le *cupressus pendula ;* quatre dans le *pinus inops* et le *ceratophillum demersum ;* cinq dans le pin laricio ; six dans le cyprès distique (*schubertia disticha*, Mirb.) ; sept dans le pin maritime ; huit dans le *pinus strobus ;* enfin, dit M. Mirbel, on en compte jusqu'à douze dans le *pinus pinea.* D'autres fois il arrive aussi que les cotylédons, distincts pour l'anatomiste avant la parfaite maturité de la graine, s'entre-greffent ensuite, et forment, par leur réunion, un corps qui imite un seul cotylédon : c'est ce qu'on soupçonnait depuis long-temps, et ce que M. Auguste de Saint-Hilaire a démontré dans son excellent mémoire sur la capucine. Une anomalie plus remarquable encore est celle qu'offre la graine du manglier, décrite par M. du Petit-Thouars : le corps cotylédonaire, composé peut-être, comme celui de la capucine, de deux cotylédons entregreffés, a la forme d'un bonnet phrygien, et recouvre absolument la plumule, laquelle ne paraît que lorsque le blastème (la plantule) s'est détaché et séparé de ce corps, qui reste sous les enveloppes de la graine (Mirbel).

Je crois devoir rapporter ici, pour ceux qui voudraient faire usage du microscope, quelques observations présentées par M. Mirbel sur les *embryons monocotylédons*. L'embryon monocotylédon, dit cet habile observateur, offre souvent une masse charnue, dans laquelle les divers organes sont confondus, et l'inspection de sa surface seule ne suffit pas pour déterminer leur nature ; il faut encore s'aider de l'anatomie, et même quelquefois de la germination. La radicule est un simple mamelon externe situé à l'une des extrémités de la masse de l'embryon dans l'oignon commun, la jacinthe tardive, l'ornithogale à longues bractées, le jonc à crapaud, etc. : elle est également terminale dans le balisier, le commelina, mais elle y est recouverte d'une *coléorhize* (d'une poche charnue) qui fait corps avec elle tant qu'elle est en état de repos, et qui s'en détache par lambeaux quand la graine vient à germer. Elle est située latéralement par rapport à la masse de l'embryon, entourée d'une *coléorhize* (d'une enveloppe) dans les graminées.

La plumule est nue, plus ou moins saillante dans le *zostera*, le *ruppia*, dans un grand nombre de cypéracées, dans toutes les graminées, le riz excepté ; dans les autres monocotylédons, la plumule est *coléoptilée* (enfoncée dans une cavité du cotylédon), parconséquent invisible à l'extérieur. Les plumules nues sont composées de plusieurs rudimens de petites feuilles engaînées les unes dans les autres : la plus extérieure (piléole) forme un étui clos de toutes parts. Le cotylédon est toujours latéral par rapport à la plantule : il constitue la majeure partie de la masse des embryons dont la radicule et la plumule sont contigus, comme dans le balisier ; sa forme est sujette à beaucoup de variations. L'embryon est quelquefois muni d'un petit lobe, rudiment d'une feuille qui se développe du côté opposé au cotylédon, sous

(219)

la forme d'une lame charnue. La petitesse du lobule est cause
que peu de botanistes ont remarqué cet organe : il représente imparfaitement une seconde feuille cotylédonaire. Les
cycas et les *zamia* qui, sous le nom de *cycadées*, forment
une petite famille rapprochée des palmiers, ont constamment deux cotylédons.

La situation de l'embryon dans la semence, tant dans les
monocotylédons que dans les dicotylédons, est essentielle à
observer : il en résulte de très-bons caractères de famille.
L'embryon des conifères traverse le périsperme, comme un
axe ; celui des atriplicées l'entoure, comme un anneau ; celui
des nyctaginées, en se recourbant sur lui-même, l'environne
de toutes parts ; celui du cyclamen, du polygonum se porte
d'un seul côté de la semence ; celui des palmiers, des bananiers, du nénuphar, des renoncules, des ombelles, etc.,
est relégué dans une cavité tout à fait excentrique ; celui des
convolvulacées reçoit, dans ses sinuosités nombreuses, les
plis d'un périsperme mince et mucilagineux (Mirbel).

CHAPITRE VINGT-DEUXIÈME.

De la germination.

L'INDIVIDU végétal nous est maintenant connu dans ses parties les plus essentielles : nous avons suivi, autant qu'il a été possible, la disposition, le jeu, les fonctions des divers organes. Nous voilà enfin parvenus au dernier terme de la végétation, à la maturité des semences. En pénétrant sous les enveloppes protectrices qui les recouvrent, nous y avons trouvé les élémens d'une nouvelle plante : il ne nous reste plus qu'à en suivre les premiers développemens dans la germination, phénomène non moins étonnant que tous ceux qui ont jusqu'alors fixé notre attention; mais, avant d'aller plus loin, arrêtons-nous encore un instant sur la semence séparée de la plante-mère. Son existence est actuellement indépendante : elle a tout ce qu'il faut pour produire un nouvel individu; mais elle ne le produira que placée dans les circonstances nécessaires pour la retirer de son état de repos. Il faut donc qu'elle les attende; mais, en attendant, que va-t-elle devenir? Douée d'organes extrêmement délicats, et susceptibles, comme tous les corps organisés lorsque leurs fonctions vitales ne sont point en activité, d'être attaqués et décomposés par les agens extérieurs, comment pourra-t-elle résister à leur influence? Comment cet embryon si tendre, pénétré de liqueurs si subtiles, échappera-t-il à la décomposition, au desséchement? Qui le tiendra dans son état de fraîcheur jusqu'à ce qu'il reçoive le *stimulus* de la vie? D'où lui vient cette étonnante faculté de se conserver sans altération quelquefois pendant des années et même des siècles sans perdre le principe vital qu'il renferme? Ici se montrent, comme nous l'avons vu si fréquemment, ces soins admirables de la nature pour tout ce qui peut assurer la reproduction des espèces.

Les semences ne mûrissent assez généralement que vers la fin de l'été ou dans le courant de l'automne. Si le principe de vie, dont elles sont douées, n'était point suspendu, pendant un temps plus ou moins long ; s'il entrait en activité aussitôt que la semence a quitté la plante-mère, il arriverait : 1°. que toutes les semences qui ne seraient pas en terre seraient arrêtées dans leur développement et périraient infailliblement ; 2°. que celles qui seraient reçues dans la terre, venant à germer en automne, se trouveraient exposées, dès l'âge le plus tendre, à toutes les influences de la mauvaise saison ; qu'elles y succomberaient presque en naissant ou dans le courant de l'hiver.

Cette observation, qu'il ne faut cependant point appliquer à toutes les semences, a lieu pour le plus grand nombre. Il en est, il est vrai, que nous voyons germer en automne, telles que beaucoup de graminées, etc. ; mais celles-là poussent d'abord rapidement : elles se fortifient, dans le courant de cette saison, autant qu'il est nécessaire pour n'avoir pas à craindre les rigueurs de l'hiver, temps pendant lequel leur développement est presque entièrement suspendu ; mais combien d'autres ne pourraient être soumises, sans périr, à une semblable épreuve. Qu'elles soient renfermées dans le sein de la terre, ou qu'elles restent exposées à l'air, leur vertu germinative n'entre ordinairement en activité que dans la saison favorable : il en est de plus délicates, qui, éparses à la surface du globe, sont garanties ou par une mousse épaisse, ou par la couche des feuilles qui ont quitté les arbres en automne. Ainsi la nature a varié ses précautions selon la délicatesse ou la force particulière aux différentes espèces.

La conservation du principe vital et la suspension de son développement ont néanmoins un temps déterminé plus ou moins long. Il est des semences qui perdent promptement leur faculté germinative, si elles ne sont semées dès qu'elles sont mûres, quoiqu'elles ne germent quelquefois que bien long-temps après : telles sont en général les graines huileuses, celles du chêne, du hêtre, du noyer, du lin, etc., qui rancissent et se détériorent lorsqu'elles restent trop long-temps exposées à l'air ; mais il en est d'autres, surtout les farineuses, comme celles de la plupart des légumineuses, de l'orge, du froment, qui gardent pendant des années, même pendant des siècles, leur principe de vie. Girardin a fait germer, il y a peu d'années, des haricots tirés de l'herbier de Tournefort ; des grains d'orge recueillis depuis plus de cent quarante ans ont été semés avec succès par Home ; enfin on a plusieurs exemples que des grains retirés de Matamores, oubliés pendant des siècles, s'étaient conservés sans altération. On a vu plusieurs fois des terrains, remués et bouleversés après avoir été long-temps abandonnés, reproduire des plantes qu'on savait y avoir existé autrefois, et qui étaient disparues depuis long-temps. Cette conservation ne peut avoir lieu qu'autant que les semences se trouvent dans des lieux secs et dans une température peu élevée ; mais la chaleur et l'humidité leur sont contraires.

En reconnaissant cette suspension de vie dans les semences placées hors du sein de la terre, il semblerait que, dès qu'elles y sont reçues, elles devraient toutes, à peu près dans le même espace de temps, entrer en germination ; mais il n'en est pas ainsi. Quoique les circonstances et l'industrie humaine puissent influer beaucoup sur l'espace de temps nécessaire pour amener la germination après que les graines ont été mises en terre, elle est néanmoins constamment plus lente ou plus hâtive, selon les espèces. On sait que les semences des graminées germent très-promptement : il ne faut que vingt-quatre heures pour celles du millet ; environ trente-six pour celles du froment ; trois ou quatre jours pour le haricot ; un peu plus pour le melon ; neuf pour le pourpier ; dix pour le chou ; trente pour l'hyssope, d'après les observations d'Adanson ; quarante ou cinquante pour le persil ; un ou deux ans pour les semences du châtaignier, du pêcher, du rosier ; deux ans pour le noisetier, l'aubépine, etc. Cette variété, dans les diverses époques de la germination, tient à des causes qu'il serait aussi important que curieux de connaître. Jusqu'alors elles n'ont point été recherchées.

Enfin la terre vient d'ouvrir aux semences son sein fécondant ; l'embryon végétal, jusqu'alors sans mouvement, sans action, ne tarde pas à sortir de ses enveloppes. Déjà amollies et dilatées par l'humidité qui les environne, par la douce chaleur qui les pénètre, les semences reçoivent en même temps ces fluides aériformes, subtils et vivifians, qui, portes dans toutes les parties de la plantule, la tirent de son état de repos, et lui font éprouver les premiers stimulans de la vie ; les cotylédons s'humectent et se gonflent ; ils écartent, déchirent leurs enveloppes ; leur substance amilacée, détrempée et convertie en une liqueur laiteuse, émulsive, transmet à la plantule son premier aliment. C'en est fait, le flambeau de la vie est allumé : il ne s'étcindra désormais que lorsque la plante aura parcouru toutes les périodes de son existence.

La radicule se montre la première et se dirige vers le centre de la terre (pl. 35, fig. 13, 14, 15); bientôt elle y développe quelques fibrilles, et se trouve en état de fournir, avec les cotylédons, des secours alimentaires à la plumule. Celle-ci reste encore quelque temps défendue et nourrie par les cotylédons; mais ce temps est très-court : elle ne tarde pas à chercher la lumière avec autant d'activité que la radicule cherche l'obscurité et le sein de la terre, cédant toutes deux à cette impulsion irrésistible et inexplicable qui les fait avancer en sens contraire, sans qu'aucun obstacle puisse les empêcher de reprendre, lorsqu'elles le peuvent, leur direction naturelle. Assez souvent la plumule ne montre d'abord à la surface de la terre que sa petite tige nue, courbée en arc, ayant sa partie supérieure en terre et renfermée dans les cotylédons; puis elle s'allonge, se redresse. Il en est qui emportent avec elles à leur sommet les deux cotylédons, comme une égide protectrice de leur faiblesse; d'autres se montrent avec les deux feuilles séminales, débarrassées des entraves des cotylédons qu'elles laissent en terre attachés au nœud vital. Dans tous les cas, dès que la jeune plante, fortifiée, peut se passer du secours des cotylédons, soit pour sa nourriture, soit pour abriter sa faiblesse, ceux-ci se dessèchent et périssent : il en est de même des feuilles séminales qui n'ont qu'un usage momentané. Au reste, la germination présente, dans le développement des différentes parties de l'embryon, beaucoup de faits particuliers qui tiennent à la différence des espèces, et dont les détails, très-curieux d'ailleurs, ne permettent point d'établir de lois générales : on ne peut néanmoins disconvenir qu'il existe, entre la germination des plantes monocotylédones et celle des dicotylédones, un mode de germination, qui distingue assez bien ces deux grandes classes; mais ce mode lui-même n'est point sans exception, et les limites disparaissent à mesure que l'on pénètre dans les détails.

On peut dire en général que, dans les semences à un seul cotylédon (pl. 35, fig. 8-12), celui-ci reste en terre et ne quitte pas le collet de la racine; que la plante ne s'annonce jamais que par une seule feuille hors de terre, tandis que les plantes à deux cotylédons se montrent avec deux feuilles séminales ou avec leurs deux cotylédons (pl. 36, fig. 1, 2). Il est à remarquer que ces deux feuilles séminales sont quelquefois les cotylédons eux-mêmes qui, en paraissant à la surface de la terre, prennent un assez grand accroissement, s'amincissent et s'étendent en forme de feuilles, comme dans le chou, le radis; et, dans ce cas, la plumule ne paraît que quelques jours après, tandis que, dans le haricot, les cotylédons conservent leur même épaisseur sans aucune augmentation, et accompagnent la plumule.

Dès que la jeune plante paraît à la lumière, la germination est terminée, toutes les parties de l'embryon, jusqu'alors à peine visibles, se montrent maintenant sous des formes très-apparentes, et la plante développe successivement toutes les parties que nous avons parcourues depuis la racine jusqu'à la production des fruits. Il nous reste à la suivre dans les différentes périodes de son existence, et dans les phénomènes particuliers qui l'accompagnent; mais, avant de traiter ce sujet, arrêtons-nous un instant sur les moyens employés par la nature pour la dissémination des graines et pour la multiplication des espèces [1].

---

[1] Quelques personnes m'ont reproché de n'avoir pas cité dans mon texte toutes les figures représentées dans les planches : je leur dois une explication. Lorsque j'ai entrepris cet ouvrage, les figures devaient se rapporter uniquement au plan de mon travail; j'en avais abandonné le choix à M. Turpin, me confiant avec raison à ses connaissances dans une science qu'il a cultivée lui-même avec succès. En travaillant à leur exécution, M. Turpin a conçu qu'il était possible de donner à son travail un plus grand intérêt, d'après le plan qu'il a exposé lui-même dans le prospectus : je n'ai pas cru devoir m'opposer à un développement aussi utile pour la science qu'avantageux pour le lecteur. Ainsi les explications omises dans mon texte se retrouveront dans l'ouvrage de M. Turpin.

CHAPITRE VINGT-TROISIÈME.

De la dissémination, et des autres moyens de la multiplication.

Nous avons vu, dans le second chapitre de cet ouvrage, les moyens employés par la nature pour préparer, sur toute la surface du globe, le sol propre à recevoir les espèces de végétaux convenables aux localités; nous avons suivi progressivement les premières plantes qui ont formé et augmenté, par leurs débris annuels, la terre végétale; mais je n'ai pas dit comment y arrivaient les plantes diverses qui couvrent, au bout d'un certain nombre d'années, ces terrains de nouvelle formation; j'ai cru qu'il fallait, avant de nous livrer à ces recherches, commencer par bien connaître la nature des végétaux, et surtout les semences qui doivent les reproduire. C'est donc leur *dissémination* qui va maintenant nous occuper.

Il semble, au premier aspect, que la plupart d'entr'elles doivent peu s'éloigner du lieu de leur naissance; mais, en faisant attention aux formes diverses et aux attributs qui les caractérisent, nous reconnaîtrons, dans le plus grand nombre, que la nature les a souvent destinées pour des voyages de très-long cours. Qui pourrait dire, par exemple, où s'arrêteront ces aigrettes légères qui couronnent les semences de la plupart des fleurs composées? Celles du chardon, du pissenlit, etc., s'élèvent dans les airs avec une telle rapidité, qu'elles échappent en peu d'instans à la vue la plus perçante. Qui pourrait suivre de l'œil les semences membraneuses de l'orme, voyageant, à l'aide des vents, au milieu d'une atmosphère agitée? Avec quelle facilité les fruits ailés des pins, des érables et des frênes ne sont-ils pas emportés par les tourbillons impétueux : d'autres semences, d'une finesse presque imperceptible, sont continuellement suspendues dans l'atmosphère; celles des mousses, des champignons, des lichens, etc., échappent à nos regards, et flottent invisibles dans le vague des airs : elles ne se fixent que dans les lieux favorables à leur germination. Que de fruits, enfermés dans des boîtes ligneuses, voguent long-temps et sans danger, emportés par les torrens, les fleuves, les courans à des distances très-considérables. C'est ainsi qu'on a vu aborder, sur les côtes de la Norwège, divers fruits de l'Amérique : les drupes du cocotier, la noix d'acajou, les longues gousses du *mimosa scandens*, et beaucoup d'autres. N'est-ce pas également pour faciliter la dispersion des semences, que la nature a doué certains péricarpes, tels que ceux de la balsamine, du *momordica elaterium*, de l'*hura crepitans*, de la fraxinelle, etc., d'une détente élastique qui projette au loin les graines qu'ils renferment.

Les animaux contribuent encore très-efficacement à la dispersion des semences : les uns emportent, accrochés à leur toison, les fruits de la bardane, du grateron, de la sanicle, de la benoite, etc., armés de pointes courbées en forme d'hameçon ; d'autres, tels que les loirs, les rats, les marmottes, transportent, dans leur demeure souterraine, les graines dont ils se nourrissent, et en forment des magasins. Une partie de ces graines oubliées ou abandonnées, germe, au retour du printemps, dans des lieux où elles n'auraient pu parvenir. Les écureuils, très-friands de la semence des pins, en dérobent les cônes, les déposent sur les hauteurs, en désunissent les écailles et en dispersent les graines. Un grand nombre d'oiseaux se nourrissent de baies : ils en digèrent la pulpe, mais la graine reste intacte. On attribue aux grives et à plusieurs autres oiseaux le transport des semences du gui sur les arbres, seul endroit où elles puissent germer. Beaucoup de semences échappent également à la digestion des quadrupèdes granivores : elles passent sans altération, de leur estomac dans leurs excrémens, et se propagent dans tous les lieux fréquentés par ces animaux. On a vu plusieurs îles se repeupler, dit-on, de muscadiers, par le moyen des oiseaux, après la destruction complette que les Hollandais y avaient faite de ces arbres pour rendre exclusif leur commerce de la muscade.

Ces détails, et beaucoup d'autres que je pourrais ajouter, sont plus que suffisans pour donner une idée des moyens variés à l'infini que la nature emploie pour répandre partout la végétation ; joignons-y l'extrême fécondité des plantes : elle est telle, qu'elle se refuse à tout calcul humain. Selon Dodart, un orme peut fournir, en une seule année, 529,000 graines ; Rai en a compté 32,000 sur un pied de pavot, et

36,000 sur un pied de tabac. Si toutes ces semences reussissaient, il ne faudrait que quelques générations et un très-petit nombre d'années pour couvrir de végétaux toute la surface du globe habitable; mais on sait que le plus grand nombre se perd faute d'être placé dans les lieux convenables : les animaux, d'une autre part, en font une très-grande consommation. Tel aussi a été le but de la nature dans cette immense profusion.

Mais en fournissant la subsistance aux animaux, elle exige d'eux un travail relatif à leurs forces ; elle veut qu'ils cultivent et amendent le sol qui les nourrit : il est nécessaire qu'il soit divisé, préparé pour recevoir et faire germer les semences. Ce soin est confié aux animaux qui l'habitent. Une terre nouvelle est à peine couverte de quelques végétaux, qu'une foule de petits animaux viennent y chercher un asile, des alimens, tels que des vers de toute espèce, des mollusques nus ou à coquille, des ïules, des scolopendres : l'élégante forbicine, le redoutable scorpion, le puissant taupe-grillon, et des milliers d'autres insectes dont les larves soulèvent le sol, y tracent des sillons, des galeries, des canaux souterrains, des issues pour les eaux pluviales, etc. Ces premiers ouvriers suffisent pour un sol peu épais ; ils l'amendent par leurs excrémens ; ils le fertilisent par leurs débris. Divers reptiles se traînent à leur suite, tels que les lézards, les serpens, les orvets, les couleuvres, etc. : ils entretiennent les crevasses et les issues, y établissent leur séjour, y laissent leurs dépouilles. A mesure que le terrain se bonifie et s'exhausse, que les alimens deviennent plus abondans, de petits quadrupèdes, des rats, des souris, la petite musaraigne, viennent l'habiter ; les lièvres, les loirs, les marmottes, le lapin fécond, etc., creusent partout la terre pour y former leurs terriers ténébreux. Lorsque le sol devient plus dur, plus épais, et qu'il exige des ouvriers plus vigoureux, la nature y appelle la taupe musculeuse, chargée d'ouvrir sous terre de longues et vastes galeries, tandis qu'à sa surface le robuste sanglier exécute avec son grouin des travaux plus pénibles. J'ai vu, en Barbarie, de vastes terrains desséchés et durcis par les longues sécheresses et les chaleurs, tellement bouleversés par ces animaux pour y chercher les bulbes de l'asphodèle, qu'on aurait pu croire que le sol avait été remué par la bêche du cultivateur.

La grande multiplication des insectes, ainsi que celle des fruits, attirent bientôt en foule des oiseaux de toute espèce, tandis que l'herbe des prés est broutée par des animaux ruminans. Ce séjour d'abondance et de bien-être est bientôt troublé par l'arrivée d'animaux plus redoutables : l'épervier fond sur la tendre fauvette ; les renards et les loups sur l'animal ruminant : cette terre nouvelle est teinte du sang de ses premiers habitans. Au milieu de ce désordre apparent, de ces scènes de carnage et de meurtres, il nous faut toujours revenir aux lois de la nature : elle a établi, dans ses œuvres, une telle harmonie, dans ses productions, une telle munificence, qu'à la longue leur surabondance nuirait au développement des individus. L'herbe serait étouffée par l'herbe ; les espèces qui doivent la dominer s'éleveraient à peine, ou n'y parviendraient que dans un état de faiblesse et d'étiolement, si les animaux n'en consommaient le superflu : d'une autre part, presque toute végétation disparaîtrait sous les mâchoires dévorantes des insectes, sans les oiseaux auxquels ils servent d'aliment. On ne peut calculer jusqu'à quel point se multiplieraient, aux dépens des végétaux, les lièvres, les lapins, ainsi que d'autres quadrupèdes herbivores, sans les animaux carnassiers.

Ainsi la nature, enchaînant les êtres les uns aux autres par une dépendance réciproque, maintient ses productions dans une juste proportion ; et ce spectacle de ruses, d'attaques, de défenses, de guerre et de carnage est ordonné par la nature, qui n'a multiplié le nombre des petits animaux que pour fournir la subsistance aux plus grands, et qui n'a diminué le nombre des grands, que pour empêcher la destruction totale des petits. On dirait qu'il en est ainsi des grandes sociétés parmi les hommes ; mais c'est ici l'œuvre de l'homme et non celui de la nature. Lui a-t-elle ordonné, comme au tigre, de boire le sang de ses semblables ? Il ne le boit pas, il se contente de le répandre : il compte ses victimes, et, dans sa joie féroce, il se croit un héros !... Laissons l'homme et ses crimes ; rentrons bien vite dans le sein de la nature : elle seule peut nous distraire quand de malheureuses dissentions troublent l'ordre social, et arment l'homme contre l'homme.

Il ne faut pas oublier que ce n'est, comme je l'ai déjà dit plusieurs fois, que dans une terre abandonnée à elle-même qu'on peut suivre cette succession d'êtres organiques, tant végétaux qu'animaux; mais dès que l'homme y arrive avec ses nombreux troupeaux, avec ses instrumens de labour, le fer et le feu en main, cet ordre de la nature disparaît; une flamme dévorante s'élance au milieu des forêts; les arbres tombent sous les coups redoublés de la hache; le sein de la terre est déchiré par le soc de la charrue; l'herbe des prés est dévorée par les moutons; l'homme n'y laisse croître que les plantes qui lui conviennent : il renonce, pour les multiplier, à cette marche lente et graduée de la nature.

Outre les semences, les plantes, comme nous l'avons vu, ont encore d'autres moyens de multiplication dont s'empare de préférence le cultivateur, soit pour hâter leur développement, soit pour perpétuer des espèces étrangères dont les fruits ne peuvent, dans nos climats, parvenir à une maturité complette. Quoiqu'il en ait déjà été question dans les premiers chapitres de cet ouvrage, je vais les rappeler ici en peu de mots, tels qu'ils ont été présentés par M. Decandolle, avec les noms divers qui les font connaître.

La multiplication des plantes, produite par toute autre voie que par celle des semences, s'opère naturellement par divers moyens; savoir par :

1°. Les *drageons* ou *surgeons* (*surculi*) : ce sont des branches qui naissent du collet de la racine, s'élèvent dès qu'elles sortent de terre, et sont susceptibles d'être séparées avec une portion de la racine, et de former de nouveaux individus.

2°. Les *jets* ou *stolons* (*stolones*), branche ou tige secondaire, sortant du collet de la racine, hors de terre, tombante, et poussant çà et là, d'un côté des racines, de l'autre des feuilles, telle que la piloselle.

3°. Les *coulans* (*flagella*) : ce sont des jets qui manquent de feuilles et de racines dans un espace déterminé, et qui, à des places fixes, poussent des touffes de feuilles et de racines, comme le fraisier. Tournefort les nommait *viticulæ*.

4°. Les *propacules* (*propacula*, Link), espèce de coulant, terminé par un bourgeon à feuilles, susceptible de prendre racine lorsqu'il est séparé de la plante-mère, tel que les joubarbes.

5°. Les *bulbes* ou *bulbilles* (*bulbi*, *bulbilli*), petits tubercules bulbiformes, séparables de la plante-mère, et susceptibles de produire de nouveaux individus. On les nomme vulgairement bulbes : ils sont situés sur la tige dans le lis bulbifère, et alors M. Link les nomme *propago*; sur la base de l'ombelle dans les aulx, dans la capsule de plusieurs amaryllis, et alors quelques auteurs leur ont donné le nom de *bacillus*; enfin, sur les fibrilles de la racine dans la saxifrage grenue.

Les moyens artificiels de multiplication sont, outre les précédens qu'on peut aussi employer à volonté, les suivans; savoir :

1°. La *bouture* (*talea*), petite branche qui, coupée et enfoncée dans la terre humide, y pousse des racines, et forme un nouvel individu.

2°. La *crossette* (*malleolus*), nouvelle pousse portant à sa base un tronçon de vieux bois, et susceptible de reprendre racine lorsqu'on la met en terre.

3°. La *marcotte* (*circumpositio*), branche tenant encore à la plante-mère, qui, insérée ou couchée dans la terre ou dans la mousse, y pousse des racines, soit qu'on l'ait laissée intacte, soit qu'on ait entaillé son écorce ou son bois, soit qu'on ait fait à l'écorce une ligature ou une section pour y déterminer un bourrelet, c'est-à-dire une nodosité qui est disposée à pousser des racines.

4°. La *greffe* (*insertio*, *inoculatio*), opération par laquelle on place le bourgeon d'un arbre en contact avec le liber d'un autre arbre avec lequel il se soude et se développe. L'arbre sur lequel on place le bourgeon porte le nom de *sujet*, et la branche insérée, qui est née du bourgeon, celui de *greffe*.

On donne le nom de *gongyles* ou de *spores* (pl. 35, fig. 1-7) (*gongyli*, *sporæ*) aux globules reproducteurs des plantes, dans lesquels la fécondation n'est pas démontrée, que les uns regardent comme de vraies graines, d'autres comme des espèces de bulbes (Decandolle, *Théorie élém. de bot.*).

CHAPITRE VINGT-QUATRIÈME.

Considérations sur les formes et les différentes positions du même organe dans les fleurs, et du rapport des organes entre eux.

L'HOMME éclairé par les arts, guidé par le bon goût, a cherché, tant dans les grands monumens que dans les objets d'agrément, à varier les formes, à les mettre en harmonie ou en opposition, de manière à plaire aux yeux : il crée des chefs-d'œuvre tant qu'il imite la nature ; il ne produit que des grotesques dès qu'il s'en écarte. Dans l'homme, cette imitation n'a souvent d'autre utilité que de flatter le goût et d'exciter l'admiration : une voûte, soutenue par d'élégantes colonnes, ne serait pas moins bien soutenue, peut-être même davantage, par un massif de pierres informes ; mais la demeure du premier être de la création ne serait alors qu'une carrière arrachée du sein de la terre et transportée à sa surface. Le génie de l'homme est trop élevé, trop actif pour ne point chercher à revêtir son habitation de ces belles formes dont la nature lui offre le modèle : dans la nature, la variété des formes a un autre but. A la vérité, c'est un de ses bienfaits d'avoir mis en nous un sentiment d'admiration et de plaisir dans la contemplation de ses œuvres ; mais ces formes élégantes et variées dont elle a revêtu les organes extérieurs des plantes, répondent aux fonctions qu'elle leur impose : elles ne peuvent être découvertes que par de longues observations. Cette recherche est un des charmes les plus séduisans de l'étude des plantes ; je dirai plus, elle en est le principal objet, quoique exclue généralement de tous les ouvrages systématiques. Par elle, nous apprenons quels sont les rapports des organes entre eux ; quelles sont les causes qui déterminent les formes différentes du même organe dans les différentes espèces ; d'où vient, par exemple, qu'une corolle est campanulée dans les unes, papilionacée ou labiée dans d'autres ; quels rapports il y a entre la position, la longueur respective des étamines et du pistil, entre la situation des anthères et celle du stigmate ; d'où vient qu'ici les filamens sont libres, qu'ailleurs ils sont réunis en un seul corps, etc. Ainsi donc se borner à la seule description des formes, sans autre considération, c'est comme si l'on réduisait l'étude de la géométrie à savoir distinguer un triangle, un quadrilatère, un pentagone, etc., sans en rechercher les propriétés : pour ce genre d'étude, il ne faut que des yeux et un peu d'habitude. C'est parce que la plupart n'étudient qu'avec leurs yeux, que nous avons tant de nomenclateurs, si peu de véritables botanistes ; mais que l'œil du génie s'applique à rechercher quel a été, dans ces formes si variées, le dessein de la nature ; quel en peut être le but ; il reconnaîtra qu'aucune forme n'est arbitraire ni indifférente, que toutes les parties d'une même fleur influent nécessairement les unes sur les autres, et que, pour changer la disposition d'un seul organe, il faudrait que tous ceux qui y correspondent le fussent également. Nous en avons déjà eu la conviction lorsque j'ai traité des organes isolément ; elle deviendra plus frappante, en rappelant ici les traits les plus saillans avec quelques détails particuliers dans lesquels je n'ai pu entrer.

Nous avons vu ailleurs que la direction des tiges, que leurs dimensions, ainsi que celles des rameaux, leur consistance herbacée ou ligneuse n'étaient point l'effet du hasard, pas plus que la disposition et la forme des feuilles ; passons aux fleurs qui, par l'importance de leurs fonctions et le nombre de leurs organes, nous offrent bien plus de faits à observer. Parmi les enveloppes florales, le calice tubulé ou campanulé, entier ou divisé, régulier ou inégal, caduc ou persistant, etc., nous offre, dans ces différentes formes, autant de modifications relatives aux autres parties de la fleur : essayons d'en examiner quelques-unes. Sans la consistance coriace, sans la forme allongée et tubulée du calice dans l'œillet, dans les silenés et dans la plupart des caryophyllées, comment pourraient se soutenir leurs pétales pourvus de longs onglets, et ne tenant au réceptacle que par la pointe étroite de leur base ? N'avons-nous pas tous les jours la preuve de son utilité dans ces beaux œillets doubles, dont les pétales, trop nombreux, occasionent le déchirement du calice : ces pétales, éparpillés et renversés, abrègent nos jouissances, à moins que nous ne prévenions cet accident par des soutiens artificiels.

Le calice des corolles monopétales est assez généralement court et peu divisé, ou bien il est de la longueur du tube quand celui-ci est grêle, faible, incapable de se soutenir par lui-même : plus divisé dans les corolles polypétales et à courts onglets, le calice nous offre ses divisions presque toujours alternes avec les pétales. D'où vient cette disposition ? Dans ces sortes de fleurs, les étamines sont également alternes avec les pétales et en opposition avec les divisions du calice : il est évident qu'alors les étamines se trouvent dans la ligne qui sépare un pétale d'un autre ; qu'elles ne peuvent être que faiblement garanties par ces derniers : elles le sont par les divisions du calice qui s'appliquent sur la ligne de jonction de deux pétales '.

D'un autre côté, il est des fleurs que la nature semble avoir bien moins protégées, telles que les pavots, la plupart des crucifères, etc., dont le calice et la corolle, extrêmement caducs, tombent peu après leur épanouissement ; mais déjà la fécondation est opérée lorsque les fleurs s'ouvrent : elles ne se montrent qu'avec leurs anthères flétries. Une fois épanouies, elles ne se ferment plus, comme le font beaucoup d'autres, particulièrement les composées.

J'ai dit plus haut que, dans les fleurs monopétales, le calice était court, peu divisé : il n'entoure souvent que la partie inférieure de la corolle, et ne la protège que faiblement ; mais, dans ce cas, la nature a fortifié la partie extérieure de cette corolle dont le limbe, avant l'épanouissement, est plissé en éventail : la partie intérieure est tendre, assez mince, tandis que l'extérieure, ou le dos de chaque pli, est beaucoup plus épais, quelquefois verdâtre, plus renforcé, comme étant plus exposé aux influences de l'atmosphère. C'est assez souvent sous cet abri, et avant l'épanouissement complet, que s'opère la fécondation.

' On voudra bien se rappeler que je n'entends pas établir, en principes généraux, les faits particuliers que je rapporte. On pourrait en citer beaucoup d'autres qui sembleraient les détruire ; mais qu'on y fasse bien attention, on trouvera alors, dans les autres organes de la fleur, une disposition particulière qui remplira également le but de la nature. Je ne peux entrer dans tous les détails, je cherche seulement à mettre le lecteur sur la voie de l'observation. Quand bien même quelques-unes de mes explications paraîtraient un peu hasardées, je n'en aurai pas moins fixé l'attention des naturalistes sur une des considérations les plus importantes de l'étude des plantes.

Le calice commun des fleurs composées mérite toute notre attention : il est, dans ses différentes positions, aussi curieux que facile à observer. Suivons-le dans cette plante si connue, si remarquable par la légèreté, l'élégance de son aigrette, je veux parler du pissenlit. J'aime à fixer l'attention sur les espèces les plus communes et trop souvent les plus dédaignées. Avant la floraison, le calice, sous ses folioles presque imbriquées et très-serrées, tient les fleurs à l'abri des variations de l'atmosphère; mais dès que le moment de l'épanouissement est arrivé, et que le temps est favorable, ses folioles s'ouvrent, s'écartent, et laissent aux corolles la liberté d'exposer au soleil leurs pétales rayonnans. A l'approche de la nuit ou de l'humidité, tout se ferme, et le calice reprend sa première position; la fécondation s'opère; les corolles se flétrissent et tombent, mais le calice reste : il a protégé les fleurs, il protégera encore les semences jusqu'à leur parfaite maturité. Celles-ci ne sont que médiocrement attachées au réceptacle : elles le quitteraient à la moindre secousse, si elles n'avaient point d'abri. Le calice se ferme donc de nouveau et ne s'ouvre plus : il reste dans cette position, quel que soit l'état de l'atmosphère, fortement appliqué sur les jeunes semences jusqu'à ce qu'elles soient parfaitement mûres; alors il les quitte, et, pour ne point gêner leur dissémination, il tient toutes ses folioles rabattues sur le pédoncule : le réceptacle saillant en dehors prend une forme convexe, et se montre chargé des semences ornées de leur aigrette et disposées en une jolie tête globuleuse et d'une telle légèreté, qu'au moindre souffle ces semences voltigent au milieu des airs. Il ne reste plus de cette intéressante fleur que le réceptacle à nu, offrant à l'œil de l'observateur sa surface parsemée de petits alvéoles dans lesquels les semences étaient insérées par leur base. Maintenant explique qui le pourra, par les influences atmosphériques, ce jeu admirable des folioles du calice. A la vérité, tant que la plante est en fleurs, elles semblent céder, par leur changement de situation, aux impressions de l'humidité ou de la sécheresse, de la lumière ou de l'obscurité; mais par quelle cause ce même calice cesse-t-il d'en éprouver l'influence après la fécondation? Pourquoi reste-t-il constamment fermé sur les graines? Quelle force inconnue le retient dans cette position, quel que soit l'état de l'atmosphère? Quelle puissance lui fait rabattre ensuite toutes ses folioles après la maturité des semences? N'en cherchons point d'autre cause que l'action vitale. Les beaux phénomènes que je viens d'exposer sur la fleur du pissenlit se retrouvent dans un grand nombre d'autres, souvent avec des modifications qui ne les rendent que plus intéressans. J'ai choisi exprès la fleur la plus commune pour prouver qu'aucune n'est à dédaigner. Que de beaux faits n'aurions-nous pas à observer dans les seules plantes qui nous entourent, dans nos herbes potagères, dans nos arbres fruitiers, dans les fleurs de nos parterres, dans les plantes qui composent les pâturages et les prairies?

La corolle, chargée plus particulièrement de protéger les parties sexuelles, a aussi des formes bien plus variées que le calice : elles dépendent de la situation des étamines. Il ne faut qu'un peu d'attention pour saisir les rapports de position et de configuration qui existent entre ces deux organes. Nous avons vu, dans les fleurs à double enveloppe, c'est-à-dire pourvues de calice et de corolle, les divisions du calice protéger les étamines placées entre la ligne de séparation de chaque pétale, tandis que, dans les fleurs à une seule enveloppe, mais à plusieurs divisions, les étamines, n'ayant point d'autre protecteur que la corolle, sont ordinairement placées vis-à-vis ses divisions. Si ces étamines étaient alternes, elles manqueraient d'abri; quand il en est autrement, la corolle les défend par d'autres moyens. Dans certaines fleurs, les étamines sont courtes, et ne s'élèvent pas au-delà de la portion entière de la corolle, comme dans plusieurs liliacées; dans d'autres, la corolle s'incline vers la terre, et tient les bords de son limbe courbés en gouttière, garantissant ainsi les étamines de la pluie.

La plupart des fleurs monopétales régulières ont les filamens des étamines soudés en partie sur la corolle. Celle-ci se ferme assez généralement à l'approche de la nuit et des temps humides, tandis que les corolles monopétales irrégulières, telles que les labiées, les personnées, ne se ferment jamais; mais leurs étamines, placées sous la lèvre supérieure, concave et en voûte, sont en tout temps à l'abri des influences de l'atmosphère. Il en est de même de quelques fleurs polypétales irrégulières, telles que les gesses, les pois, les fèves, et en général la plupart des papilionacées :

leur pétale supérieur, profondément concave, combé en carène, renferme, dans sa concavité, le paquet des étamines; enfin, dans beaucoup d'autres corolles, les appendices dont elles sont pourvues, différens des nectaires, tels que des plis, des fossettes, des écailles, etc., sont presque toujours destinés pour la défense des organes sexuels. Les trois étamines des iris pourraient difficilement se conserver sans accident, si les stigmates, élargis en forme de pétales, ne les recouvraient en totalité.

Dans les fleurs composées, les demi-fleurons, qui, dans les radiées, ne sont placés qu'à la circonférence, semblent n'avoir été ainsi établis que pour ajouter à la défense des fleurons du centre, d'où saillent les organes sexuels. Quand la fleur se ferme, les demi-fleurons se replient sur les fleurons, et sont eux-mêmes recouverts par les folioles du calice. Dans plusieurs flosculeuses, telles que les centaurées, de grandes fleurs, souvent stériles et difformes, entourent les fleurons du centre, et paraissent les abriter : on sait que, dans ces sortes de fleurs, les cinq étamines sont réunies par leurs anthères sous la forme d'un tube que traverse le pistil. Harwin, dans ses *Amours des plantes*, cite des expériences faites par Dosdley, sur des artichauts, des chardons, des centaurées, etc., desquelles il résulte que, lorsqu'on touche le sommet des fleurons, les cinq filamens libres, qui supportent le cylindre des anthères, se contractent et se redressent ensuite. Par ce mouvement alternatif, la poussière fécondante s'échappe, et se précipite sur les stigmates : les filamens, séparés des fleurons, conservent encore, pendant quelques momens, leur irritabilité, comme les fibres musculaires des animaux.

Les grandes et belles fleurs des nénuphars, promenant à la surface des eaux leurs corolles d'un jaune doré ou d'un blanc virginal, sont pourvues d'étamines nombreuses, qu'elles présentent, très-étalées, aux rayons actifs de l'astre du jour, sans être abritées par aucun organe protecteur; mais, au coucher du soleil, ces fleurs se ferment et se plongent dans l eau : elles en sortent le matin, et s'épanouissent de nouveau avec le retour de la lumière. Ce beau phénomène avait été observé par les Égyptiens sur cet élégant nénuphar du Nil, le *lotos* : c'est probablement d'après cette observation que cette fleur était devenue pour eux l'emblème du soleil, qu'ils voyaient tous les soirs se plonger dans les eaux de la mer, et en sortir tous les matins aussi radieux que la veille.

Les divers mouvemens qu'exécutent le calice ou la corolle, et même la fleur entière, sont la plupart relatifs à la sûreté de la fécondation, ainsi que nous l'avons déjà observé : il est encore d'autres phénomènes qui tendent au même but. On sait que les labiées sont pourvues de quatre étamines, dont deux plus courtes : il arrive, dans certaines espèces, que les deux étamines inférieures sont les premières à lancer leur pollen ; après cette opération, elles s'écartent, se retirent sur le côté, souvent sortent de la corolle, tandis que le pistil continue à s'élever pour recevoir la poussière des anthères supérieures.

D'après tout ce qui a été exposé dans le chapitre dix-neuvième, il me reste peu à dire sur les organes sexuels. Je ne peux trop recommander au lecteur de porter une attention toute particulière sur leur disposition dans la fleur, sur leurs rapports de situation avec les formes de la corolle. Dans les fleurs hermaphrodites, la réunion des deux sexes dans la même fleur, donne beaucoup de facilité pour la fécondation ; mais, dans les fleurs où les mâles sont séparés des femelles, comme dans les plantes monoïques et dioïques, les sexes se trouvant alors plus ou moins éloignés les uns des autres, il suit que la disposition, la forme des organes, doivent offrir des différences particulières, selon les rapports de situation de l'un et l'autre sexe. Ici, comme partout ailleurs, on reconnaît la prévoyance de la nature ; et si, en général, les fleurs à sexes séparés n'ont pas le même éclat que les hermaphrodites, nous verrons que les corolles de ces dernières deviendraient, dans les plantes uni-sexuelles, un obstacle à la fécondation.

Dans les fleurs monoïques, c'est-à-dire dans celles où les étamines sont séparées des pistils, mais sur les mêmes individus, presque toujours les fleurs mâles sont placées au-dessus des femelles, soit sur la même grappe, comme dans le *typha* (la massette d'eau), le *sparganium* (le ruban d'eau), plusieurs *carex*, etc., soit sur des grappes ou sur des chatons distincts, comme dans le chêne, le bouleau, le noisetier, le maïs, etc. Il est encore à remarquer que, dans ces plantes, surtout dans celles a fleurs dioïques, telles que

les saules, les peupliers, les genévriers, etc., les étamines
sont ordinairement plus nombreuses, très-saillantes, souvent
sans autre enveloppe florale qu'une petite écaille, rarement
pourvues de corolle, ou les corolles sont larges, très-ou-
vertes, afin de ne point gêner la dispersion de la poussière
fécondante. C'est sans doute par cette raison que nous ne
connaissons aucune plante à sexes distincts parmi les fleurs
labiées ou papilionacées, qui tiennent les anthères renfermées
dans la concavité de leurs pétales. Les fleurs mâles sont portées sur des chatons mobiles, souples, pendans, allongés, que
le moindre souffle agite, tandis que les fleurs femelles sont
moins nombreuses; leur pédoncule droit, plus court, plus
fixe. Assez généralement ces fleurs s'épanouissent avant l'apparition des feuilles, afin que la poussière des étamines, qui
flotte dans l'air, puisse parvenir sans obstacle sur les fleurs
femelles.

On trouve dans Plenk (*Physiologie des plantes*, pag. 89,
traduction française) une remarque importante au sujet des
plantes unisexuelles : « Un suc mielleux, dit-il, imbibe la
superficie du stigmate : il sort de toutes les parties du pistil,
mais particulièrement de l'ovaire. Il paraît qu'il est tellement nécessaire pour la fécondation, que si, à l'aide d'une
chaleur artificielle, il était entièrement desséché, l'ovaire ne
pourrait être fécondé par le pollen. Les fleurs mâles ne sé-
crètent, en général, aucun suc mielleux. » Ce fait, qui mérite d'être observé, me paraît confirmer ce que j'ai dit, dans
le chapitre seizième, au sujet des glandes nectariferes, que
j'ai considérées non-seulement comme destinées pour la nourriture de l'ovaire, mais encore pour la perfection et la maturité des fruits.

A ces faits intéressans je pourrais en ajouter beaucoup
d'autres : ceux que je viens de présenter suffisent pour tracer
au naturaliste la marche qu'il doit suivre dans l'étude des
végétaux, et lui faire voir sous quels rapports il doit les envi-
sager. J'ai la conviction qu'il n'existe, dans les parties des
plantes, aucune position, aucune forme arbitraires, et si
nous n'y découvrons pas toujours le but de la nature, c'est
qu'il nous échappe : il suffit, pour nous en convaincre, de
l'avoir aperçu ou soupçonné dans certaines espèces. A force
d'observations, nous pourrons obtenir de nouvelles découvertes; mais, je le répète, n'oublions pas qu'il ne faut pas
se borner à considérer un organe isolément, qu'il faut en-

core l'étudier dans sa forme et sa position, dans tous ses rapports avec les autres organes, dans les fonctions qu'il remplit concurremment avec eux. Par exemple, si je considère la position de ce beau et large pétale inférieur, portant le nom d'*étendart* dans les fleurs papilionacées, il me semblera voir un miroir réflecteur, destiné à renvoyer la lumière et la chaleur vers les organes sexuels, qui, renfermés dans la carène placée au-dessus, ne peuvent être frappés immédiatement par les rayons solaires ; considérant ensuite ce pétale supérieur ou cette carène, et cherchant ses rapports avec les étamines et le pistil, je découvre que ceux-ci, réunis en un seul paquet dans la concavité de ce pétale, y sont tenus à l'abri des influences de l'atmosphère ; je vois encore que, probablement par cette même raison, ces fleurs, comme je l'ai dit, ne se ferment presque pas, tandis que le contraire a lieu pour la plupart des fleurs dont les organes sexuels n'ont aucun abri tant que leur corolle reste épanouie : celle-ci se ferme à l'approche du danger.

Si quelques-unes des explications appliquées aux différentes dispositions des organes sont quelquefois un peu hasardées, du moins elles nous mettent sur la voie des découvertes, et peuvent être rectifiées par d'autres observations. Ce n'est qu'à force de les multiplier qu'on pourra parvenir à saisir le secret de la nature dans la configuration et autres attributs des corps organiques. Ces connaissances sont si agréables, d'une si facile acquisition, et en même temps si importantes, que je n'hésite pas à les proposer comme une des parties essentielles de l'étude des plantes.

CHAPITRE VINGT-CINQUIÈME.

De la vie des plantes ; phénomènes qui en dépendent.

S'il suffit, pour obtenir le droit d'être placé parmi les êtres qui jouissent de la vie, d'en parcourir les différentes périodes, d'être muni de tous les organes qui en exécutent les fonctions, on ne peut refuser aux plantes les prérogatives des êtres vivans ; mais les plantes répondent-elles, par leur mode d'existence, à l'idée grande, sublime, merveilleuse que nous nous formons de la vie? Existe-t-elle vraiment quand l'être qui en est doué n'a ni la conscience de son existence, ni aucune sorte de volonté ; quand il ne sent ni plaisir, ni douleur ; quand il ne remplit les fonctions vitales, en quelque sorte, que comme l'aiguille qui trace sur un cadran les minutes et les heures?

A la vérité, la plante a des fonctions organiques qui lui donnent de grands rapports avec les animaux : comme eux, elle est toute entière renfermée dans la semence, tel que le *fœtus* dans le sein de sa mère ; elle offre, dans l'embryon, les linéamens de tous les organes qu'elle doit produire successivement. Dès qu'elle est animée par ce mouvement intérieur qui ne cessera qu'à la mort du végétal, elle développe peu à peu toutes les parties nécessaires à son entretien, à son accroissement ; elle reçoit et absorbe des alimens ; elle se les approprie, et les convertit en sa propre substance. Faible dans le premier âge ; parée, dans l'âge adulte, de toutes les grâces de la jeunesse, elle présente, sous les formes les plus séduisantes, de nouveaux organes, ceux de la reproduction, deux sexes distincts, comme dans les animaux ; un pollen fécondateur, un ovaire fécondé ; enfin elle termine son existence par la maturité des fruits.

Cet appareil merveilleux d'opérations nous force de reconnaître, dans les végétaux, une existence vitale ; mais la vie est une de ces expressions vagues qu'il est autant impossible de définir que de comprendre : tâchons du moins de nous entendre, et de connaître de quelle sorte de vie jouissent les plantes, en la comparant à celle des êtres d'un autre ordre qui en sont également doués ; mettons-les aussi en parallèle avec les substances inorganiques : ce rapprochement nous donnera une idée plus exacte de la vie dans les végétaux.

Sans cet appareil organique par lequel les plantes croissent et accumulent la matière végétale ; sans cette reproduction merveilleuse des individus par les semences, les plantes, considérées dans leur forme extérieure, pourraient être presque assimilées aux formes cristallines des minéraux. Elles n'en diffèrent point sous le rapport du sentiment, puisque rien ne nous prouve qu'elles soient susceptibles d'aucune impression de douleur ou de plaisir, leurs mouvemens n'étant dirigés par aucune volonté déterminée, mais par une simple attraction, comme je le dirai ailleurs. Les plantes n'ont donc été rangées parmi les êtres vivans qu'à cause de leur mode d'accroissement.

Les minéraux, comme nous l'avons déjà dit, ne croissent que par *juxta-position*, c'est-à-dire par l'addition de parties similaires toutes formées : c'est une molécule, un grain de sable ajouté à un autre, puis à un autre, etc., unis ensemble par une force d'adhésion encore peu connue ; d'où résultent des masses d'une grosseur indéfinie. Ces masses inertes ne renferment en elles aucun principe d'altération ; elles peuvent être séparées, mais non détruites : qu'elles soient divisées presque à l'infini, ce sera toujours le même minéral jusque dans la plus petite portion ; il n'y aura de différence que dans le volume, à moins qu'elles ne soient attaquées par des dissolvans, qui les font passer à un autre état par l'effet d'une nouvelle combinaison. Il n'existe, dans ces masses inactives, aucun mouvement particulier, aucun acte qui tienne à la vitalité ; point de reproduction, point de destruction nécessaire, mais amenée seulement par des causes accidentelles. Ces masses dureraient éternellement, si leurs principes constituans n'étaient séparés par cette force toute-puissante de l'attraction élective.

Il n'en est pas de même des plantes, elles ne reçoivent point, toutes formées, les parties similaires qui les constituent, mais elles les forment elles-mêmes par l'absorption habituelle des fluides alimentaires qui les entourent, par cette puissance inconnue qu'on a nommée *force vitale*. Leur dimension est bornée selon les espèces : un faible arbrisseau de deux ou trois pieds ne deviendra jamais un arbre de haute futaie; jamais l'humble bruyère ne rivalisera en grandeur avec le chêne. Il est donc une cause secrète qui borne l'accroissement dans les végétaux : celui des minéraux n'a point de bornes.

Le mouvement est presque habituel dans l'intérieur des végétaux; la sève s'y balance; de nouvelles parties font continuellement des efforts pour en sortir; elles déchirent l'écorce, se montrent et se développent; enfin la plante, depuis sa naissance jusqu'à sa mort, parcourt toutes les périodes de la vie. Ne cherchons aucun de ces phénomènes dans les minéraux. Les plantes en diffèrent donc par leur mode d'accroissement, par leur grandeur déterminée selon les espèces, par leur mouvement, par le terme fixé pour leur existence, par les principes de destruction qu'elles renferment en elles-mêmes, par les nouveaux produits qu'elles ont créés pendant leur durée, par ceux que fournit leur décomposition après leur mort, et qui les transporte dans le règne des minéraux pour être ajoutées à leur masse. Ce qui rapproche les végétaux des minéraux, c'est que la plante, au milieu de ses fonctions, n'a pas plus de sensibilité que la pierre brute : c'est une machine dont les opérations nous étonnent, mais ce n'est rigoureusement qu'une machine organisée. Ce grand phénomène de la vie ne se manifeste dans les plantes qu'aux yeux de l'être pensant qui sait l'observer : il semble que la nature, en créant les végétaux, ait voulu en quelque sorte esquisser la vie, ébaucher les premiers linéamens des êtres vivans, essayer la forme des organes, y imprimer le mouvement, les mettre en jeu pour parvenir ensuite, par la création d'êtres plus parfaits, à en former qui soient susceptibles de recevoir des sensations, de les sentir, et de diriger leurs mouvemens à volonté. C'est ainsi qu'en continuant ses essais, passant des végétaux aux animaux, elle est parvenue, par des nuances graduées dans la longue série des êtres, à développer dans l'homme le suprême degré de l'existence. Chez lui, la vie ne consiste plus uniquement dans ces organes, dans ces mouvemens involontaires, dans cette influence des causes physiques qui produisent, entretiennent toutes les fonctions vitales. Dans l'homme, la véritable vie est toute entière dans sa pensée, dans cette faculté intellectuelle qui nous donne la conscience de notre existence, dans cette volonté qui nous rend maîtres de nos actions : telle est la vie par excellence, le plus grand, le plus profond, le plus inexplicable de tous les mystères. La VIE! qui nous donne non-seulement la jouissance de nous-mêmes, mais encore qui nous attache à tout ce qui nous entoure; c'est par elle que le grand spectacle de la nature frappe nos regards, que nos idées s'élancent, plus rapides que l'éclair, d'un pôle à l'autre; c'est par elle que la pensée comprend et saisit, dans un instant incommensurable, l'ensemble des mondes, toute la vaste étendue de l'univers, et se perd dans l'infini.

Cette gradation dans l'ordre de la vie, selon les différens êtres, est très-remarquable sans doute; mais la nature n'a pas besoin d'essais pour la perfection de ses œuvres : ils sortent de ses mains aussi parfaits qu'ils peuvent l'être. C'est de cette variété, des attributs gradués de ses productions que résulte la sublimité de ce grand spectacle qu'elle nous présente dans la constitution des mondes, dans la coordonance des êtres qu'ils renferment, dans ces passages alternatifs de la matière brute à la matière organisée; c'est avec ces fluides subtils dont se compose notre atmosphère que la nature a voulu créer tous les corps, tant bruts qu'organiques; mais pour soumettre ces élémens, en quelque sorte intraitables, qui flottent en liberté dans l'immensité de l'espace; pour les amener au but de ses opérations, il lui a fallu créer une puissance, à nous inconnue, qui vienne s'en emparer, les fixer, les combiner, en un mot en faire une matière solide; car l'expérience nous apprend que, quoique sans cesse en contact, il n'existe entre eux aucune attraction élective propre à les réunir pour en former des corps bruts ou organiques.

Si maintenant nous considérons, dans les plantes, les organes propres à cette étonnante opération, nous verrons qu'elles ont le degré d'existence qui leur convient. Destinées à absorber les fluides de l'atmosphère, elles n'ont aucun besoin de ces organes digestifs que l'on reconnaît dans les animaux : constamment entourées des élémens de leur nourriture, munies de porcs pour s'en emparer, le déplacement leur était également inutile, ainsi que le sentiment de l'existence pour la recherche de leurs alimens. S'agit-il de la fécondation? la nature a rapproché les sexes; elle les a, ou renfermés dans la même fleur, ou, lorsqu'ils sont séparés,

elle a chargé le zéphir de transporter, sur les fleurs femelles,
la poussière fécondante des fleurs mâles.

Il n'en est pas et n'en peut être de même des animaux :
les uns se nourrissent de végétaux, les autres des animaux
qui s'en repaissent. Les alimens ne viennent pas les trouver ;
il faut qu'ils aillent les chercher, qu'ils se déplacent, qu'ils
fassent un choix ; ces alimens ne sont plus des fluides qu'il
suffit d'absorber : ce sont des substances solides qu'il faut
diviser, broyer, déchirer : de là s'ensuit la nécessité d'un
système d'organes propre à toutes ces opérations ; un instinct
particulier pour voir et sentir, distinguer et saisir les alimens convenables. Souvent il les leur faut disputer au risque
de leur propre vie : de là une suite d'attaques, de défense ;
de là ce sentiment intérieur qui les porte à fuir le danger, à
écarter, à détruire leurs ennemis. La nature leur a donc
donné, à raison de ces fonctions, un degré de vie bien supérieure à celle des végétaux ; elle leur a donné la conscience
de leur existence, qui les rend maîtres, jusqu'à un certain
point, de leurs mouvemens et de leurs actions. Ce mode
d'existence est gradué, selon les besoins, depuis le polype
jusqu'à l'homme ; gradation admirable, qu'il nous serait bien
agréable de pouvoir parcourir dans tous ses détails, s'il nous
était permis de sortir de notre sujet.

Bornons-nous à remarquer que le degré de perfection dans
la vie dépend de l'étendue du sentiment intérieur, par conséquent du degré de l'intelligence ; que celle-ci, d'une autre
part, est relative à l'organisation, et par suite aux fonctions
que chaque espèce d'animal doit remplir. Nous trouvons
dans le polype, animal qui se rapproche le plus des végétaux, un canal digestif, une action presque spontanée pour
s'emparer de la proie qui doit le nourrir, une véritable digestion. Si, dans cette fonction, l'animal éprouve quelques
sensations, comme il est à présumer, il faut avouer qu'elles
sont bien faibles, presque nulles : la sensation est plus forte
dans les mollusques, plus encore dans les insectes, dans les
vers, les reptiles, dont les opérations plus nombreuses doivent
augmenter le sentiment intérieur. Leur intelligence, plus
développée, se montre dans la recherche de leur nourriture,
dans leurs attaques et leur défense, dans l'accouplement et
le choix d'un lieu convenable pour y déposer leurs œufs ;
mais quelle étendue cette intelligence n'acquiert-elle pas

dans les oiseaux, dans les mammifères, non-seulement pour la recherche et le choix de leurs alimens, mais encore dans leurs combats, dans la construction de leurs demeures, surtout dans l'acte de l'accouplement et dans l'éducation des petits! Plus ces derniers exigent de soins, plus le sentiment de l'existence prend d'extension. Dans les insectes et les reptiles, toute la prévoyance se borne à déposer leurs œufs dans l'endroit qui convient le mieux aux nouveau-nés pour la température et les alimens : cela fait, ils sont abandonnés aux soins de la nature. Il n'en est pas de même des oiseaux et des quadrupèdes : les petits, après leur naissance, ont encore besoin, pendant plus ou moins de temps, du secours de ceux auxquels ils doivent la vie : de là la réunion momentanée de ces derniers. Cette réunion amène des devoirs, des travaux, des assiduités, auxquels les animaux, libres et indépendans, ne se soumettraient jamais, s'ils n'y étaient entraînés par un mouvement intérieur, irrésistible et réciproque; par une sorte d'accord et de convenance : il a donc fallu, pour cela, qu'ils pussent faire un choix, s'attacher l'un à l'autre par l'attrait du plaisir; il faut que ce même sentiment retienne le mâle auprès de la femelle pendant l'incubation ou l'allaitement. Elle a besoin, tandis qu'elle remplit ces douces fonctions, d'un pourvoyeur, d'un défenseur, d'un compagnon qui lui allège les détails du ménage et l'ennui de sa captivité. L'éducation finie, chacun reprend sa liberté; la société est rompue, les affections éteintes.

Après avoir exposé les caractères de l'existence vitale dans les végétaux, après avoir démontré que la simplicité de leurs organes, dépourvus de sentiment, étaient aussi parfaits qu'ils devaient l'être relativement au but pour lequel la nature les a destinés; après avoir suivi le perfectionnement gradué de l'existence dans les autres êtres vivans et sensibles, il est bien évident que ce n'est que dans les animaux, et surtout dans l'homme, que la vie se montre dans toute sa plénitude. Est-il étonnant, d'après cela, que l'homme, éclairé par l'étude et la réflexion, s'élevant, par la pensée, au-dessus de tous les objets de la création, pénétré de la grandeur de son être, ne pouvant se comparer à aucun autre qui lui soit supérieur, ait porté ses hautes prétentions jusqu'à croire que tout ce que renferme l'univers avait été créé

pour lui? Si les animaux partagent avec l'homme les bienfaits de la nature, lui seul est doué d'une ame pour les
sentir, d'une intelligence pour les comprendre, d'un cœur
pour en jouir. Tandis que l'animal broute l'herbe des
champs, l'homme seul en étudie l'organisation; tandis que
le tigre s'abreuve de sang, l'homme ne pénètre dans les organes de la vie que pour en découvrir les élémens. Si sa raison est insuffisante pour lui apprendre ce que devient la
pensée après la destruction de son corps, il ose croire qu'elle
ne descend pas avec lui dans le tombeau. Le flambeau de
l'immortalité brille à ses regards et le conduit dans le sein de
l'Éternel!

Si ces réflexions, inspirées par la grandeur du sujet que
nous traitons, nous en ont écarté un instant, elles nous y
ramènent par l'intérêt qu'elles attachent à l'étude des rapports établis entre tous les êtres de la création. Ainsi, après
avoir suivi les végétaux dans le développement, la nature et
les fonctions de leurs divers organes; après avoir reconnu
leur existence vitale, il nous reste à les considérer dans les
différentes périodes de cette existence; dans leur accroissement, leur grandeur, leur durée; dans les mouvemens dépendans de leur vitalité; enfin, dans leurs maladies, et dans
les causes qui amènent leur destruction. Comme une partie
de ce que nous aurions à dire sur ces grands objets a déjà été
présentée dans les chapitres précédens, nous nous bornerons
ici à quelques observations générales.

CHAPITRE VINGT-SIXIÈME.

*De l'âge des plantes ; leur durée et leur grandeur ; déve-
loppement de leurs différentes parties. Épanouissement
des fleurs.*

Une des occupations les plus agréables pour un solitaire,
et, en général, pour tout homme qui aime à observer, est
celle de suivre le développement des plantes, à partir du
moment où elles commencent à sortir de la terre, jusqu'à
celui où elles achèvent de mûrir leurs fruits. Il n'est personne qui n'ait éprouvé cet aimable délassement, par la culture de quelques fleurs. Avec quelle impatiente curiosité
nous épions le moment où la jeune plante, déchirant les
enveloppes qui l'enchaînent dans la semence, va percer la
terre qui la recouvre, et se montrer au grand jour ! Avec quel
plaisir nous voyons pointer les premières feuilles, celles qui
leur succèdent, les tiges dans leur accroissement, le feuillage dont elles se parent, et enfin les fleurs, leur plus bel
ornement ! Si ce beau phénomène, déjà si merveilleux, était
étudié avec un esprit un peu exercé à l'observation, déjà
nous reconnaîtrions, dans les premiers développemens d'une
plante, ces caractères si tranchans, établis par la nature
entre les plantes monocotylédones et les dicotylédones ; nous
verrions les jeunes pousses du lis, du narcisse, et surtout
celles de l'asperge, avoir déjà, en sortant de terre, toute la
grosseur qu'elles peuvent acquérir ; nous les verrions couvertes de ces boutons qui doivent produire les branches et
les feuilles. Les comparant avec les tiges du grand soleil, de
la belle-de-nuit, de la capucine, etc., qui n'acquièrent de
grosseur qu'à mesure qu'elles s'élèvent, ce simple aperçu
nous apprendrait que les premières appartiennent aux monocotylédones, les secondes aux dicotylédones, en y appliquant les caractères que nous avons présentés de ces deux
grandes divisions : la suite de leur développement nous en
fournirait de nouvelles preuves.

Ces connaissances préliminaires, en dirigeant l'observation, ajoutent à nos jouissances. Je ne répéterai pas ici ce

que j'ai dit sur l'apparition successive des différentes parties des plantes, qui forment leurs différens âges; mais je reviendrai sur l'épanouissement des fleurs, qui constitue l'âge brillant de leur jeunesse, et qui est attendu avec une si vive curiosité. Déjà le bouton est entr'ouvert; à chaque instant du jour nous en suivons les progrès; nous le voyons grossir, se développer : le matin, à notre réveil, une fleur, dans toute sa fraîcheur, épanouie avec l'aurore, s'offre à nos regards dans tout son éclat : elle semble ajouter à la pureté d'un beau jour, et même influer sur nos dispositions morales, sans nous douter que cet état nous le devons souvent à l'épanouissement d'une fleur. En contemplant ce nouvel être, sorti des mains de la nature, il semble que nous ayons partagé ses travaux d'après les soins que nous en avons pris. Ces jouissances pures et simples, cette tranquillité d'ame, ne sont guère senties que par ceux dont l'existence est attachée à des occupations douces et paisibles : elles fuient ceux que des désirs immodérés de fortune et d'ambition entraînent dans le tourbillon d'une vie sans cesse inquiette et agitée.

Les plantes ne fleurissent pas toutes à la même époque, quand même elles auraient été semées et se seraient montrées dans la même saison; elles forment, pendant les beaux mois de l'année, un tableau varié de décorations qui se succèdent : les ellébores, les perce-neige, les daphnés sont remplacés par la violette et la primevère; après ceux-ci, paraissent l'hépatique, la giroflée jaune, le lilas, ainsi de suite jusqu'à ce que le colchique dans les campagnes, la reine-marguerite dans nos jardins, nous annoncent la fin de la belle saison. Il en est même qui osent lutter contre les premiers frimas; et déjà la terre se couvre de neige, qu'on voit encore la belle chrysanthème des Indes conserver, dans nos parterres, ses grosses têtes de fleurs panachées. Linné a composé, d'après l'apparition successive des fleurs et le développement des bourgeons, son *Calendrier de Flore*, dont il a déjà été question dans le chapitre douzième.

L'épanouissement des boutons à fleurs s'exécute comme celui des boutons à feuilles et à bois; cependant on a dit et répété que l'épanouissement des boutons à fleurs suivait une marche inverse du développement des boutons à feuilles. Dans ces derniers, les boutons supérieurs sont les premiers à se développer, tandis que, dans les fleurs, ce sont au contraire les boutons inférieurs qui s'épanouissent les premiers : c'est ainsi que, à quelques exceptions près, l'épi, la grappe, la panicule, etc., fleurissent de bas en haut. Il est évident que, dans cette assertion, on a confondu les boutons de chaque fleur isolée [1] avec ceux qui renferment la grappe ou la panicule en entier : ce sont ces derniers qu'il faut mettre en rapport avec les boutons à feuilles ; dès lors on verra que, dans les uns comme dans les autres, les boutons supérieurs sont presque toujours les premiers à s'épanouir : si ensuite les boutons à fleurs produisent un épi ou une grappe, il sera vrai de dire que les fleurs qui composent l'épi ou la grappe, s'épanouissent de bas en haut ; mais n'en est-il pas de même des feuilles dans les boutons à bois ? Les inférieures ne sont-elles pas aussi les premières à se développer ? D'où il suit que, pour rendre la comparaison exacte, il faut comparer le bouton à bois avec le bouton à fleurs (et non avec le *bouton de fleurs*); puis l'ordre du développement des feuilles sur le jeune rameau avec celui des fleurs sur les pédoncules multiflores : on reconnaîtra alors qu'assez généralement l'épanouissement suit le même ordre dans les uns comme dans les autres, et l'on verra, d'après la progression du développement des jeunes pousses, qu'il ne peut pas en être autrement. Si le contraire arrive dans quelques espèces, il sera assez facile d'en trouver la raison.

Plusieurs phénomènes particuliers sont à remarquer dans l'épanouissement des fleurs : outre les différentes époques de leur apparition, il faut encore distinguer les diverses heures de la journée où elles s'ouvrent et se ferment alternativement pendant toute la durée de leur existence, quelques-unes exceptées, qui se maintiennent constamment dans le même état. On a, d'après Linné, dressé dans différens pays, sous le nom d'*horloges de Flore*, des tableaux qui indiquent l'heure à laquelle chaque espèce de fleur s'ouvre et se ferme. Linné a nommé : 1°. *fleurs météoriques* celles dont l'heure de l'épanouissement est dérangée en raison de l'ombre, de l'humidité, de la sécheresse, de la pression plus ou moins grande de l'atmosphère : la grenadille, qui s'ouvre à midi lorsque le ciel est serein, ne s'épanouit qu'à trois heures

---

[1] C'est-à-dire le bouton de fleurs, qu'il faut bien distinguer du bourgeon ou bouton à fleurs : le premier est appliqué à la fleur avant son épanouissement, tel qu'un bouton de rose, d'œillet, etc. (voyez p. 106).

quand il est nébuleux ; 2°. *fleurs tropiques* celles qui s'ouvrent le matin et se ferment le soir ; mais l'heure de l'épanouissement avance ou retarde, suivant que les jours augmentent ou diminuent ; 3°. enfin, *fleurs équinoxiales* celles
qui s'ouvrent à une heure fixe et déterminée, et le plus souvent se ferment à la même heure.

Ces tableaux, en nous indiquant les diverses situations
des fleurs, que Linné appelle leur état de veille et de sommeil, nous annoncent de plus en plus les soins qu'a pris la
nature pour garantir, des impressions variées de l'atmosphère, ces organes si délicats, destinés pour la reproduction
des espèces ; mais ces heures de veille et de sommeil varient
beaucoup, soit par la température des différens climats,
soit, dans le même, selon l'état de l'atmosphère, humide
ou sec, froid ou chaud, nuageux ou éclairé par le soleil ; autant de circonstances qui changent presque toujours l'heure
de l'épanouissement et du sommeil des fleurs. Les fleurs
semi-flosculeuses, telles que le pissenlit, le salsifis, etc.,
s'ouvrent le matin et se ferment dans l'après-midi ; les
mauves s'ouvrent avant-midi ; quelques ficoïdes (*mesembrianthemum*, Lin.), la sabline rouge, le souci des champs,
dans le milieu du jour, et se ferment entre quatre et cinq
heures du soir : vers la fin du jour, s'ouvrent la belle-de-
nuit (*mirabilis jalapa*, Lin.), le *silene noctiflora*, le *cactus grandiflorus*, etc. ; ils se ferment le matin au retour du
soleil.

Personne n'ignore la différence qui existe dans la durée et
la grandeur des végétaux, selon les espèces : le nostoc ne
vit que quelques heures ; plusieurs champignons ont à peine
un jour d'existence ; d'autres ont parcouru en quelques semaines le cercle entier de la vie. Parmi les plantes dites *annuelles*, les unes naissent et meurent en une seule saison :
telles se montrent au retour du printemps, qui déjà ont cessé
de vivre aux approches de l'été ; d'autres prolongent leur
existence jusqu'en automne ; celles qui prennent naissance
dans cette saison, peuvent vivre un an. Les plantes *bisannuelles* ont besoin de deux ans avant de pouvoir se reproduire par leurs semences : elles ne fleurissent et ne fructifient
que la seconde année ; mais c'est particulièrement aux arbres
que la nature a accordé la plus longue existence. Parmi les
individus de la même espèce, les uns vivent cent ans,

d'autres moins, d'autres plusieurs siècles : il en est même
dont la durée étonne l'imagination. On cite, et j'ai vu, dans
la forêt de Montmorenci, un cornouiller auquel on attribue
une existence de plus de mille ans : il indiquait, d'après
d'anciennes chartes, la séparation des bois du duché de
Montmorenci, de ceux du prieuré de Sainte-Radegonde.

« L'arbre appelé en Chine *siennich*, dit Adanson, c'est-
à-dire arbre de mille ans, prouve assez qu'on connaît, dans
ce pays, des arbres d'une durée qui passe l'imagination ; aussi
c'est dans ce même pays, dont les peuples paraissent les plus
anciens du monde connu, et qui par conséquent peuvent avoir
plus de notes sur l'antiquité, que croissent les plus gros
arbres cités jusqu'ici, tels que celui de cent trente pieds de
diamètre. Lauson, au rapport de Rai, s'est efforcé de prouver que le poirier et le pommier, qui ne sont dans leur vigueur qu'à trois cents ans, doivent en vivre neuf cents. Les
chênes ne sont dans leur force que vers deux cents ans, et
l'on sait que les arbres, en général, se conservent dans le
même état au moins aussi long-temps qu'ils ont été à prendre
leur entier accroissement, et qu'ils demeurent encore autant
à dépérir : en sorte que le chêne doit durer au moins six
cents ans. Joseph rapporte (livre v, chap. 3r de la *Guerre
des Juifs*) que l'on voyait de son temps, à six stades de la
ville d'Ebron, un térébinthe, qui existait, dit-il, depuis la
création ; Pline (dans le seizième livre de son *Histoire naturelle*, chap. 44) cite un certain nombre d'arbres tous remarquables par leur haute antiquité. » A ces remarques,
M. Adanson ajoute qu'il a rencontré aux îles de la Made-
lène, près du cap Vert, plusieurs *baobabs* sur lesquels il
y avait des inscriptions de noms hollandais, tels que celui
de Rew, et plusieurs noms français dont les uns dataient
du quatorzième, d'autres du quinzième siècle. Ces arbres,
quoique âgés de plusieurs centaines d'années, étaient encore
très-jeunes, n'ayant alors qu'environ six pieds de diamètre ;
Adanson en a observé beaucoup d'autres qui avaient depuis
vingt-cinq jusqu'a vingt-sept pieds de diamètre, et qui ne
paraissaient pas vieux.

Ces dernières observations nous donnent également l'idée
de la grosseur et de la hauteur à laquelle peuvent parvenir
les troncs de certains arbres : je rapporterai encore, à ce
sujet, des faits cités par Adanson sur le témoignage d'au-

leurs dignes de foi. Pline, dans son *Histoire naturelle*, parle
d'une yeuse ou chêne-vert qui, d'une seule souche, avait
produit dix tiges, chacune de douze pieds de diamètre : le
même auteur dit qu'il y avait en Allemagne des arbres, qu'il
ne nomme pas, si gros, que leur tronc creusé formait des
canots du port de trente hommes. Mais que sont ces arbres,
dit Adanson, en comparaison des *ceiba* ou *benten* [1] de la
côte d'Afrique, depuis le Sénégal jusqu'au Congo, dont on
fait des pirogues de huit à douze pieds de large, sur cinquante à soixante pieds de long, capables de porter deux
cents hommes, et du port ordinaire de vingt-cinq tonneaux
ou cinquante mille pesant. Rai parle, d'après Evelin, d'un
tilleul, mesuré en Angleterre, qui, sur trente pieds de tige,
avait au moins seize pieds de diamètre, et qui surpassait
infiniment le fameux tilleul du duché de Wirtemberg, qui
avait fait donner à la ville de Neustat le nom de *Nieustat
ander grossen Lindern* : ce dernier avait environ neuf pieds
de diamètre ; le tour de sa tête avait quatre cent trois pieds,
sur une largeur de cent quarante-cinq pieds.

Rai dit encore avoir vu en Angleterre plusieurs ormes de
trois pieds de diamètre, sur une longueur de plus de quarante pieds ; il rapporte encore qu'un orme à feuilles lisses,
de dix-sept pieds de diamètre, sur environ cent vingt pieds
de diamètre à sa tête, ayant été débité, sa tête seule produi-
sit quarante-huit chariots de bois à brûler, et que son tronc,
outre seize billots, fournit huit mille six cent soixante pieds
de planches. On a vu, dans le même pays, un orme creux,
à peu près de même taille, qui servit long-temps d'habitation à une pauvre femme qui s'y retira pour faire ses couches. Plot, dans son *Histoire naturelle d'Oxford*, fait men-
tion d'un chêne dont les branches, de cinquante-quatre pieds
de longueur, mesurées depuis le tronc, pouvaient ombrager
trois cent quatre cavaliers ou quatre mille trois cent soixante-
quatorze piétons. Au rapport de Rai, on a vu, en Westphalie, plusieurs chênes monstrueux, dont l'un servait de
citadelle, et dont l'autre avait trente pieds de diamètre, sur
cent trente de hauteur. On a vu des saules creux qui avaient
au moins neuf pieds de diamètre. On cite le fameux poirier

---

[1] Serait-ce le *bombax ceiba*, Lin., ou plutôt le *bombax heptuphyllum* ?
Ce dernier croît dans les deux Indes : son tronc, de cinquante pieds de
haut, a quelquefois six pieds de diamètre à sa base.

d'Exford, en Angleterre, qui, au rapport d'Evelin, avait plus de six pieds de diamètre, et qui rendait annuellement sept muids de poiré.

La hauteur de certains arbres n'est pas moins étonnante que les dimensions de leur grosseur : Adanson remarque que les plus grands arbres ne se trouvent pas communément dans les pays les plus froids, ou les mieux cultivés, ou les plus peuplés, mais, pour l'ordinaire, dans les climats les plus chauds, ou dans les terres en friche et abandonnées, ou sur les montagnes. Pline cite un mât de cèdre de l'île de Chypre, de cent trente pieds de long, sur cinq pieds et plus de diamètre; Matthiole rapporte également qu'il y a, dans cette même île, des arbres de cent quarante quatre pieds de tige; Rai raconte, dans son *Histoire générale des plantes*, qu'on voyait de son temps, en Westphalie, des chênes de cent trente pieds de hauteur. Il est encore question, dans Pline, d'un mélèze de cent vingt pieds de tige, sans compter le faîte, garni de ses branches, qui avait encore cent pieds de longueur. On a calculé que le rotang, qui, en serpentant, embrasse par sa tige les arbres des forêts, pouvait avoir trois cents pieds et plus de longueur; M. de Humboldt, dans ses *Tableaux de la nature*, rapporte que les tiges élancées et lisses du palmier *jagua*, atteignent une hauteur de cent soixante à cent soixante-dix pieds; Peyron attribue à quelques *eucalyptus* de la Nouvelle-Hollande, cent soixante à cent quatre-vingts pieds de hauteur, sur une circonférence de vingt-cinq à trente ou trente-six pieds. Si, de ces géants de nos forêts, de ces arbres à grandes dimensions, nous descendons jusqu'aux plus petites, nous verrons les végétaux diminuer, par des nuances successives, de grandeur, de dureté, de mollesse, et nous arriverons jusqu'à des individus qui ont à peine une demi-ligne, tels que plusieurs espèces d'urédo, d'œcidium, de sphéries, toutes plantes parasites qui se montrent, sur les tiges et les feuilles des autres, comme autant de points ou de petites pustules qu'on a long-temps méconnus, et qui semblent à peine mériter le nom de plantes.

Cette grande inégalité dans les dimensions de petitesse ou de grandeur, et surtout de durée, tient à des causes que la physique peut expliquer jusqu'à un certain point; mais ces causes elles-mêmes sont dépendantes, soit pendant la vie des plantes, soit après leur mort, d'un but plus général dans

l'ordre de la nature. Rappelons-nous qu'un grand nombre
de plantes favorisent, pendant leur vie, la végétation de
beaucoup d'autres, qu'elles protégent, garantissent et abri-
tent : elles servent de nourriture, de retraite à un grand
nombre d'animaux, qui, sans elles, cesseraient d'exister, et
dont la race même serait détruite. Après leur mort, elles
deviennent, par leur destruction, le berceau d'une nouvelle
génération de végétaux, en leur fournissant une plus grande
abondance de terre végétale ; elles enrichissent la surface du
globe de substances minérales, de gaz, de fluides, de sels
concrets, d'huile, etc., qui elles-mêmes, par d'autres combinaisons, et avec les produits des animaux, entrent comme
principes dans un grand nombre de substances minérales.
Je ne m'arrêterai point ici à développer les conséquences intéressantes qui résultent de ces hautes considérations, et
dont j'ai déjà parlé ailleurs, mais qu'il était nécessaire de
rappeler ici : je me bornerai à faire connaître, par quelques
aperçus, la liaison qui se trouve entre la durée relative
des végétaux, et le but ultérieur auquel la nature les a destinés.

C'est particulièrement aux plantes herbacées et annuelles
qu'elle a confié le soin de préparer, par leurs débris, ce
terreau qui doit par la suite recevoir les végétaux ligneux.
Si ces plantes avaient une existence trop prolongée, elles se
renouvelleraient bien moins fréquemment ; leurs débris, at-
tendus trop long-temps, ou fournis en trop petite quantité,
arrêteraient, pendant long-temps, l'apparition des grands
végétaux ; les terrains nouveaux, les îles récemment sorties
du sein des eaux, seraient privés du plus bel ornement de
notre globe, de ces grandes et vastes forêts, indispensables
d'ailleurs pour l'entretien de la végétation : aussi, lorsque la
nature veut fertiliser un sol jusqu'alors infécond, après y
avoir posé les fondemens de la végétation par une succession rapide de *lichen* et de *byssus*, elle n'y fait croître d'abord
que des plantes, la plupart annuelles, qui, en se renouve-
lant très-souvent, forment en peu d'années une couche de
terreau suffisante pour y recevoir les plantes ligneuses.

Mais il est d'autres plantes d'un ordre inférieur, qui cependant durent très-long-temps, et semblent contredire ces
grandes vues : ce sont les mousses, productions étonnantes
par la ténacité de leur végétation. Ne pouvant guère exister

qu'à l'ombre et dans l'humidité, elles se flétrissent et se dessèchent dans les temps trop secs, ou lorsque le soleil les atteint de ses rayons : elles paraissent alors frappées de mort à l'époque où les autres plantes se montrent dans toute leur vigueur et leur beauté ; mais, au retour des pluies, ou dans les temps humides et froids, ces gazons flétris se raniment ; il pousse, de leurs souches anciennes, des rameaux chargés de feuilles et de fructification. Quel peut donc être le dessein de la nature dans cette sorte de résurrection qu'elle accorde aux mousses lorsque les autres végétaux sont presque tous dans un état de mort ?

Cette apparente contradiction avec ses propres lois n'existe pas sans cause ; et si les mousses ont le privilége de reprendre leur action vitale lorsqu'elle cesse pour les autres, c'est moins pour elles que pour les services qu'elles sont destinées à rendre à la végétation : elles couvrent les sols nouveaux où commence à s'établir un peu de terre végétale. Si celle-ci restait à nu, elle serait bientôt dispersée, altérée ou décomposée par les vents, la pluie et le soleil à l'époque où la végétation reste suspendue : les mousses qui recouvrent le terrain s'opposent à cette altération, le conservent presque intact, et en augmentent la masse par leurs débris. Les semences déposées dans ce sol, ordinairement à la fin de l'été ou en automne, garderaient difficilement leur vertu germinative jusqu'au retour du printemps ; ou bien la plante nouvellement éclose, encore tendre et faible, aurait peine à résister aux intempéries de la saison, si, comme je l'ai déjà dit, cachée en partie dans l'épaisseur des mousses, participant à l'humidité qu'elles retiennent, elle ne trouvait, dans leur sein, un abri et une fraîcheur qui assurent le succès de son développement. Ajoutons que les mousses rendent à peu près les mêmes services aux plantes adultes et vivaces, dans le Nord, elles les défendent du froid ; c'est le vêtement d'hiver d'un grand nombre d'arbres : aussi les mousses ne sont-elles nulle part plus abondantes que dans les pays froids.

Mais enfin paraissent, dans ce même sol, ces végétaux ligneux, destinés à vivre des siècles. Tout a été préparé pour eux : aussi ne tardent-ils pas à rendre avec usure aux autres plantes les services qu'ils en ont reçus : celles-ci les ont protégés dans leur développement, ils les protégeront à leur

(260)

tour pendant toute la durée de leur existence. Que de plantes
qui ne pourraient croître ailleurs, se réfugient dans les clai-
rières des forêts, et vont composer ou embellir ces pelouses
délicieuses, qui conservent, à la faveur de l'humidité et de
l'ombre, leur fraîcheur printannière! Quels lieux plus riches
en végétaux, que l'intérieur des bois et les terrains qui les
avoisinent!

Mais les arbres ont encore à remplir, à l'égard des autres
plantes, des fonctions bien plus générales, plus habituelles,
plus étendues : leur cime, perdue dans les nues, agitée par
les vents, attire et fixe ces nuages, qui se répandent au loin
en pluies fécondes sur les autres végétaux. Partout où les
arbres manquent, partout où l'ignorance et la cupidité les
ont fait tomber sous la hache, la terre, en peu d'années, est
frappée de stérilité; les plantes y languissent, le soleil les
dessèche, et les pluies, bien moins fréquentes, sont insuffi-
santes, surtout pour les végétaux herbacés; mais comme il
faut aux arbres une longue suite d'années pour parvenir à
leur état de perfection, s'ils périssaient dès qu'ils l'ont
atteint, leur existence serait trop courte pour les services habituels qu'ils ont à rendre. Ainsi tous les êtres de la nature
sont, à l'égard les uns des autres, dans une dépendance habituelle : considérés sous ces grandes vues, nous y découvrons la route à suivre dans l'étude des productions naturelles ; tandis qu'en tenant chaque objet trop isolé, nous ne
voyons plus le charme de l'ensemble, et les plus beaux phénomènes, toujours dépendans du rapport des êtres entre eux,
perdent leur plus grand intérêt, nous échappent, ou ne nous
frappent que faiblement.

CHAPITRE VINGT-SEPTIÈME.

Mouvemens des plantes.

Les plantes fixées à la terre par leurs racines, ou adhérentes à d'autres corps, ne peuvent avoir de mouvement de *déplacement;* privées de sensibilité, elles n'en peuvent avoir de *volontaires :* cependant le mouvement est nécessaire à leur existence, comme à celle de tous les êtres organiques ; sans lui, point de fonctions vitales, point de développement. Il existe donc, dans les végétaux, un mouvement général, habituel et uniforme, qui affecte également toutes leurs parties ; il existe des mouvemens particuliers, relatifs à la constitution et aux fonctions de chaque organe ; d'autres sont dus aux impressions variables de l'atmosphère, ou bien aux divers besoins et à la conservation des végétaux : ces derniers ne sont que momentanés, mais *nécessaires* quand ils sont attachés à une fonction essentielle ; *accidentels* quand ils dépendent uniquement de l'état de l'atmosphère.

L'exposé de ces divers mouvemens, la recherche des causes qui les produisent est, sans contredit, une des matières les plus importantes de la physiologie végétale. Je n'entreprendrai pas de traiter, dans tout son développement, un sujet qui exigerait une longue suite d'observations et une connaissance approfondie de l'organisation végétale : je me bornerai à ce que peuvent offrir de plus essentiel les mouvemens, que je diviserai en mouvemens de *développement,* de *direction,* d'*élasticité,* et en mouvemens *météorologiques.*

1°. Le mouvement de *développement* est le premier acte de la vie dans les végétaux : il ne cesse qu'à leur mort. Les principes alimentaires, absorbés par les plantes, en sont la première cause : il est entretenu par les fluides et autres principes constituans de la végétation ; il consiste dans le balancement de la sève, des sucs propres, et leur distribution dans les divers organes ; il consiste encore dans ces sécrétions et excrétions habituelles, par lesquelles la plante repousse au dehors tout ce qui devient inutile à sa nutrition. Ce mouvement a donc pour but l'accroissement des plantes ; pour cause

immédiate, les forces vitales et l'organisation végétale, disposée de manière à ce que les trois principales fonctions
des êtres vivans puissent être exécutées sans obstacle ; savoir,
la nutrition, la sécrétion et la conversion des alimens en substance végétale.

Ce mouvement est habituel, quoique très-ralenti et presque nul dans certaines saisons de l'année : c'est principalement au retour du printemps qu'il s'exécute avec le plus de
vigueur, lorsque la végétation éprouve l'influence d'un soleil
actif. Quoique très-lent en apparence, et presque hors de la
portée de nos sens, il s'effectue néanmoins avec une telle rapidité, que ses progrès nous étonnent : telle l'aiguille ho-
raire, quoique nous ne puissions en suivre les mouvemens,
marque, dans sa marche rapide, les heures, les jours, les
années et les siècles. C'est ainsi que le mouvement nous
échappe dans les végétaux ; mais nous en voyons les effets à
chaque instant : les boutons se gonflent, leurs écailles s'entr'ouvrent ; les feuilles se déroulent ; de jeunes rameaux s'élancent dans les airs ; une nouvelle parure couvre la nudité de
la nature.

2°. Le mouvement de *direction* n'est qu'une suite nécessaire du précédent ; mais il offre des phénomènes si variés,
si importans, qu'il mérite d'être observé dans toutes ses modifications. Chaque partie du végétal est soumise à un mouvement de direction qui lui est propre, et qui varie suivant
les espèces, ainsi qu'on peut le remarquer dans les tiges, les
racines, les feuilles, les rameaux, etc. Organes d'un être vivant, ils sont destinés à l'entretien et au développement
d'une existence distribuée en différentes périodes, jusqu'à ce
qu'elle soit parvenue à la production, à la maturité des fruits.
Cette variété de direction est tellement constante dans chaque partie, qu'elle ne peut être changée ou arrêtée que par
la contrainte ; elle est tellement particulière à chaque espèce, qu'elle devient souvent un des meilleurs caractères
pour les distinguer. Revenons sur des faits déjà exposés, mais
nécessaires à rappeler pour l'intelligence de ce que j'ai ici à
développer.

Le phénomène le plus remarquable est celui qui a lieu au
premier développement d'une plante : dès que l'embryon a
reçu le mouvement, il sort, du nœud vital, deux parties essentielles, qui se frayent deux routes diamétralement oppo-

sées, se prolongent dans deux milieux différens, et constituent ce que nous avons appelé la tige *descendante* ou la
racine, et la tige *ascendante*. L'une et l'autre ont de plus
une direction qui leur est propre et qui n'est pas la même
dans toutes les plantes.

Cette direction, dans ses modifications, a un but déterminé, qu'il est impossible de méconnaître : c'est, comme je
l'ai déjà dit, de placer les plantes dans la position la plus
favorable pour qu'elles puissent absorber les fluides qui
doivent les nourrir. Quoique la source des principes alimentaires des plantes se trouve évidemment dans l'eau, dans
l'air, dans le sein de la terre, dans la chaleur, la lumière,
ainsi que dans plusieurs fluides élastiques, il est d'ailleurs
bien reconnu que le même air, la même quantité d'eau, le
même degré de chaleur, la même terre, ne conviennent point
à toutes ; qu'il est de plus très-probable que leurs organes ne
sont pas tous disposés pour absorber rigoureusement les
mêmes principes. Le grand air et la lumière, si favorables
aux tiges et aux feuilles, font périr les racines ; l'obscurité
et un terrain plus ou moins humide, si convenables à ces
dernières, sont presque toujours nuisibles aux premières :
d'où suit la direction opposée de la tige ascendante et descendante dans deux milieux différens, et les modifications
de cette direction dans les racines, ainsi que dans la disposition des rameaux et des feuilles.

Ici se présente une question physiologique, qui, à ma
connaissance, n'a pas encore été abordée. Il est bien certain
qu'il n'existe, dans les plantes, aucun mouvement déterminé
par une volonté spéciale ; que cet acte de vitalité n'appartient
qu'aux êtres sensibles : la direction de leurs mouvemens est
donc purement mécanique, et la nature doit avoir suppléé
en elles, par d'autres moyens, à cette volonté qui guide les
animaux vers les objets destinés à les nourrir. Ceux-ci les
distinguent par la vue, l'odorat ou le goût : ces moyens sont
refusés aux plantes ; elles n'ont donc, pour s'en emparer, que
le mouvement de direction de leurs différentes parties. Ce
mouvement n'étant point déterminé par la volonté, doit l'être
par une autre cause.

Quelle est cette cause ? Elle ne peut se trouver, selon moi,
que dans l'influence exercée par les principes alimentaires
sur les organes des plantes ; influence qui les attire et les

force de se diriger vers le lieu où ces principes sont plus abondans : c'est donc une sorte d'attraction évidemment indiquée par un grand nombre de faits. Je me bornerai à rappeler les suivans :

Les racines se dirigent constamment vers le sein de la terre, mais non pas toujours dans la même direction : les unes s'enfoncent verticalement, d'autres obliquement ; d'autres s'étendent horizontalement à sa surface, en longs jets flabelliformes. Il en est qui s'étalent en rosette, sans être ni traçantes ni verticales : elles s'enfoncent peu, et ne veulent être recouvertes que d'une légère couche de terre ; leur force, leur configuration, sont assez généralement relatives à la tige qu'elles ont à soutenir, et leur direction, plus ou moins profonde, à la nature des sucs qui doivent les nourrir, et qui se trouvent, soit à la surface de la terre, soit plus avant dans son sein.

Ces directions ne sont constantes qu'autant que les racines n'éprouvent point d'obstacles, ou qu'elles ne sont point forcées de chercher ailleurs les alimens qui leur conviennent. Il est un fait observé depuis long-temps relativement aux plantes nées dans un terrain de médiocre qualité : si, non loin de là, se trouve une terre qui leur soit plus convenable, alors les racines, abandonnant leur direction naturelle, se dirigent d'elles-mêmes vers le sol de meilleure qualité ; souvent même, pour y arriver, elles surmontent tous les obstacles, se frayent un passage à travers les murs, se glissent entre les fentes des rochers, ou entre les lits pierreux qu'elles rencontrent, et, à la longue, fendent les pierres, percent le tuf, et renversent les murs les plus solides. D'où vient cette déviation, ces efforts constamment opposés aux obstacles, sinon de cette attraction puissante qu'exercent les élémens de la nutrition sur les racines qui doivent les absorber ?

Cette variété de direction que nous avons remarquée dans les racines, se retrouve également dans les tiges : la plupart ont leur sommet dirigé vers le ciel ; il en est cependant d'inclinées, de couchées sur la terre ; d'autres ne s'élèvent qu'en s'entortillant autour des autres plantes qui leur servent d'appui, ou rampent sur la terre lorsqu'elles ne trouvent point de soutien : il en est qui s'accrochent à d'autres corps, soit par leurs vrilles, soit par de petites racines qui sortent de leurs articulations. Il serait très-difficile, sans doute, de rendre raison de ces différentes directions : je ne doute pas que la plupart ne soient relatives ou au mode d'absorption, ou à la nature des fluides qu'elles doivent absorber. On peut donc présumer raisonnablement, comme je l'ai déjà dit ailleurs, que les végétaux à tige rampante ont besoin des vapeurs les plus grossières, qui s'élèvent à peine à la surface de la terre; que les autres, se trouvant mieux d'un air plus léger, s'élèvent dans l'atmosphère, et sont attirés dans un milieu plus raréfié. Il en est de même des plantes pourvues de vrilles ou de crochets, et qui ont besoin d'un appui : elles ne le recherchent que par quelque cause particulière qui les met dans une position plus favorable pour recevoir les principes alimentaires. J'ai fait voir qu'on ne pouvait attribuer cette manière d'être à la faiblesse des tiges, puisqu'il en est de beaucoup plus délicates, de tendres, d'herbacées, qui cependant conservent, toute leur vie, une position verticale, sans avoir besoin de soutien, tandis qu'un grand nombre de plantes à tige très-dure, même ligneuse, rampent constamment, ou s'entortillent autour des corps qui les avoisinent. Le mouvement de leur direction est tellement déterminé par les corps voisins, que, lorsqu'une de ces plantes est isolée, et qu'il n'existe pour elle qu'un seul appui dans son voisinage, ses tiges se dirigent vers lui; phénomène très-remarquable, qui confirme ce que je viens d'avancer, et que j'ai bien souvent observé dans la nature. Le même phénomène existe pour les vrilles : toutes se dirigent vers les corps qui peuvent les recevoir, et dans un sens opposé à la face de la plante frappée par la lumière; elles varient de direction autant de fois que l'on déplace les corps opaques qu'elles recherchent : si elles ne peuvent les saisir, elles se courbent vers la terre, et se roulent autour de la tige ou des rameaux de la plante en forme de spirale.

L'anomalie, dans la direction des racines, se retrouve aussi dans les tiges. D'après le besoin habituel qu'elles ont de l'air et de la lumière, nous les avons vues abandonner leur direction naturelle, pour se procurer la jouissance de ces deux élémens. Les circonstances locales déterminent leurs différentes directions; mais la plupart de ces directions étant alors forcées et contre nature, elles altèrent la constitution des plantes, y occasionent des difformités, et souvent les font périr. Dans tout autre cas, c'est-à-dire lorsque les tiges se

trouvent en liberté dans le milieu qui leur convient, on ne
peut parvenir à changer leur direction que par la contrainte;
il faut qu'elles y soient soumises par les liens de l'esclavage :
si l'œil du cultivateur les abandonne, si leurs liens viennent
à se rompre, leurs efforts tendent aussitôt à reprendre leur
direction naturelle. D'après ces faits, ce n'est donc pas sans
fondement que j'ai cherché à établir qu'il existait, entre les
plantes et leurs principes alimentaires, une sorte d'attraction qui déterminait leur direction, et la rendait variable
selon les circonstances.

Les principes que je viens d'exposer pour la direction des
tiges sont également applicables aux branches et aux rameaux; mais il faut y ajouter une autre cause déterminante,
celle de la situation des feuilles que les rameaux sont chargés
de soutenir. Celles-ci, en étendant leur surface par leur
expansion, absorbent une bien plus grande quantité de vapeurs nutritives : aussi la végétation n'est elle jamais plus
vigoureuse que lorsque les feuilles se trouvent dans la position la plus favorable pour absorber les fluides et en rendre
le superflu. En traitant des feuilles, j'ai exposé l'ordre dans
lequel elles sont rangées sur les rameaux, d'après les fonctions qu'elles ont à remplir : j'ai lieu de croire que la direction des rameaux en est également dépendante.

J'ai attribué, en général, à une attraction particulière,
la direction des racines et des tiges, attraction d'après laquelle ces organes se dirigent vers les substances nutritives
qui leur conviennent; mais les feuilles, fixées sur leurs rameaux, d'ailleurs d'une grandeur déterminée, ne peuvent
suivre que faiblement cette attraction : c'est aux branches,
c'est aux tiges, par leur direction, à les placer dans la partie
de l'atmosphère la plus favorable à la constitution de chaque
végétal. Les feuilles alors ne vont pas chercher, mais attirent à elles les fluides élémentaires, aqueux et aériformes :
peut-être même, en portant notre attention sur les grands
phénomènes de la nature, trouverons-nous, dans cette force
particulière d'attraction des feuilles, la cause d'après laquelle les nuages se réunissent de préférence sur les grandes
forêts, tandis qu'ils paraissent fuir les plaines arides. Quelques physiciens ont prétendu que l'agitation des arbres déterminait la direction des nuages sur les forêts; il paraît bien
plus naturel de croire que les milliers de pores absorbans

que ces grands végétaux tiennent sans cesse ouverts, forcent les nuages à s'arrêter au-dessus d'eux, et, par leur entassement, à se résoudre en pluies fécondantes.

3°. Les mouvemens que j'appelle *météoriques* sont variables et journaliers, en quoi ils diffèrent du mouvement de *direction*, qui est constant et habituel : ils sont occasionés par l'influence du froid ou de la chaleur, de l'humidité ou de la sécheresse, de la lumière ou des ténèbres, et très-probablement par l'action de plusieurs fluides particuliers qui échappent à nos observations. L'attraction, qui détermine la direction des plantes, ne me paraît pas agir, ou n'agit que très-faiblement dans les mouvemens météoriques, qui consistent dans le changement momentané de la situation des feuilles et des fleurs, très-rarement dans celui des tiges et des rameaux. Ces mouvemens sont bien plus sensibles que ceux qui nous ont occupés jusqu'à présent : ils paraissent être purement mécaniques, et dépendre de l'état de l'atmosphère. Il serait difficile d'assigner le degré d'influence qu'exerce, sur la situation des feuilles et des fleurs, la présence ou l'absence de la lumière, ainsi que la sécheresse ou l'humidité de l'air, et jusqu'à quel point ils agissent, soit ensemble, soit isolément, sur l'état des plantes. Au reste, l'on sait que toutes n'en sont pas également affectées, et que la plupart de celles qui en éprouvent l'action, ne prennent pas toutes la même position.

Quoi qu'il en soit, l'explication la plus naturelle de ce phénomène me paraît consister dans l'action immédiate des fluides de l'atmosphère sur certains organes des plantes; d'autres ont cru en trouver la cause, soit dans l'accélération ou dans le ralentissement du mouvement de la sève, soit dans la suppression de la transpiration aqueuse, dans l'absence de la lumière, plutôt que dans celle de la chaleur, soit enfin dans les alternatives de sécheresse et d'humidité. Chacune de ces opinions se trouve appuyée sur des faits, contredite par d'autres faits : n'est-il pas plus probable que toutes ces causes y contribuent plus ou moins, selon la nature des plantes, sans qu'on puisse assigner le degré de leur influence.

Pour avoir une idée de ce phénomène, que Linné a observé le premier, on peut consulter ce que ce célèbre naturaliste en a dit dans sa dissertation sur le *sommeil des plantes*, et ce que j'en ai rapporté en traitant des *feuilles*. La plupart des feuilles et des fleurs soumises à cet étonnant phénomène affectent une position différente, et, pour me servir de l'idée ingénieuse de Linné, toutes ne dorment pas de la même manière. Ce serait, sans doute, une recherche aussi curieuse que difficile, de s'assurer, par une suite d'observations, des causes qui donnent lieu à cette variété de positions : au défaut de détails particuliers, je crois qu'on peut soupçonner, avec quelque fondement, que la différente situation des feuilles et des fleurs, soit pendant le jour ou dans l'obscurité de la nuit, est relative à leurs fonctions, tant pour l'absorption des fluides, que pour leurs sécrétions, et la conservation de ces organes précieux destinés à la reproduction. L'action puissante de la lumière et de la chaleur peut être nuisible aux unes, favorable aux autres ; les unes veulent plus d'humidité que de sécheresse, les autres plus de sécheresse que d'humidité : d'où vient que certaines fleurs ne s'ouvrent qu'aux approches de la nuit, et se ferment au retour du soleil sur notre horizon. L'air chargé d'électricité ou de trop d'humidité influe également sur les feuilles ou les fleurs de certaines plantes ; d'autres deviennent tellement hygrométriques, telles que des fougères et des mousses, qu'elles conservent, même après leur mort, cette propriété remarquable. Je possède, dans mon herbier, plusieurs espèces de *trichomane* de l'île de Madagascar, que je ne peux soumettre qu'avec peine dès que le temps est un peu humide : il est impossible de nier l'influence de l'atmosphère sur de telles plantes. Si l'on recherche la cause de ces phénomènes dans leur organisation, on sera peu satisfait du résultat des observations : il est cependant à remarquer que, dans un grand nombre de plantes soumises au sommeil, les pétioles, les pédoncules, et même quelquefois les rameaux et les tiges, sont articulés par un rétrécissement, où s'exécute, comme par une détente, le renversement des feuilles.

Quelques autres plantes offrent des particularités auxquelles on a essayé de donner une explication différente : telle est la sensitive, de laquelle il suffit d'approcher la main, pour faire contracter ses folioles et abatre ses pétioles, phénomène qui rentre naturellement dans l'influence des fluides atmosphériques ; telle est encore l'attrape-mouche (*dionœa muscipula*, Lin.), dont les deux lobes des feuilles se rapprochent avec rapidité dès qu'un insecte, ou tout autre corps étranger, vient à les toucher : on croirait presque y reconnaître une sorte de mouvement d'irritabilité ; telle est enfin l'*hedysarum gyrans*, plus étonnant encore par le mouvement d'oscillation de deux de ses folioles, tandis que la troisième reste immobile D'après ces exemples et beaucoup d'autres, il s'ensuit donc que l'influence des fluides atmosphériques excite des mouvemens différens dans les organes des plantes, mouvemens relatifs à leur mode particulier d'existence, et aux fonctions vitales qu'elles ont à remplir : quelquefois aussi on est porté à croire que la puissance de l'attraction se trouve réunie à l'action de l'atmosphère, par exemple, dans les fleurs, surtout dans celles qui suivent la marche du soleil, ayant, à toutes les heures du jour, leur corolle tournée vers cet astre, comme pour en absorber plus facilement la lumière et la chaleur.

4°. Mouvemens d'*élasticité*. Ces mouvemens, qui semblent presque spontanés, surtout dans les parties sexuelles des plantes, sont très-différens de ceux qui nous ont occupés jusqu'à présent : ils ont été exposés dans le vingtième chapitre *Sur la fécondation des plantes ;* je ferai seulement remarquer ici que la cause qui excite ces sortes de mouvemens, surtout entre les étamines et les pistils, n'est pas tout à fait la même que celle à laquelle j'ai attribué les mouvemens de direction : ils n'ont pas le même but. J'ai dit que les plantes, par une sorte d'attraction, allaient en quelque sorte se plonger, par leur direction, dans les milieux les plus abondans en fluides alimentaires ; les mouvemens des organes sexuels, au contraire, s'exécutent par une autre sorte d'attraction qui assure la fécondation des semences. Attirés par le stigmate, c'est vers lui que se dirigent ces nuages pulvérulens échappés des capsules de l'anthère, et, lorsque les filamens des étamines sont susceptibles d'élasticité, ils appliquent sur le stigmate leurs anthères, souvent mobiles, et les retirent après la fécondation. Il suffit de suivre les mouvemens admirables qui s'exécutent entre les étamines et les pistils, pour se convaincre de l'attraction qui existe entre ces organes fécondateurs. Quant à ces mouvemens élastiques qui ont lieu, soit dans les valves du péricarpe, comme dans la balsamine, la fraxinelle, et dans plusieurs légumineuses, soit dans les cordons ombilicaux des semences, ces mouvemens, à l'époque de la dissémination des graines, annoncent moins une action vitale, que le terme de la végétation : ils en sont, si l'on veut, le dernier acte. C'est le moment où le fruit, parvenu à sa maturité, ne reçoit plus aucune substance alimentaire ; il se dessèche ; ses valves, fortement tendues, se séparent brusquement par la force de leurs ressorts, et projettent au loin les semences.

CHAPITRE VINGT-HUITIÈME.

Maladies, mort des végétaux.

Les plantes subissent enfin le sort de tous les êtres vivans : dès qu'elles ont rempli leur destination, elles périssent, ou plutôt elles cessent d'exister comme êtres organiques ; elles éprouvent un changement qui les fait passer du règne des végétaux dans celui des minéraux. Elles ont brillé un instant, elles ont embelli notre séjour ; mais, quoique remplacées par d'autres, nous ne les regrettons pas moins : tout ce qui nous offre l'image de la destruction, même parmi les êtres insensibles, affecte péniblement notre ame. Avec quel chagrin ne voyons-nous pas se flétrir ces fleurs, objets de tant de soins, attendues avec tant d'impatience, contemplées avec tant de plaisir ! Mais enfin tout être organique porte en lui les principes de sa destruction, amenée par ces mêmes élémens qui en soutiennent l'existence. Enchaînés par la force de l'action vitale, ces élémens combattent sans cesse contre elle pour reprendre leur premier état ; si cette action s'affaiblit, si elle est altérée par quelque cause étrangère, ces fluides, presque indomptables, s'efforcent de recouvrer leur élasticité ; une lutte s'établit entre la vie et la mort ; le désordre règne dans les organes ; le végétal languit. Est-il jeune et vigoureux, il surmonte le danger ; trop faible, il périt ; mais s'il échappe à ces accidens pendant le cours fixé pour son existence, il ne peut, dans sa vieillesse, quelque prolongée qu'elle puisse être, éviter cette loi impérieuse de la nature, qui soumet à la mort tous les êtres vivans : elle arrive de deux manières, ou à tout âge accidentellement par les maladies, ou dans la vieillesse naturellement par l'altération des organes, après que l'individu a parcouru toutes les périodes de l'existence.

Malgré les précautions employées par la nature pour garantir les plantes des accidens nombreux qui les menacent, elle n'a pu les mettre constamment à l'abri des influences nuisibles de l'atmosphère. Des froids trop prolongés dans le printemps, trop précoces en automne; de longues pluies, une humidité froide, la grêle, les vents, les brouillards, la sécheresse, de trop longues chaleurs, un terrain appauvri, sont autant de causes qui amènent les maladies des plantes: elles ont encore beaucoup à souffrir des plantes parasites; le gui, les orobanches, les cuscutes, etc., en épuisent les sucs nourriciers; les lichens, les mousses, les jongermannes, etc., nuisent souvent à l'écorce des arbres par leur trop grand tassement, gènent leur transpiration, y entretiennent une humidité funeste; les plantes grimpantes, qui serrent et entourent les autres végétaux, arrêtent leurs progrès, les déforment par des bourrelets, les privent souvent d'air et de lumière; des milliers d'insectes dévorent les jeunes bourgeons, ou placent, soit dans la substance des feuilles, soit dans le sein des fleurs, et surtout dans l'ovaire encore jeune, ces larves avides qui dévorent les fruits avant leur maturité. Mais ici ces ravages, comme nous l'avons déjà dit, sont, en quelque sorte, dans l'ordre de la nature : ils contribuent à maintenir le nombre des plantes dans une proportion convenable; d'une autre part, ils donnent lieu à des espèces de monstruosités, à des excroissances charnues, à des protubérances, telles que la noix de galle du chêne, le bédéguar du rosier, etc.

Les maladies des plantes sont *partielles* quand elles n'affectent que quelques parties séparées, comme les branches, les feuilles, les organes sexuels, les boutons, etc. : ces accidens sont assez souvent faciles à réparer par l'amputation ou par quelque autre moyen. Il est, dans la masse du végétal, des ressources suffisantes pour produire d'autres feuilles, d'autres boutons; mais si l'individu est trop faible pour réparer ses pertes, il languit et meurt.

Les maladies sont *universelles* quand elles attaquent toutes les parties du végétal, telles que l'*étiolement*, lorsque les plantes sont privées de la quantité d'air et de lumière qui leur est nécessaire : toute la plante reste dans un état de langueur et de mollesse qui l'empêche de se développer; les sucs propres perdent de leur activité : c'est alors que l'industrieux cultivateur, tournant à son profit jusqu'aux désordres de la nature, adoucit l'amertume ou l'âcreté de la chicorée, du céleri, etc., en les privant d'air et de lumière. L'aridité du sol produit ce que l'on appelle la *roulure;* le trop grand froid, la *gelivure :* quand le froid succéde à l'humidité, et qu'il amène du givre, si les jeunes plantes en sont couvertes, s'il survient un soleil sans nuages, le tissu végétal se désorganise; les plantes annuelles, les boutons des feuilles dans les ligneuses se noircissent, se dessèchent et tombent en poussière : cette maladie se nomme *brûlure.* Le *chancre,* le *blanc fongueux,* le *mielleux,* la *rouille,* l'*ergot,* la *nielle,* les *gerçures,* sont autant de maladies différentes qui occasionent très-souvent la destruction des individus. Nous sommes forcés, pour nous renfermer dans les bornes de cet ouvrage, de renvoyer, pour ce qui concerne ces maladies, leur cause, leur guérison, aux ouvrages d'agriculture.

Quand la mort des plantes est la suite des maladies qui les attaquent dans le cours de leur existence, elle n'est qu'accidentelle; elle pourrait être évitée : il n'en est pas de même de leur destruction amenée par la vieillesse, celle-ci est inévitable. Long-temps avant son entière destruction, l'individu végétal perd successivement plusieurs de ses organes : les uns disparaissent et se renouvellent, d'autres périssent sans retour; les uns ne se montrent qu'à certaines époques du développement de l'individu, et ne périssent qu'avec lui, tandis que dans d'autres l'individu leur survit. Ce phénomène, dépendant des causes physiques, tient aussi à cette loi générale de la nature, *que tout organe cesse d'exister dès qu'il n'est plus utile à l'individu, et que l'individu lui-même périt dès qu'il cesse d'être utile à l'espèce :* celle-ci est la seule qui ne soit point assujettie à la loi générale de la destruction; sans cesse elle se renouvelle; tous les phénomènes de la végétation ne tendent qu'à en assurer la durée. Si quelques-unes disparaissent de la surface du globe, comme on a cru l'avoir observé, cette perte est la suite de quelque événement particulier, et non amenée par les lois de la nature.

C'est ainsi que nous voyons périr successivement plusieurs des organes des végétaux, dès qu'ils ont rempli les fonctions pour lesquelles ils étaient destinés : les cotylédons se flétrissent et meurent lorsque la jeune plante peut se passer du premier aliment qu'ils lui fournissent; les écailles, après avoir garanti les bourgeons des rigueurs de l'hiver, s'entr'ouvrent et tombent au printemps dès que la sève, plus

active, a donné au rameau naissant la force de briser ses
enveloppes : les feuilles paraissent à cette même époque,
comme autant de suçoirs, pour ajouter à la force, au développement de l'individu, par la nourriture plus abondante
qu'elles lui fournissent ; elles tombent en automne, après la
maturité des fruits, parce que la plante n'a plus rien à produire pendant l'hiver, temps de repos pour la végétation.
Si elles persistent dans quelques espèces, il paraît qu'elles ne
doivent ce privilége qu'aux fruits dont la maturité est plus
tardive : nous voyons de même les stipules et les bractées,
organes accessoires, n'avoir qu'une existence momentanée ;
les fleurs elles-mêmes ne se montrent qu'un instant ; elles
perdent successivement leur calice, leurs pétales, les étamines après la fécondation, ainsi que le style et le stigmate ;
enfin, la plante entière, si elle est annuelle, périt après la
dissémination des semences : les racines ou une portion de la
tige persistent seules dans les plantes bisannuelles ; les plantes
ligneuses conservent leur bois, leurs rameaux chargés de
boutons ; tout le reste cesse d'exister ; enfin, l'arbre entier,
quelque longue que soit son existence, en trouve le terme
après avoir joui pendant plusieurs siècles d'une force végétative qui aurait pu faire croire à son immortalité.

RÉCAPITULATION.

Cette sublime harmonie que nous admirons dans les grands corps de l'univers, nous venons de la retrouver dans les rapports des végétaux avec les autres êtres de la nature, dans les rapports d'une espèce avec une autre espèce, enfin dans le jeu des divers organes qui composent leur existence individuelle, ainsi que dans leurs étonnantes opérations. A mesure que nous avançons dans nos recherches, tout ce qui nous entoure change de face à nos yeux, et se présente avec un caractère de grandeur qui se reconnaît même dans l'herbe en apparence la plus méprisable. Lorsque nous respirions l'air parfumé des bosquets, que nous admirions la majesté des arbres qui nous couvraient de leur ombre, que nous nous reposions sur des tapis de mousses, au milieu des bruyères empourprées, les yeux fixés sur cette variété de fleurs étalées avec luxe à nos regards étonnés ; lorsqu'au milieu de ce spectacle notre cœur attendri se livrait aux douces impressions de ce riant tableau, nous étions loin de soupçonner dans ces herbes, dans ces fleurs que nous foulions à nos pieds, des sources de jouissances qui devaient élever notre ame bien au-dessus des plaisirs des sens, et nous transporter dans un monde de merveilles propres à nous faire oublier, dans le sein de la nature, les tracasseries de la société, et ces passions basses et rampantes qui flétrissent la dignité de l'homme, quoique masquées sous des noms imposans.

C'est pour placer dans cet heureux état de jouissance ceux dont l'imagination est vivement frappée par la contemplation des œuvres de la création, que je leur ai présenté ce qu'on avait découvert de plus important dans l'étude des végétaux, et tout ce qu'on pouvait y ajouter par l'observation. En leur traçant la route qui y conduit, j'ai tâché d'arracher quelques-unes de ces épines introduites par la foule trop nombreuse des simples nomenclateurs, et j'ai fait voir que, même avant d'arriver au but, il était possible d'y cueillir quelques fleurs. Il n'est pas de science plus séduisante lorsqu'on l'étudie dans la nature ; mais si nous l'abandonnons pour nous jeter dans le labyrinthe des opinions et des systèmes, nous suivons une fausse route, à la fin de laquelle nous ne trouvons que l'homme et ses erreurs.

Trois moyens concourent à la perfection et au complément de cette etude : les yeux, l'esprit et le cœur. Par les yeux, nous jugeons des formes ; avec l'esprit, nous en saisissons les rapports et le but ; c'est dans le cœur que se réunissent ces douces émotions excitées par la contemplation des œuvres du Tout-Puissant. Ces trois moyens isolés ne nous donnent que des jouissances imparfaites [1] : si nous ne voyons que des formes, ce qui est le plus général, elles ne nous conduisent qu'à de froides distinctions, à une sèche nomenclature, à des systèmes ; il faut encore rechercher, dans ces formes, leur destination, les causes de leurs modifications, et leurs rapports dans la coordonnance des autres êtres de la nature. Mais toutes ces grandes merveilles perdent le plus puissant de leurs attraits lorsque le cœur n'y entre pour rien : sans lui, l'étude de la nature n'est plus qu'une curiosité froide et stérile, qui n'est alors stimulée que par la vaine gloire et l'amour de la renommée. Le cœur seul est le foyer de la véritable jouissance ; c'est à lui que doivent se reporter toutes nos découvertes dans les lois immuables qui dirigent la production des êtres ; c'est lui qui, de tout temps, a transporté l'homme sensible au milieu du luxe imposant de la végétation. Que j'aime cette brillante imagination des Grecs, qui peuplaient la nature champêtre de nymphes, de dryades et de sylvains ! Pour exprimer leur enthousiasme, le peindre par des allégories, il fallait plus que des mortelles, il fallait des êtres divinisés, choisis parmi le sexe le plus sédui-

---

[1] Les ouvrages méthodiques publiés sous les noms de *Flore* et de *Species*, etc., ne nous conduisent ordinairement qu'aux noms des plantes par l'exposition de leurs caractères : elles laissent l'imagination et le cœur vides. Il n'est personne qui ne désire acquérir des connaissances plus étendues, tant sur les phénomènes physiologiques, sur le rapport des plantes avec les autres êtres de la nature, que sur leur existence depuis la date de leur découverte, sur les usages variés auxquels elles ont été employées pendant la longue suite des siècles qu'elles ont traversés, sur les faits historiques qui s'y rapportent, les aimables allégories auxquelles elles ont donné lieu, les fêtes qu'elles ont embellies, etc. De pareils détails, en renvoyant pour les descriptions, aux ouvrages classiques, ne pourraient être qu'agréables à consulter, après qu'on aurait découvert le nom de chaque plante : il est étonnant qu'on ne se soit pas encore occupé d'un ouvrage aussi important, surtout pour les plantes susceptibles de pareils détails. J'ai osé l'entreprendre ; je me propose de le publier immédiatement après celui-ci, et dans les mêmes principes.

sant, et les revêtir des grâces d'une jeunesse inaltérable. Ces fêtes, ces danses, instituées en leur honneur, n'étaient-elles pas autant de preuves des sentimens de leur reconnaissance envers le grand auteur de ces merveilles? N'était-ce pas sa puissance qu'ils proclamaient dans ces divinités allégoriques? Elles ont disparu : l'observation a mis à leur place la découverte de ces grands phénomènes, d'après lesquels la réalité ne le cède point à ces aimables fictions.

En effet, si nous réfléchissons sur tout ce qui a été exposé dans les chapitres précédens, quelle admirable simplicité n'avons-nous pas découverte dans les lois de la nature! Que de grandeur dans tous ses travaux! Quelle variété dans les résultats! Nous la voyons partout autant libérale dans ses effets, qu'économe dans ses moyens. Pour concevoir tout ce qu'il y a de sublime dans l'œuvre de la création, supposons un homme qui verrait, pour la première fois, un arbre chargé de fleurs et de fruits, et qu'il croirait avoir été produit par l'industrie humaine : il cherche, dans son étonnement, où l'homme a pu trouver, comment il a pu réunir tant de matériaux divers; quel génie l'a guidé dans la formation de tant d'organes, dans le jeu de leurs ressorts; il cherche quels sont les moules qui ont pu donner aux fleurs ces formes si séduisantes, quelle palette a fourni aux corolles leurs brillantes couleurs, quels alambics ont distillé tant d'odeurs suaves; par quelles routes secrètes sont parvenus dans les fruits ces sucs délectables et savoureux. Que d'instrumens, que de machines, que de matériaux divers a dû employer l'auteur d'une production aussi étonnante! Sans doute, il s'est entouré de tout ce que les arts, la mécanique, la chimie, ont pu lui offrir de ressources. En supposant possible, par des moyens mécaniques, l'exécution d'un tel chef-d'œuvre, comment l'homme donnera-t-il ensuite aux organes sexuels la faculté de la fécondation, aux semences celle de la reproduction? Rappelons-nous ce que fait ici la nature : elle réunit dans les semences, sous des formes infiniment petites, toutes les parties d'une plante; elle les dépose dans le sein de la terre, et abandonne le soin de leur développement à l'humidité, à la chaleur, et aux autres fluides de l'atmosphère, convertis par l'action vitale en substance végétale. Cette opération terminée pour un premier individu, c'en est fait pour toujours; le souffle de la vie ne s'éteindra plus. A la vérité, l'individu disparaît ; mais, avant de périr, il a communiqué l'existence à une nombreuse postérité, destinée à embellir constamment la surface du globe pendant toute sa durée.

Ce n'est donc pas une étude stérile que celle de la botanique : outre qu'elle éclaire et perfectionne nos facultés intellectuelles, elle porte dans l'ame une douce sérénité ; elle tend à rendre l'homme meilleur. Quelle leçon de morale plus touchante que celle qui pénètre notre cœur dans la solitude des campagnes, au milieu des plus aimables productions de la nature ! Si la botanique n'atteint pas ce but, elle n'est plus qu'une étude vaine, une science d'ostentation, qui peut bien nous conduire à la célébrité, à des distinctions honorifiques, mais presque toujours aux dépens des jouissances du cœur et de la paix de l'ame.

FIN DU PREMIER VOLUME.

ERRATUM : Page 47, au titre, *extérieurs* ; lisez : *intérieurs*.

M. P. J. F. Turpin, *auteur de* l'Iconographie des Leçons
de Flore, *à l'éditeur* M. C. L. F. Panckoucke.

Monsieur,

En me chargeant de l'exécution et de la composition des
dessins qui forment l'ensemble de la partie *iconographique*
des Leçons de Flore que vous publiez, je crus pouvoir remplir vos intentions, en me bornant strictement à soixante
tableaux ou quinze livraisons. Mes efforts furent toujours
dirigés dans ce sens ; mais j'avais un cercle complet à parcourir, et je ne pouvais laisser de lacunes à remplir ; d'un autre
côté, le nombre des objets qui devaient former ce cercle
était immense. Ne voulant point restreindre l'étude de la
botanique aux seuls végétaux qui croissent sous nos pas, ce
qui n'aurait donné que des idées partielles sur l'organisation
générale de ces êtres, je me décidai à puiser partout, et particulièrement dans mon porte-feuille, que j'ai rempli d'un
grand nombre de dessins inédits, auxquels se joignent des
observations neuves, faites pendant mes voyages dans les
deux Amériques, observations que je ferai connaître, comme
je l'ai promis, dans l'explication des figures de l'atlas. Ces
considérations seules ont porté le nombre des tableaux à
soixante-quatre ; ce qui formera une livraison de plus.
Ces quatre tableaux que j'ai cru devoir ajouter au nombre
que vous m'aviez prescrit, présentent trop d'intérêt pour que
jamais aucun de vos souscripteurs vous en adresse des
reproches : le premier tabbleau offre deux phénomènes de
végétation très-curieux, dont l'un explique comment, par
surabondance de vie, certains organes peuvent, en avortant,
donner naissance à d'autres, qui, sans cette circonstance,
n'auraient jamais reçu de développement ; l'autre, représenté
par une plante de ces heureuses contrées où la végétation ne
connaît point de repos, offre un rameau portant un fruit,
de l'intérieur duquel l'embryon, au lieu d'être resté en-
gourdi pendant quelque temps sous les tuniques de la graine,
a continué de se développer en un autre rameau, qui,

quoique toujours fixé au fruit qui lui a donné naissance, est lui-même chargé de feuilles, de fleurs et de fruits. Ce second phénomène tend à prouver que l'intermittence n'est point naturelle aux végétaux, et que le long repos qu'éprouvent ceux de nos climats, n'est dû qu'aux circonstances environnantes.

Le second tableau se compose de plusieurs figures, qui me serviront à distinguer les végétaux en deux grandes séries naturelles : ceux qui se bornent simplement à un axe, et ceux qui, sur cet axe, donnent naissance aux organes que je nomme *appendiculaires* : tels sont les feuilles cotylédonaires, les écailles des bourgeons, les feuilles, les calices, les corolles, les étamines et les phycostèmes. Ce même tableau fera connaître, en outre, quelques autres observations dans le texte explicatif que je donnerai de toutes ces figures.

Le troisième contient des portions d'axe ou tige, sur lesquelles j'ai représenté les principales dispositions des organes que j'ai nommés *nœuds-vitaux*. Ces organes, dont la situation relative se borne à trois principales, sont placés dans l'épaisseur du tube vivant des végétaux composés, et servent de *conceptacles* aux bourgeons ou *embryons-fixes* qui en émanent : ce même tableau contient encore les trois modes principaux que ces bourgeons offrent dans leur développement; savoir : le rameau allongé ou de continuité, le rameau avorté (l'épine), et le rameau terminé, qui est la fleur.

Le quatrième et dernier tableau présente des embryons comparés du plus simple au plus composé. Dans ce tableau, j'ai eu pour but de démontrer que tous les organes qui constituent les êtres vivans, ne sont jamais un instant les mêmes, je veux dire que, dès qu'on les compare, on s'aperçoit que toujours, sans se ressembler parfaitement, ils passent imperceptiblement d'un *minimum* à un *maximum* de développement, qui ne nous permet jamais de nous arrêter, et de pouvoir fixer d'une manière certaine ces limites arbitraires, que nous établissons sur le tableau gradué de la nature.

Il me reste maintenant, monsieur, à vous entretenir d'un autre grand *tableau* qui doit être, en quelque sorte, la préface figurée de l'atlas, et dans lequel j'ai établi quelques idées générales sur la végétation : ce tableau qui termine l'Iconographie des Leçons de Flore, mais qui pourrait, avec le texte qui l'accompagne, former un ouvrage particulier et complet, aura pour titre : *Organographie végétale, ou Tableau élémentaire et philosophique des organes extérieurs qui constituent l'être végétal le plus compliqué, rangés selon l'ordre naturel de leur formation ou de leur degré d'importance.*

A l'aide de plus de cent figures représentant tous les organes qu'il est possible de rencontrer dans la composition des végétaux, j'ai parcouru tout le cercle que présentent les diverses évolutions végétales dans le développement successif de ces organes. Tous ces organes, placés comparativement, porteront, sur le tableau même, les noms que l'on est convenu de leur donner, et de plus un numéro qui renverra à la définition que je donnerai de chacun d'eux.

Ce tableau, à l'aide duquel il sera possible d'acquérir la connaissance complette de tout ce qui tient à la structure organique des végétaux, offre, dans sa composition, un double intérêt, celui de la connaissance de l'organe en lui-même, et celui des rapports d'analogie qu'ont entre eux ces mêmes organes.

Considérés sous ce dernier point de vue, j'ai divisé ce tableau en plusieurs grandes séries d'organes : dans le sens horizontal, j'ai placé ceux qui appartiennent au système aérien des végétaux, dans la partie supérieure; et ceux, très-peu nombreux, qui se développent sur le système terrestre, dans la partie inférieure. Après avoir formé ces deux grandes divisions, j'en établis d'autres dans le sens vertical du tableau : la première, qui a pour titre *système général*, a pour principal objet de faire connaître la ligne médiane horizontale des végétaux, par opposition à celle verticale des animaux ; dans la seconde, qui prend celui de *système axifère*, sont représentés tous les organes qui naissent de la partie centrale : tels sont les pores, les poils, les glandes, les aiguillons, les nœuds-vitaux et leurs bourgeons, les embryons et leurs enveloppes connues sous le nom de fruits; vient ensuite une troisième série, qui forme le *système appendiculaire*, et dans laquelle j'ai rangé ces organes, presque toujours laminés, qui distinguent les végétaux composés de ceux plus simples réduits à l'axe : ces organes sont les cotylédons ou premières feuilles du végétal, les écailles des bourgeons, les feuilles, les calices, les corolles, les étamines et les phycostèmes.

Enfin, une quatrième série offre les trois moyens de reproduction des végétaux composés; les embryons latens, répandus et nichés dans toutes les parties du tissu cellulaire vivant de la plante; les embryons fixes, avec leurs divers modes de développement, et les embryons-graines.

Ce tableau, monsieur, est le résultat d'un grand nombre d'observations, indépendamment de ce qu'il contient un nombre considérable de figures qui m'ont demandé, pour leur choix, leur exécution et leurs combinaisons, beaucoup plus de temps que tout l'atlas en entier : je pense que, malgré cela, vous devez l'offrir à vos souscripteurs, comme devant former la dix-septième et dernière livraison des Leçons de Flore. Je vous engage à ne pas faire colorier ce grand tableau, qui, par son étendue, comprend plus de seize planches des Leçons de Flore, et que vous donnerez cependant comme une seule livraison. Il ne s'agit point ici de plaire aux yeux : la précision et la netteté la plus parfaite dans les contours sont indispensables à mes démonstrations.

Voilà, monsieur, les raisons qui m'ont porté à dépasser le nombre de planches dont nous étions convenus : j'ai préféré de prendre cette liberté plutôt que de laisser l'ouvrage incomplet. Je doute que jamais vos souscripteurs vous en témoignent leur mécontentement : il n'en est aucun qui ne sache que si, d'un côté, il est utile de se limiter dans tout ce que l'on fait; de l'autre, ne pouvant tout prévoir, il est presque toujours impossible d'arriver juste au point établi par avance.

C'est vous, monsieur, surtout, qui devez apprécier la justesse de mes observations : placé à la tête de grandes et utiles entreprises, vous connaissez les difficultés innombrables que présentent, dans leur exécution, des travaux auxquels un grand nombre d'hommes distingués coopèrent; vous seul savez combien il est difficile, pour ne pas dire impossible, de limiter les travaux d'auteurs qui réclament chacun hautement leur indépendance, et que leur réputation a habitués aux égards du public.

Combien de fois ne vous ai-je pas vu vous affliger, lorsque, malgré vous, ce monument médical, que vous avez eu la hardiesse de commencer, et qui avance rapidement vers sa fin, s'est étendu au-delà de vos engagemens envers le public : rassurez-vous, monsieur, ce grand ouvrage destiné à fixer l'état de nos connaissances médicales au dix-neuvième siècle; cet ouvrage auquel tant d'hommes célèbres ont contribué, marquera d'une manière brillante dans notre époque; et celui qui en aura conçu le projet, et qui aura par son cou-

rage, ses connaissances et ses qualités estimables, conduit
une entreprise aussi utile, méritera non-seulement la reconnaissance de ses compatriotes, mais encore celle de tous les
hommes qui portent quelque intérêt aux progrès des lumières
et des choses utiles.

Agréez, monsieur, les expressions de ma
considération la plus distinguée,

P. J. F. Turpin.